零基础AI编程

Cursor助力Vibe Coding实践

薛志荣　池志炜◎著

清华大学出版社

北京

内容简介

本书面向零基础读者，系统讲解了产品构思、代码实现、软件操作、Agent 开发与协作。书中从 AI 编程的思维变革讲起，探讨了编程难学的原因，并介绍了 AI 编程如何重新定义创造的可能性。内容涵盖产品规划、提示工程、需求开发、编程基础及开发工具的高效使用。书中还详细介绍了如何开发 Chatbot、AI 产品经理、新闻摘要 Agent 等项目，并探讨了多 Agent 协作和带记忆模块的 AI 知识助手 Agent 的构建。

本书适合零基础的编程爱好者、希望转型的技术人员，以及希望通过 AI 编程提升效率的开发者阅读。

版权所有，侵权必究。举报：010-62782989，beiqinquan@tup.tsinghua.edu.cn。

图书在版编目（CIP）数据

零基础AI编程：Cursor助力Vibe Coding实践 / 薛志荣，池志炜著.

北京 ：清华大学出版社，2025. 8. -- ISBN 978-7-302-69915-6

Ⅰ. TP18

中国国家版本馆CIP数据核字第202585B9E0号

责任编辑：杜　杨
封面设计：郭　鹏
责任校对：胡伟民
责任印制：沈　露

出版发行：清华大学出版社

　　　　网　　　　址：https://www.tup.com.cn，https://www.wqxuetang.com
　　　　地　　　　址：北京清华大学学研大厦A座　　　　邮　　编：100084
　　　　社　总　机：010-83470000　　　　邮　　购：010-62786544
　　　　投稿与读者服务：010-62776969，c-service@tup.tsinghua.edu.cn
　　　　质　量　反　馈：010-62772015，zhiliang@tup.tsinghua.edu.cn
　　　　课　件　下　载：https://www.tup.com.cn，010-83470236

印　装　者：大厂回族自治县彩虹印刷有限公司
经　　　销：全国新华书店
开　　　本：170mm×240mm　　　印　　张：22.5　　　字　　数：470千字
版　　　次：2025年8月第1版　　　印　　次：2025年8月第1次印刷
定　　　价：90.00元

产品编号：112376-01

当我开始撰写本书时，我深知我们正站在一场技术革命的前沿。Vibe Coding（氛围编程）是由 OpenAI 联合创始人安德烈·卡帕西（Andrej Karpathy）于 2025 年 2 月 3 日提出的革命性软件开发方式，其核心理念是"忘记代码的存在，专注于想法的实现"。安德烈·卡帕西在推文中生动地描述道："有一种新的编程方式，我称之为'氛围编程'，你完全沉浸于氛围中，拥抱指数级增长，甚至忘记代码的存在。这不算真正的编程——我只是看看东西，说说东西，运行东西，然后复制、粘贴东西，而且它大多都能工作。"这种方法摆脱了传统编程对复杂语法和逻辑结构的依赖，允许开发者通过简单的描述或语音指令，向大语言模型传达需求，由 AI 直接生成代码。

2025 年 5 月 6 日，NVIDIA CEO 黄仁勋在 Milken Institute Global Conference 上指出："计算机技术的红利，只惠及了大约 3000 万人——他们会写代码、懂编程，掌握了过去 40 年的财富引擎。"而现在 AI 正在改变这一切。黄仁勋强调："AI 是我们缩小技术鸿沟的最大机会。100% 的人都可以用 AI 编程。"这种范式转移意味着过去靠技能门槛"掌握技术权力"，未来靠"表达能力"和"问题定义能力"与 AI 协作。

OpenAI 的首席产品官（CPO）凯文·威尔（Kevin Weil）在 2025 年 3 月份的一档播客中预测，"AI 将在 2025 年底在竞争性编码基准测试中超越人类程序员"。其 CEO 萨姆·奥尔特曼（Sam Altman）在推特上也分享了类似的展望："2025 年，AI 代理开始工作；2026 年，AI 将发现新知识；2027 年，AI 将进入物理世界创造价值。"这一趋势同样得到了竞争对手的印证。Anthropic 的 CEO 达里奥·阿莫迪（Dario Amodei）指出："如果我们看看编程这个 AI 进步最快的领域，就会发现我们距离 AI 编写 90% 代码的世界只有 3 到 6 个月。然后在 12 个月内，我们可能会进入 AI 基本上编写所有代码的世界。"事实上，Claude Code 已经"写了约 80% 的自身代码"，并完成了 70% 以上的生产代码提交。

这不仅是技术层面的转变，更是思维方式的革命。为什么我们需要学习 Vibe Coding？从本质上看，是因为编程范式正在从"如何编写代码"转向"如何有效地表达意图和定义问题"。Replit 的 CEO 阿姆贾德·马萨德（Amjad Masad）在 2025 年 5 月份的一档播客中点明了这一转变："AI 的下一个阶段，不再是我们告诉它怎么做，而是我们告诉它想做什么，它自己决定怎么做。"面对这种转变，传统的编程技能正在让位于更高层次的系统思维，他指出："未来不需要提示词工程师，而是需要系统工程师（system engineer）——你得会布置任务，而不是自己去做。"

正如进化生物学家布雷特·温斯坦（Bret Weinstein）警告的那样："你不是在跟 AI 竞争，而是在跟'AI 放大的别人'竞争。"这句话道出了学习 Vibe Coding 的核心紧迫性——不掌握这一新方法意味着在新的竞争环境中处于明显劣势。这不仅仅关乎技术，更关乎我们在 AI 时代的定位和价值。

连续创业者丹尼尔·普里斯特利（Daniel Priestley）提出的问题直指核心："你有没有清楚地定义你在 AI 时代中，是干什么的？"在 AI 可以编写大部分代码的世界里，我们的价值转移到了问题定义、系统设计和成果验证上。正如他所强调的："未来不是 AI 和人的竞争，而是 AI 系统和 AI 系统的竞争。关键不在于你多聪明，而在于你在其中扮演什么角色。"

学习 Vibe Coding，本质上是学习如何在这个新时代找到自己的定位，如何通过表达能力和系统思维引导 AI 创造价值。为了在 AI 编程时代取得成功，我们需要培养新的能力：场景定义力（准确地描述问题）、任务拆解权（将复杂的问题分解为可管理的部分）、系统调度权（协调多个 AI 组件共同工作）。正如 Anthropic 的 CPO 迈克·克里格（Mike Krieger）所言："我们不是在让模型变聪明，而是在让系统变得可控、可用、可调度。"

在本书中，我们将探索 Vibe Coding 这种新型编程范式，它不仅仅是一种技能，更是一种适应 AI 时代的思维方式。通过本书，你将学习如何站在更高层次与 AI 协作，如何清晰地表达意图、如何设计和验证系统，以及如何在这个由 AI 驱动的世界中创造独特的价值。

无论是经验丰富的程序员，还是从未写过一行代码的初学者，Vibe Coding 都提供了一个平等的起点，因为正如黄仁勋所说——AI 编程是我们缩小技术鸿沟的最大机会，100% 的人都可以参与其中。在这个技术民主化的新时代，掌握 Vibe Coding 不仅是适应变化的需要，更是把握未来机遇的关键。

为了帮助您跟上 AI 编程的最新发展，我们建立了持续更新的知识平台。欢迎关注我们的官方网站（扫描下方二维码）和公众号（搜索"AI 编程 -VibeCoding"），我们会实时分享最新的技术进展、实践案例和应用方法。

官方网站

让我们一起踏上这段激动人心的旅程，探索 AI 编程的无限可能。

作者

2025 年 5 月

目录

## 第 1 章

什么是AI编程？

1.1　为什么编程这么难学？

你是否曾经尝试学习编程，却在一堆复杂的语法和逻辑中迷失了方向？别担心，这是很多人的共同经历。下面一起来探讨为什么传统编程对很多人来说如此具有挑战性，以及 AI 如何改变这一切。

"编程"在剑桥词典中的定义是 The instructions that tell a computer what to do（告诉计算机做什么的指令）。在计算机无法理解绝大部分自然语言指令之前，人们只能通过"编程语言"，也就是用写代码的方式将自己的意图和指令转换成计算机看得懂的程序，这个可以定义为传统编程。编程本质上是人类与计算机之间沟通的方式，通过特定的语法规则和逻辑结构，让计算机能够按照人类的意图执行各种任务。

在探讨传统编程学习的复杂性之前，大家需要先理解人类思维与编程逻辑之间存在的天然冲突。这些冲突源自人类大脑的工作方式与传统编程要求之间的根本差异。

1.1.1　认知模式的冲突

人类大脑具有出色的认知灵活性，能够根据情境需要处理不同类型的信息。在日常交际中，我们擅长理解和运用"可能""大概""差不多"这样模糊的概念，这种能力让我们能够有效地应对充满不确定性的社会情境。

想象一下，当你和朋友约定"下午三点左右见面"，这个"左右"可能意味着 2:50 到 3:10 的任何时间，而这完全可以接受。但在编程世界里，计算机不理解"左右"这个概念——它需要精确的时间点。

当转向传统编程时，我们需要调动大脑的另一种认知模式——精确的逻辑推理能力。传统编程要求我们清晰地定义每个变量和条件，这种严格的形式化思维虽然存在于我们的认知能力范围内，但对很多初学者来说，需要刻意练习才能熟练运用。

看看下面这个简单的例子。

```
# 这是一个简单的时间约定程序
meeting_time = 15                  # 15 点，也就是下午 3 点
arrival_time = 14.9                # 14.9 点，也就是 2:54 分
if arrival_time <= meeting_time:
    print(" 你准时到达了！")
else:
    print(" 你迟到了！")
# 输出结果：你准时到达了！
```

在这个程序中，计算机不会理解"左右"或"差不多"的概念，它只会严格比较两个数值的大小。这种精确性是编程思维的核心特征之一。

1.1.2 直觉与系统思维的矛盾

人类的思维方式深深植根于直觉和经验。当面对问题时，人类倾向于基于过往的经验快速做出判断，而不是系统地分析每个细节。但传统编程需要我们改变这种思维方式，强制我们将问题分解为清晰的步骤和严格的逻辑关系。

比如，当你想做一道菜时，可能会根据经验随意添加调料，根据口感调整火候。但如果要编写一个烹饪程序，则需要精确定义每一步。

```
# 一个简化的烹饪程序
def cook_dish():
    # 1. 准备食材
    ingredients = [" 鸡蛋 ", " 西红柿 ", " 盐 ", " 油 "]
    # 2. 检查食材是否齐全
    for item in ingredients:
        if not check_ingredient(item):
            print(f" 缺少 {item}，无法继续 ")
            return False
    # 3. 按步骤烹饪
    heat_oil()
    add_egg()
    stir_fry(time=30)              # 秒
    add_tomato()
    add_salt(amount=2)            # 克
    stir_fry(time=60)             # 秒
    return " 菜肴准备完成 "
# 这个函数需要明确定义每一个步骤和参数
```

这种系统化思维与我们日常依赖直觉的方式形成了鲜明对比。

1.1.3 整体认知与细节要求的对立

人类大脑的另一个特点是倾向于整体认知，我们擅长快速把握大局，但容易忽

略细节。这在传统编程中成为一个严重的问题，因为传统编程对细节的要求近乎苛刻——一个分号的缺失、一个空格的错位都可能导致程序完全崩溃。

看看下面这个例子。

```
# 正确的代码
name = " 小明 "
if name == " 小明 ":
    print(" 你好，小明！")
# 错误的代码（多了一个空格）
name = " 小明 "
if name == " 小明 ":               # 注意这里名字后面多了一个空格
    print(" 你好，小明！")          # 这行代码不会执行，因为条件不匹配
```

在上面这个例子中，仅仅因为一个额外的空格，整个程序的行为就完全改变了。这种对微观细节的极度关注与人类的自然认知倾向背道而驰。

1.1.4 认知负荷的挑战

在认知负荷方面，传统编程对大脑提出了极高的要求。我们需要同时在多个抽象层次间切换——从具体的代码实现到整体的问题域，从细节的解决方案到宏观的架构设计。

研究表明，人类的工作记忆一般只能同时处理 5±2 个信息单元，但传统编程过程需要同时关注的细节远超这个限制，语法规则、逻辑结构和错误处理等多维度信息的叠加，给大脑带来了巨大的认知负担。

想象你正在编写一个简单的登录功能，代码如下。

```
# 一个简单的登录验证程序
def verify_login(username, password):
    # 检查用户名是否为空
    if username == "":
        return " 用户名不能为空 "
    # 检查密码是否为空
    if password == "":
        return " 密码不能为空 "
    # 检查用户名长度
    if len(username) < 3:
        return " 用户名长度不能小于 3 个字符 "
    # 检查密码长度
    if len(password) < 6:
        return " 密码长度不能小于 6 个字符 "
     # 检查用户名和密码是否匹配数据库中的记录
    if check_database(username, password):
        return " 登录成功 "
    else:
        return " 用户名或密码错误 "
```

在编写这样的代码时，你需要同时考虑多个条件和可能的错误情况，这对工作记忆提出了很高的要求。

1.1.5　错误处理的复杂性

错误处理更是一个特殊的挑战。传统编程中的错误往往是多层面的，可能同时涉及语法错误、逻辑缺陷和架构问题。定位和解决这些错误需要强大的分析能力和丰富的经验，这对初学者来说特别困难。

看看下面这个包含错误的代码。

```python
# 一个包含错误的计算函数
def calculate_average(numbers):
    total = 0
    count = 0

    for number in numbers:
        total += number
        count += 1

    # 这里有一个潜在的错误：如果 numbers 是空列表，count 将为 0
    average = total / count          # 可能导致除以零的错误

    return average

# 修正后的代码
def calculate_average_fixed(numbers):
    if not numbers:                  # 检查列表是否为空
        return 0                     # 或者返回一个适当的默认值

    total = sum(numbers)
    count = len(numbers)
    average = total / count

    return average
```

在第一个函数中，如果传入一个空列表，程序会崩溃。识别和修复这类错误需要预见可能的边界情况，这对初学者来说并不直观。

1.1.6　学习曲线与反馈周期

学习过程本身就充满挑战。在能够创造出有意义的程序之前，人们需要积累大量的基础知识。这个漫长的准备期常常会打击学习的积极性。更困难的是，传统编程学习的反馈周期特别长——从学习某个概念到能够在实际项目中应用它，中间往往存在很长的时间差。这种延迟的反馈机制容易让人产生挫败感。

1.1.7　抽象概念的理解难度

许多传统编程概念的抽象性也是一个大问题。像递归、指针这样的概念对没有相关背景的人来说异常抽象，因为它们在现实生活中没有直观的对应物。

以递归为例，下面是一个函数调用自身的概念。

```
# 使用递归计算阶乘
def factorial(n):
    # 基本情况：0 的阶乘是 1
    if n == 0:
        return 1
    # 递归情况：n 的阶乘等于 n 乘以 (n-1) 的阶乘
    else:
        return n * factorial(n - 1)

# 计算 5 的阶乘
result = factorial(5)  # 结果是 120
```

理解这段代码需要在脑海中模拟函数的多层调用过程，这对初学者来说是一个相当抽象的思维挑战。

1.1.8　思维方式的根本转变

最根本的挑战在于思维方式的转变。人类天生倾向于发散性思维，喜欢探索多种可能性。但传统编程要求我们采用收敛性思维，将所有可能的情况都进行明确定义和处理。

我们需要从依赖经验和直觉的思维方式，转向纯粹的逻辑推理。从容许小错误的人类交流模式，转向要求绝对精确的程序执行模式。这种思维方式的根本转变，可能是传统编程学习中最具挑战性的部分。

1.1.9　专业背景带来的额外挑战

对于不同专业背景的学习者来说，这些普遍性的挑战可能表现得更为突出。特别是那些习惯于视觉思维和感性认知的人，他们在日常工作中依赖直观和感性判断，习惯于处理具象的元素，通过直觉来做出判断。

在他们的专业领域中，模糊性和不确定性不仅被允许，还往往是创意的源泉。一个轻微的偏差可能带来意想不到的灵感，这种创造性和不确定性是某些专业领域的重要特征。

然而，传统编程则要求完全不同的思维方式。它需要严格的逻辑思维，每一个步骤都必须经过精确定义，不能有丝毫的模糊。这种对精确性的绝对要求与某些专业人士习惯的思维模式形成了鲜明对比。

1.1.10　心理障碍

心理层面的障碍也不容忽视。许多人对传统编程存在先天的恐惧，认为这是一个高度技术化的领域，需要强大的数学和逻辑思维能力。这种"数学不好"的心理阴影会严重影响学习的信心。

同时，他们也担心过多地投入传统编程学习会影响自己的专业性，产生身份认同的困惑。这种担忧往往导致他们在遇到技术困难时更容易放弃。

1.1.11　知识迁移的鸿沟

知识迁移的困难进一步加剧了编程难学的问题。不同领域积累的经验难以直接应用到传统编程领域。传统编程中的许多概念在现实世界中缺乏直观的对应物，这使得这些概念特别难以让人理解和掌握。

即使掌握了基础语法知识，要将其转化为解决实际问题的能力也存在巨大的鸿沟。研究表明，语法知识的掌握与实际问题解决能力之间存在显著差距，这说明仅仅学会语法远远不够。

对许多学习者来说，这种从其熟悉的思维方式到抽象逻辑的转换尤其具有挑战性，因为他们习惯于通过直观的元素来理解和解决问题，而传统编程则要求他们在看不见的逻辑层面上进行思考和构建。

1.2　AI 编程的思维革命：人机交互的新篇章

1.2.1　重新定义编程的本质

还记得我们在上一节讨论过的编程的定义吗？告诉计算机做什么的指令（the instructions that tell a computer what to do）。在传统编程中，人们必须学习特定的编程语言和语法规则来实现这一目标，这对人类的大脑提出了极高要求，正如 1.1 一节详细分析的那样。

AI 编程为这一古老的目标提供了全新路径：人们不再需要通过编写代码来指导计算机，而是可以用日常对话的方式直接表达意图和需求。这一根本转变使编程回归到最原始的定义——告诉计算机做什么，而非如何做。

1.2.2　什么是 AI 编程？

AI 编程是一种通过自然语言直接指导计算机工作的方法。想象一下，就像你对一个非常聪明的助手描述你的需求，然后它能够理解并完成任务。在这种模式下，你不再需要学习特定的编程语言、语法或遵循严格的逻辑结构，而是能够用日常语言描述需求，由 AI 系统负责将这些描述转换为计算机可执行的指令。

举个例子，当你说"我想要一个程序来分析销售数据并生成月度报表"时，传统编程要求你了解数据处理的语法、算法和可视化库的使用方法。而在 AI 编程模式下，你可以直接描述需求："我需要分析这些销售数据，计算每月的总收入、平均订单价值，并用图表展示销售趋势。"AI 系统会负责将这些自然语言指令转化为可执行的代码。

AI 编程的核心工具如下。

（1）大语言模型：如 DeepSeek、Claude、ChatGPT、Gemini 系列等，它们就像能听懂人类语言的"翻译官"，能够理解人类的自然语言指令并生成相应的代码。这些模型既可以通过网页界面访问，也可以集成在专业开发环境中。

（2）智能编程环境：专为 AI 编程设计的工具，如 Cursor、Trae、GitHub Copilot 等，它们就像装备了 AI 大脑的编辑器，集成了大语言模型，提供更流畅的交互体验和工作流程。

（3）专业化 AI 工具：针对特定领域优化的工具，如 Midjourney 用于图像生成、Whisper 用于音频处理等，它们使特定领域的创作变得更加直观。

（4）AI 辅助开发平台：提供低代码或无代码体验的平台，如 Lovable、V0.dev 等，通过 AI 技术人们可以直接利用需求描述生成所需的内容，大幅简化开发流程。

1.2.3　思维方式的全面升级

AI 编程的革命性不在于它是另一种编程技术的叠加，而在于它彻底改变了人类与计算机交互和创造的方式。这就像从骑马到驾驶汽车的转变，不仅速度和效率提高了，整个出行方式和思考模式都发生了根本变化。这是一次认知范式的升级，从细节实现到问题定义，从线性执行到系统设计，从知识记忆到理解能力，从被动使用到主动创造。

1. 从细节实现到问题定义

在传统编程中，人们的大部分精力会消耗在"如何实现"的技术细节上，如选择何种数据结构、使用哪种算法、如何优化性能等。就像人们在搭建一座桥之前，需要先学习混凝土配比、钢筋布置和力学计算。

AI编程则让人们将注意力转向更高层次的思考：我们到底要解决什么问题？用户的真实需求是什么？系统应该具备哪些功能？这就像你可以直接告诉AI"我需要一座能承载100人同时通过的桥梁，连接河的两岸，风格要现代、简约"一样，而不必关心具体的建造细节。

这种注意力的转移不仅提高了效率，更重要的是，它让你能够将更多精力投入问题的定义和需求的理解中。正如设计思维中常说的："正确定义问题比解决问题更重要。"AI编程使人们能够专注于这一更具战略意义的部分。

2. 从线性执行到系统设计

在传统编程中，人们倾向于线性地考虑程序执行流程：输入什么、处理什么、输出什么。这种线性思维就像按照食谱一步步烹饪，虽然直观，但往往难以应对复杂系统的设计。

AI编程鼓励人们从系统整体出发，考虑组件间的关系和交互，以及系统的整体行为和属性。这就像你可以描述一个完整的生态系统，而不必详细说明每个生物的生存方式。

在与AI模型协作时，人们被自然地引导向系统级思考：由人描述系统的目标和组成部分，AI帮忙思考各部分如何协同工作。这种系统思维的培养对于解决当今复杂的问题至关重要，远超编程领域本身的价值。

3. 从知识记忆到理解能力

传统编程教育常常过分强调语法规则、库函数和设计模式的记忆，这些细节性知识就像要求一个人背诵整本字典才能写作。这些知识虽然必要，但很容易遮蔽更重要的能力——理解问题和构建解决方案的能力。

AI编程让人们从烦琐的记忆工作中解放出来，转而培养更高层次的理解能力：理解问题的本质、系统的架构和用户的真实需求。这种理解能力是创新和解决复杂问题的基础，也是面对快速变化的技术环境时最宝贵的能力。

4. 从被动使用到主动创造

或许AI编程最深远的影响在于它改变了大多数人与技术的关系。在传统模式下，大多数人都是现有软件的被动使用者，只有少数具备编程技能的人才能创造新工具。就像大多数人只能使用现成的家具，而不能自己设计和制作一样。

AI编程模糊了这一界限，让每个人都能根据自己的需求创造个性化工具。这就像每个人都拥有了一位木匠助手，可以根据自己的需求定制家具，而不必自己掌握全部木工技能。

这种从使用者到创造者的转变，不仅增强了个人能力，也带来了思维方式的根本变化——从适应现有工具的限制，到主动定义和创造满足特定需求的解决方案。这种主动创造的思维一旦形成，将影响你看待和解决各种问题的方式。

1.2.4 编程思维的转折点

AI 编程带来的不仅是技术工具的变革，更是思维方式的根本转变。以下是几种关键的思维模式转变。

1. 从"如何做"到"做什么"

在传统编程中，人们的思维常常陷入实现细节，如"如何编写这个函数""如何优化这种算法"。这就像过分关注如何握笔、如何调墨，而忽略了要画什么内容。

AI 编程让你能够专注于更高层次的问题，如"我想要实现什么功能""用户需要解决什么问题"。这种思维转变使你能够更清晰地看到目标，而不被技术细节所束缚，就像艺术家可以专注于创作内容，而不必过分担忧工具使用技巧。

2. 从逐步执行到整体描述

传统编程要求人们按照计算机的执行逻辑，逐步描述每个操作。这就像程序员必须告诉机器人每一个动作："抬起右脚，向前移动 30 厘米，放下右脚，抬起左脚……"

AI 编程则允许人们以更整体、更自然的方式描述需求，就像向同事解释一个想法："走到房间对面的桌子那里。"这种整体描述的能力让人能够更直观地表达复杂的概念，减少了从抽象想法到具体实现的认知鸿沟。

3. 从语法正确到语义清晰

在传统编程中，语法错误是最常见的障碍，一个遗漏的分号或错误的缩进就可能导致程序崩溃。这就像人们写一封信必须遵循严格的格式规范，否则就会被退回。

AI 编程将重点从语法正确性转移到语义清晰性——指令是否明确、是否无歧义、是否完整地表达了需求。这就像人们只需确保信的内容清晰明了，而不必担心格式问题。这种转变使沟通变得更加自然，减少了因技术细节导致的挫败感。

4. 从封闭资源到开放创新

传统编程知识常常被封闭在专业的领域内，学习资源往往面向有基础的开发者。这就像一本没有入门章节的高级教材，对初学者极不友好。

AI 编程则创造了更开放的知识环境，非专业人士可以通过与 AI 的对话，理解复杂的编程概念，获取个性化的解释和指导。这种知识的民主化大大扩展了创新的可能性，让更多背景和视角的人能够参与技术创造。

1.2.5　创新思维的催化剂

AI 编程不仅是实现想法的工具，更是激发创新思维的催化剂。以下是几个 AI 编程促进创新的关键机制。

1. 降低实验成本

创新最大的障碍之一是将想法转化为原型的成本和时间。想象一下：如果每次尝试一个新点子都需要几周甚至几个月的开发时间，你会尝试多少个想法？

AI 编程大幅降低了这一门槛，使你能够快速将想法转化为可运行的原型，评估其可行性和价值。这就像从手工制作模型到使用 3D 打印的转变，大大加快了从构思到实物的速度。

这种快速实验的能力对于创新至关重要，它鼓励你尝试更多可能性，而不受技术实现复杂度的限制。当失败成本降低时，尝试新事物的意愿自然提高。

2. 扩展思考的空间

传统编程的技术限制常常隐形地限制了你的思考范围——你倾向于只考虑自己有能力实现的想法。这就像一个只会使用锤子的人，看所有问题都像是钉子。

AI 编程打破了这种限制，使你能够思考和尝试更广泛的可能性。当技术实现不再是主要障碍时，你的思考空间自然扩展到更多创新领域。你可以专注于"这个想法是否有价值"，而不是"我能否实现这个想法"。

3. 促进跨学科融合

AI 编程降低了技术领域与其他学科融合的门槛。医生可以创建专业的医疗分析工具，教师可以开发个性化的教学助手，艺术家可以构建交互式艺术体验……这种跨学科融合是创新的沃土，AI 编程通过降低技术门槛使这种融合变得更加自然和普遍。

想象一位生物学家，她可以直接将自己的专业知识转化为数据分析工具，而不必先成为一名程序员。这种直接从专业知识到技术实现的路径，大大加速了创新的步伐。

4. 增强创意反馈循环

在创意实现过程中，快速的反馈至关重要。就像艺术家需要不断看到自己作品的形成过程，以便及时调整和完善。

AI 编程缩短了从想法到实现的周期，使你能够更快获得反馈，调整方向，迭代创意。这种紧密的反馈循环不仅加速了创新过程，也提高了最终结果的质量。

当你能够在几小时内看到想法的初步实现，而不是几周后时，你的创造过程会变得更加流畅和有效。这种即时反馈的力量，是 AI 编程激发创新的重要机制。

1.3 AI 编程：重新定义创造的可能性

传统编程的高门槛——精确的语法要求、严格的逻辑思维、繁重的记忆负担——长期以来将大多数人排除在创意实现的门外。许多开发者都有这样的经历："我一直想做一个自己的个人项目，比如一个技术博客平台。但是全栈开发对我来说有难度，特别是前端开发和 UI 设计这些都不是我的强项。"

AI 编程正在从根本上改变这一现状。它让人们能够用自然语言表达想法，将创造的焦点从"如何编写代码"转向"要实现什么功能"。这不仅是工具的进步，更是创造方式的革命。

一位后端工程师分享了他的经历："上个月我去面试，面试官看到我的作品集，特别惊讶我能做出这么完整的全栈项目。最后拿到的 offer 中薪资比预期高了不少。面试官说他们正在寻找能驾驭全栈开发的工程师，而 AI 编程正好弥补了这个需求缺口。"

本章我们将探讨 AI 编程如何重新定义创造的可能性，以及它为个人、团队和社会带来的深刻变革。

1.3.1 经验自动化：将你的工作方式编码

AI 编程最个人化的应用，是将你自己的经验和工作流程转化为自动化工具。这不仅可以提高效率，更是将隐性知识转化为可共享资产的过程。

一位财务分析师分享："我把每月报表处理的流程做成了一个小工具，包含了我 7 年工作中摸索出的所有数据清洗和验证步骤。现在新来的同事可以直接使用这个工具，不必重复我当年踩过的坑。"

这种经验自动化可以采取多种形式，具体如下。

- 一个自动处理电子邮件的脚本；
- 一个按照个人的分类习惯整理文件的插件；
- 一个根据个人的研究方向推荐相关论文的工具；
- 一个融合个人教学经验的练习生成器。

关键在于识别一个人工作中的重复模式和独特方法，然后将其转化为可自动执行的流程。这不仅为自己节省了时间，也是对专业知识的一种保存和传承。

1.3.2 Home Cooked App: 数字时代的手工艺

在以量产应用为主导的时代，我们开始见证一种新现象的兴起：个人自制应用，或称 Home Cooked App。就像家庭烹饪在食物选择中有其不可替代的价值一样，这些量身定制的个人应用正在成为数字生活中的新选择。

市场上的主流应用，无论多么精良，都面临一个根本困境：它们必须服务于最广泛的用户群体，因此采用"最大公约数"的设计理念，难以满足特定用户的独特需求。更糟的是，它们往往功能过剩，包含大量普通用户永远不会使用的特性，同时又在细节处理上不够个性化。

"最让我安心的是，我所有的日记和灵感都存储在本地，不会被上传到不知道的服务器。"这位创作者道出了自制应用的另一个优势：对个人数据的完全掌控。

AI 编程使得这种个人定制成为可能。你不需要成为专业程序员，只要能够清晰地表达需求，就能创建真正契合自己工作流程和生活习惯的工具。更重要的是，这些工具可以随着你需求的变化而不断调整，始终保持最佳匹配。

1.3.3 从个人到小众：需求共同体的形成

有趣的是，当你开始为自己创建应用时，往往会发现还有其他人面临相似的需求。这些最初为解决个人问题而创建的工具，可能会自然发展为服务特定小众群体的产品。

"我做了一个适合我家庭的财务规划工具，考虑了我们特有的收入模式和消费习惯。将其分享到社交媒体后，竟然有几十个朋友要求使用权限。"这种基于共同需求的小众应用共享，正在形成一种新型的数字社区——不是围绕平台，而是围绕共同需求和价值观。

这些需求共同体既不同于传统的产品用户群体，也不同于开源社区。它们更加流动和有机，边界模糊而开放，创造者和使用者之间的界限不再明显。每个人都可以贡献想法，共同塑造工具的发展方向。

在这种模式下，软件不再是大公司的标准化产品，而是社区成员共同演化的生态系统。这种小众应用的繁荣，可能预示着数字生态的多样化未来，就像城市中的独立餐厅、手工作坊和专业书店，与连锁商业共存并丰富着城市文化。

1.3.4 工作方式的革新：从沟通到共创

AI 编程不仅改变了个人创造的方式，也正在重塑团队协作的模式。传统的工作协作往往依赖冗长的文档描述和反复的会议沟通，这个过程充满误解和返工。

"以前我们后端接到需求也经常觉得产品文档说得不够清楚，如果能快速做个 Demo 来验证，确实能省很多返工的时间。"AI 编程让"原型即沟通"成为可能。

产品经理可以在讨论需求的同时，快速生成一个可交互的原型，让团队成员直观地理解产品愿景，大大减少沟通成本。

这种转变正在模糊传统职业边界：

- 设计师可以直接实现自己的设计，不再受限于开发资源；
- 产品经理可以验证自己的构想，快速迭代产品功能；
- 程序员可以更专注于系统架构和性能优化，而非重复性的界面开发；
- 非技术岗位的员工可以创建自己的工作辅助工具，不再依赖 IT 部门。

这种跨职能的流动不仅提高了效率，也创造了更统一和协调的产品体验。当创意可以直接转化为产品，而不需要通过多次翻译和解释时，最终成品往往更接近最初的设想。

1.3.5　新时代的四大核心能力

在 AI 编程赋能的新时代，成功将由四种关键能力定义，它们相互补充，共同构成应对未来挑战的完整能力体系。

1. 洞察力：发现价值需求的能力

洞察力是看透表面现象，发现深层需求的能力。在充斥着标准化产品的世界中，真正的机会往往隐藏在你自身或身边人尚未被满足的个性化需求中。

"我开始观察自己和同事们的工作习惯，发现我们都在重复同样的数据处理步骤，但每个人使用的都是自己独特的方式。"一位数据分析师分享道，"这让我意识到，我们需要的不是更多标准化工具，而是能适应个人工作流程的灵活系统。"

洞察力主要关乎识别自身的需求，以及发现身边相似群体的潜在痛点。当你开始关注自己日常工作中的重复性任务，当你能听出同事抱怨背后的真正诉求，你就具备了这种在 AI 时代极为宝贵的能力——洞察力。

2. 想象力：构思未来可能性的能力

当技术实现不再是主要障碍，创造的门槛显著降低，真正的价值转移到了"想象什么"而非"如何实现"。想象力——这种能够构思未曾存在的事物的能力，正成为最稀缺的资源。

"做完第一个项目后，我的脑子里突然冒出了十几个新想法。好像一旦知道这些想法是可以实现的，思维就打开了一扇新门。"这种想象力的解放是 AI 编程带来的最珍贵的礼物之一。

优质的想象不仅是天马行空，而是建立在对现实深刻理解基础上的创新性构思。它是对"可能性边界"的探索与突破，是看到别人看不到的机会，是想到别人想不到的解决方案。

3. 执行力：从可能到现实的桥梁

然而，仅有想象是不够的。历史上充满了伟大但未实现的想法。区分梦想家和创造者的关键在于执行力——将想法转化为现实的能力。

"最有趣的发现是，当我开始动手做的时候，总会冒出更多创意。有时候最初的想法可能很普通，但在实现过程中，我会发现新的可能性，这些往往比最初的想法更有价值。"

在 AI 编程时代，执行力体现在将复杂的问题分解为清晰步骤的能力，是持续推进、不断迭代的韧性，是面对障碍时灵活调整方向的适应力。技术实现不再是主要障碍，真正的挑战在于保持前进的动力和清晰的方向。

4. 创造力：赋予作品独特灵魂的能力

创造力是融合独特视角、审美判断与人文关怀的能力，是赋予作品独特灵魂的源泉。在标准化工作越来越多地被 AI 取代的时代，创造力成为区分平庸与卓越的关键。

"市场上有很多类似的应用，但我做的这个有我自己的理解。"一位设计师这样描述她的作品，"它考虑了使用者的情绪变化，界面会根据一天中的不同时段和用户的使用模式进行微妙地调整，这种细节是我多年来对人机交互的观察和思考。"

创造力不仅体现在艺术表达上，也体现在问题解决的独特路径、产品设计的细微创新，以及对用户情感需求的敏锐捕捉。它是人类经验在作品中的投射，是 AI 难以完全复制的人类的特质。

5. 四大能力的协同发展

洞察力、想象力、执行力与创造力并非孤立存在的，而是相互增强的能力体系。

当你通过洞察力发现有价值的需求点时，想象力会帮助你构思可能的解决方案。优质的想象建立在对现实的深刻洞察之上，正如优秀的科幻作品往往源于对当下社会趋势的敏锐捕捉。

强大的想象力为执行提供了清晰的方向和持续的动力。当你能够生动地想象成功的样子时，执行过程中的障碍就会变得不那么令人气馁。那些能够清晰描述自己想要创造什么的学员，往往能更快地上手 AI 编程工具，并取得更好的成果。

执行过程又会激发创造的火花。正如那位学员所说，最有价值的想法往往诞生在动手实践的过程中。创造不是一蹴而就的灵光乍现，而是在持续执行中逐步形成和完善的。

最后，创造的过程会加深你对问题的洞察。当你沉浸在创造的过程中时，会对用户需求、技术可能性和设计权衡有更深入的理解，这反过来又会强化你的洞察能力，形成良性循环。

这四种能力的协同发展，构成了 AI 时代最强大的竞争优势，重新定义了创新与价值创造的方式。下一节将探讨如何有效地学习和掌握 AI 编程，让大家将这种新型创造力转化为你的核心竞争力。

1.4　如何掌握 AI 编程

前面探讨了传统编程的认知壁垒、AI 编程如何打破这些壁垒，以及它如何重新定义创造的可能性。现在，我们将关注一个更为实际的问题：如何有效地学习和掌握 AI 编程？这不仅是一种技术转变，更是一种思维方式的革命。

1.4.1　从恐惧到拥抱：AI 编程的心理转变

传统编程常常引发学习者的恐惧和抵触情绪。这种恐惧源于认知模式的冲突、抽象概念的理解难度，以及严格的精确性要求。AI 编程为我们提供了一条避开这些障碍的途径。

在传统上，编程被视为一门硬技能，人们需要学习各种编程语言的语法特点，记忆众多库的调用方式，并且需要痛苦地从零开始实现每个功能。然而，AI 编程的核心不在于掌握这些硬技能，而在于培养一系列软技能：产品设计能力、任务拆解能力、逻辑分析能力、提问能力和计算思维。

心理上的第一步转变是：不再将编程视为一门需要记忆大量语法和函数的技术活，而是将其视为表达创意和解决问题的过程。AI 工具负责处理烦琐的语法细节和实现逻辑，而你只需要专注于表达自己想要实现什么。

这种心理转变不仅降低了入门门槛，也改变了学习曲线。传统编程学习往往是先陡峭后平缓——人们往往需要大量时间掌握基础语法和概念，但一旦掌握，后续进展相对容易。AI 编程则相反，入门阶段相对平缓，几乎任何人都能快速创建简单的应用，但随着项目复杂度的增加，学习曲线逐渐陡峭，需要更深入的系统思考和设计能力。

AI 编程将极大地加快个人创造的节奏，因为每个人都能基于自己的诉求实现自己的想法。一旦你体验到这种力量，很可能会发现自己的生活和工作可以被更加高效和充实地掌控。

1.4.2　提问的艺术：AI 编程的核心能力

在 AI 编程范式下，表达需求的质量直接决定了最终成果的质量。这种"提问能力"需要刻意培养。

1. 具体而非抽象

很多人在开发时连具体的画面都没有，只能模模糊糊地描述自己想要做的东西，例如"我要做一个运动智能 App"这样的表述实际上几乎没有提供任何有用信息。

有效的提问应该具体到能"看见"最终产品的样子。不要说"我想做一个待办事项应用"，而应该详细描述："我需要一个可以按日期分类待办事项的应用，用户可以设置截止日期和优先级，完成的任务会被自动归档，还应该有一个每周进度统计功能……"

提供具体细节不仅可以帮助 AI 更准确地理解需求，也迫使你自己更清晰地思考产品功能和用户体验。有经验的开发者都知道，产品需求的清晰程度往往决定了最终实现的质量。通过 AI 编程，这种清晰思考的重要性变得更加突出。

2. 分步引导而非一次性描述

复杂的需求应该被分解为连续的步骤。就像教导一个新手一样，分步骤表达需求通常比一次性提供所有细节更有效。先让 AI 理解基本框架，然后逐步添加细节和功能。

例如，在开发一个电子商务网站时，你可以先专注于产品展示页面，确保设计和功能符合期望，再逐步添加购物车、用户账户和支付系统。这种渐进式开发不仅更容易管理，也能在早期发现并纠正问题。

3. 迭代而非固执

如果同一个问题询问了三四次都没能解决，应该重新开启一个对话，以新的逻辑来提问。这是因为当前的 AI 模型缺乏有效的拒绝能力，它倾向于顺从用户的思路。当上下文中累积了过多的错误信息时，AI 的输出质量会进一步下降。

AI 编程是一个迭代的过程。如果在特定方向遇到持续阻碍，不要固执地重复同样的问题，而是尝试从不同角度重新表述，或者直接开始一个全新的对话。

这种迭代思维也适用于产品开发本身。与其坚持最初的设计并试图一次性实现所有功能，不如先创建一个最小可行产品（MVP），然后基于实际使用体验逐步改进和扩展。

4. 理解而非执行

一个有效的策略是让 AI 为代码添加详细的注释，明确说明自己是新手，需要简单易懂的解释。然后请 AI 讲解代码的运行原理。通过这种详细的解释，你往往能自己发现问题所在，结合注释，AI 也能更快地协助你解决这些问题。

不要只让 AI 执行任务，也要让它解释过程和原理。这不仅有助于解决当前问题，也能加深你对编程概念的理解，为未来的学习打下基础。

5. 上下文意识与清晰引用

当项目变得复杂时，保持对话上下文的清晰变得尤为重要。明确引用先前讨论的内容，使用准确的术语和命名，避免模糊的代词和不完整的描述。

例如，不要说"上面那个函数有问题"，而应该说"login.js 文件中的 validateUser 函数在处理空值时有问题"。这种精确的引用能帮助 AI 更准确地定位和解决问题。

1.4.3　工具选择：AI 编程效率的关键

AI 编程效率在很大程度上取决于你使用的工具，以下是几个关键提示。

1. 选择强大的语言模型

选择优质的语言模型而非便宜或免费的替代品至关重要。在这方面过度节省可能是一种误判，尤其当考虑到高质量的工具能节省时间、精力时。

高质量的语言模型（如 Claude、GPT-4o、DeepSeek、Gemini）能够更好地理解复杂的指令，生成更准确的代码，并提供更有洞察力的解释。虽然这可能意味着额外的成本，但考虑到它们能节省时间和精力，因此是值得的投资。

特别是在以下情况，更强大的语言模型优势明显。

- 在构建复杂的系统时，能更好地理解和维护整体架构；
- 在处理不常见的技术栈时，能提供更准确的指导；
- 在调试棘手的问题时，能提供更深入的分析和解决方案；
- 在学习新技术时，能提供更清晰、更有教育意义的解释。

2. 使用专业的 AI 编程环境

除了语言模型本身，集成开发环境（IDE）的选择同样至关重要。专业的 AI 编程工具如 Cursor、Windsurf、Trae 之所以受到推荐，主要是因为其精心设计的提示系统和交互体验，这些特性显著降低了新手进入 AI 编程领域的门槛。

专为 AI 编程设计的环境（如 Lovable、V0、Bolt）提供了更流畅的交互体验和更高效的工作流程。这些工具通常内置了优化的提示模板和上下文管理功能，可以显著提升 AI 编程效率。

一个好的 AI 编程环境应具备以下特点。

- 智能代码提示与自动补全；
- 与多种语言模型的无缝集成；
- 有效的上下文管理，确保 AI 理解整个项目；
- 直观的代码编辑和调试工具；
- 便捷的版本控制集成。

3. 选择适合初学者的技术栈

在项目初期选择编程语言和框架时，优先考虑那些严谨且主流的选项是明智之举。例如，相比 JavaScript，TypeScript 提供了更严格的类型检查；而使用 Next.js 开发的项目在部署到 Vercel 平台时会更加便捷，因为它们本身就是一个生态系统。

对初学者而言，选择成熟稳定、资源丰富的技术栈至关重要。这不仅能降低遇到奇怪问题的概率，也能在需要时更容易找到解决方案。优先考虑那些拥有良好的文档、活跃的社区和成熟部署流程的技术。

对初学者友好的技术栈通常包括以下几个。

- 前端：React（或 Next.js）、Vue、Svelte；
- 后端：Node.js、Python（FastAPI 或 Django）；
- 数据库：PostgreSQL、MongoDB；
- 部署：Vercel、Netlify、Railway。

1.4.4 基础概念：AI 编程的必要知识

尽管 AI 编程大幅降低了编程的门槛，但掌握一些基础概念仍然非常重要。这些概念不需要人们达到专业程序员的深度，但足够的理解能帮助你更有效地与 AI 工具协作。

1. 程序执行的基本逻辑

理解程序是如何执行的：顺序执行、条件判断和循环结构，这些是所有编程语言的共同基础，理解它们可以帮助你更清晰地表述需求和识别潜在问题。

即使不需要亲自编写这些结构，理解它们的工作原理也能帮助你设计更有效的系统。例如，知道循环可能导致性能问题，条件判断可能引入边缘情况，这些知识对于设计健壮的系统至关重要。

2. 数据类型和数据结构

了解基本的数据类型（如文本、数字、布尔值）和简单的数据结构（如列表、字典），这些是组织和处理信息的基本方式，理解它们能帮助你更准确地描述数据处理需求。

特别是当你需要处理和分析复杂的数据时，这些基础知识变得尤为重要。AI 可以帮助实现数据处理逻辑，但你需要清楚地指定应该使用什么样的数据结构，以及如何组织和转换数据。

3. API 和模块化思想

理解 API（应用程序接口）的概念，以及模块化设计的思想。优秀的模块设计堪比精心制作的积木系统，使用者只需了解每个积木的"颜色和形状"（即输入和输出接口），就能将它们组合在一起，而无须深入了解内部实现细节。

这种模块化思想对于构建复杂的应用至关重要，即使你是通过 AI 来实现它们的。当你能够将系统拆分为明确定义的组件，并设计清晰的接口时，AI 生成的代码质量和可维护性都会大幅提升。

4. 基本的调试思路

了解如何识别和描述错误，以及基本的调试思路。虽然 AI 能帮助解决许多问题，但你需要能够清晰地描述症状并理解基本的问题排查逻辑。

基本的调试技能如下。

- 识别错误信息中的关键信息；
- 分离和简化问题，创建最小复现场景；
- 通过逐步排除法定位问题的根源；
- 验证解决方案的有效性。

1.4.5　问题解决：AI 编程的实战能力

解决 AI 编程中的问题是一种特殊的技能，它既不同于传统程序员的调试方式，也不同于普通用户的问题报告方式。以下是几个关键技巧。

1. 环境问题的识别与处理

在小型项目的初始阶段，绝大部分 bug 往往源于开发环境的问题，包括但不限于新项目初始化困难、编程语言之间的兼容性冲突、引入新库时的环境配置问题、不同库之间的依赖冲突、开发环境缺失或权限不足等各种技术障碍。

环境问题是 AI 编程初期最常见的障碍。大家要学会识别这类问题的特征（如安装错误、版本冲突、权限问题），并用清晰的方式向 AI 描述症状。对于这类问题，详细的错误信息和环境描述比抽象的问题描述更有价值。

处理环境问题的策略如下。

- 使用容器化技术（如 Docker）创建一致的开发环境；
- 严格遵循项目推荐的环境设置流程；
- 使用版本管理工具（如 nvm、pyenv）管理不同版本的语言环境；
- 记录完整的错误信息，包括控制台输出和日志。

2. 逻辑问题的探索与解决

逻辑问题通常表现为程序行为与预期不符。解决这类问题的关键是将复杂的情况分解为简单的步骤，逐一验证每个环节的正确性。在向 AI 描述问题时，清晰地说明预期行为和实际行为的差异，以及你对可能原因的猜测。

有效解决逻辑问题的方法如下。

- 将复杂的操作分解为更小的步骤，逐一验证；
- 使用打印语句或日志跟踪程序执行流程；

- 创建简化的测试场景，验证核心功能；
- 与 AI 一起审查关键代码逻辑，确保符合设计意图。

3. 有效利用 AI 的调试能力

与其让 AI 盲目地修复错误，不如让它帮助你理解代码的工作原理，使你能自己发现问题所在。让 AI 为代码添加详细的注释，解释每一部分的功能和目的。这不仅更高效，也能帮助你积累经验，提升解决问题的能力。

例如，可以要求 AI 执行以下操作。

- 为复杂的函数添加行内注释，解释每一步的目的；
- 画出数据流图，展示信息如何在系统中流动；
- 解释算法的工作原理，包括边缘情况的处理；
- 提供可能的故障点列表，以及验证每个点的方法。

4. 简化与隔离

在面对复杂的问题时，尝试创建一个最小化的复现环境，排除无关因素的干扰。向 AI 描述这个简化后的问题，通常能得到更准确的解决方案。

如果项目不需要联网或者需要高算力，那就没必要大费周章搞个服务器，所有加大开发难度的功能都应该在前期砍掉。保持系统简单，专注于核心功能，是成功实现项目的关键。

1.4.6　自主学习：AI 作为首选导师与多元资源整合

在学习 AI 编程的旅程中，培养自主学习的能力至关重要。AI 不仅是一种工具，更是一位随时待命的导师，能够解答问题、提供指导并耐心解释复杂的概念。然而，仅仅依赖 AI 是不够的，只有整合多元化的学习资源才能构建完整的知识体系。

1. 学会先问 AI，后问人

在面对编程问题时，应该养成首先向 AI 寻求帮助的习惯，而不是立即转向同事或在线论坛。这不仅提高了解决问题的效率，也培养了独立思考和自主学习的能力。绝大多数编程问题都可以在你与 AI 的对话中得到解决，特别是当你掌握了有效提问的技巧后。

使用 AI 作为首选导师的优势如下。

- 即时性：无须等待他人回复；
- 个性化：根据用户自身的具体情况为用户提供指导；
- 耐心度：可以反复解释直到用户理解；
- 非评判性：不会因为"简单"问题而感到不耐烦。

同时，B 站和小红书等平台上有大量关于 AI 编程的最新视频和图文教程，这些内容往往更贴近实际应用场景，包含创作者的经验和技巧。定期浏览这些平台的相关内容，是拓宽 AI 编程知识面的有效途径。

2. 深度探究而非浅尝辄止

当 AI 提供解决方案时，不要仅复制、粘贴，而应该要求 AI 解释背后的原理和逻辑。这种主动探究的态度能帮助你更深入地理解原理，而不只是获得临时的解决方案。可以要求 AI 分解复杂的概念，提供类比或图示，直到你真正理解为止。

深度学习策略如下。

- 追问"为什么"，而不仅仅是"怎么做"；
- 要求 AI 提供多种解决方案，并比较它们的优缺点；
- 尝试预测方案可能遇到的问题，并与 AI 讨论这些问题；
- 要求 AI 解释代码中的设计决策和最佳实践。

3. 构建个人学习策略

利用 AI 制订个性化学习计划。不同于标准的教程和课程，AI 可以根据用户的具体需求、背景和学习风格提供定制化的学习路径。用户可以告诉 AI 自己的目标和现有知识水平，然后请它设计适合自己的学习步骤。

个性化学习计划可能包括以下内容。

- 根据用户的项目需求确定优先学习的技术；
- 设计渐进式的练习，从简单到复杂；
- 推荐符合用户学习风格的资源（视频、文章、交互式练习）；
- 定期回顾和调整，确保学习进度符合目标。

4. 学会自我诊断

培养识别和描述问题的能力。当代码不能按预期工作时，用户可以尝试自己诊断问题所在，然后向 AI 确认自己的理解是否正确。这种自我诊断的过程是编程思维形成的关键部分。

自我诊断能力的培养包括以下几方面。

- 学习阅读错误消息和堆栈跟踪；
- 培养逻辑思考能力，推理程序可能的执行路径；
- 建立测试习惯，验证每个关键组件的功能；
- 学会提出假设并设计实验来验证假设。

5. 多元资源的战略整合

向 AI 寻求帮助只是学习策略的一部分。GitHub 上的开源项目是探索实际代码组织和最佳实践的宝贵资源。通过浏览与你兴趣相关的项目，你可以学习真实世界中的代码结构和问题解决方式。特别要关注那些文档完善、结构清晰的项目，它们通常包含优秀的编程实践。

在数字时代，高效的搜索能力是学习任何技术的基础技能，包括使用精确关键词描述问题、筛选结果质量、结合多个信息源形成理解，以及适应不同技术领域的专业术语。总的来说，搜索能力是连接人们与全球知识库的桥梁。

资源整合的策略包括以下内容。

- 维护个人知识库，整理 AI 对话中有价值的信息；
- 建立资源收藏体系，按主题组织各类学习材料；
- 参与在线社区，汲取集体智慧和最新实践；
- 定期复习和回顾，将零散的知识连接成系统理解。

1.4.7　正确的学习态度：敬畏与拆解

AI 编程虽然降低了入门门槛，但并不意味着复杂项目的开发变得毫无挑战，持有正确的学习态度至关重要。

1. 保持敬畏之心

初学者最常见的误区之一是低估项目开发的复杂性。当在 AI 的帮助下快速实现某个功能后，容易产生"编程其实很简单"的错误认知。实际上，构建一个完整、稳定、可维护的系统仍然需要系统性思考和设计。如果做什么都觉得很简单，往往最终什么都做不出来。

保持对编程复杂性的敬畏之心，不是为了制造恐惧，而是为了培养正确的学习态度。认识到虽然 AI 能帮助你快速实现单个功能，但真正的挑战在于整体架构和系统设计，这些并不是简单地堆叠代码就能解决的。

敬畏心的具体表现如下。

- 对关键决策保持谨慎态度，权衡不同方案的长期影响；
- 承认自己的知识局限，持续学习和改进；
- 尊重前人的经验和最佳实践，不盲目创新；
- 重视质量和稳定性，不仅仅追求功能实现。

2. 学会问题拆解

面对复杂的项目，最有效的策略是问题拆解——将大问题分解为可管理的小问题。AI 编程的优势正在于它允许你专注于高层设计，同时逐步实现各个组件。

问题拆解不仅是一种实践技术，更是一种思维方式。它需要你能够识别系统的自然边界和组件，定义清晰的接口和交互方式，设计可独立实现和测试的模块，以及规划合理的实现顺序。

有效的问题拆解包括如下内容。

- 功能拆分：将系统功能分解为相对独立的模块；
- 层级拆分：区分前端 / 后端，或按架构层次（如数据、业务逻辑、展示）拆分；
- 阶段拆分：将开发过程分为规划、核心功能、优化扩展等阶段；
- 复杂度拆分：优先解决关键问题，逐步增加复杂性。

这种拆解能力与提问能力密切相关。当你能够将复杂需求分解为清晰、具体的步骤时，AI 就能更有效地协助你实现每个部分，最终组合成完整的解决方案。

1.4.8　AI 编程的成长路径：从模仿到创造

掌握 AI 编程不是一蹴而就的，而是从模仿到创造的渐进式过程。

1. 模仿阶段

初学者通常从复制和理解现有示例开始。在这个阶段，重点不是创造原创作品，而是理解基本概念和工作流程。尝试使用 AI 重新创建你喜欢的简单应用或功能，观察 AI 如何将需求转化为代码。

有效的模仿学习包括以下内容。

- 分析成功项目的结构和组织方式；
- 尝试复制基本功能，理解实现原理；
- 请 AI 解释每个部分的作用和设计考量；
- 尝试小规模修改，观察结果变化。

2. 调整阶段

随着基础概念的掌握，学习者可以开始尝试在现有模板的基础上进行调整和个性化。这可能包括修改界面设计、调整功能细节或添加小型新功能。在这个阶段，重点是理解不同部分如何协同工作，以及如何安全地进行修改。

调整阶段的成长策略包括以下内容。

- 逐步引入新的技术元素，如新的 UI 组件或 API 集成；
- 尝试不同的设计方案，比较优缺点；
- 优先选择可控范围内的挑战，避免过度扩展；
- 逐步形成个人风格和设计偏好。

3. 创建阶段

随着经验的积累，学习者可以开始尝试创建原创项目，解决特定问题或满足个人需求。在这个阶段，重点是如何将想法转化为清晰的需求描述，以及如何引导 AI 实现这些需求。

创建阶段的关键能力如下。

- 将抽象的想法转化为具体的功能规划；
- 设计合理的系统架构和数据结构；
- 制订可行的开发计划和优先级；
- 有效地将复杂的需求分解并与 AI 沟通。

4. 优化阶段

当建立基本创造能力后，学习者可以开始关注如何使项目更高效、更稳定、更易用。这可能包括性能优化、用户体验改进或代码结构重组。在这个阶段，与 AI 的合作更像是与同事的协作，而非简单地执行指令。

优化阶段的深化方向如下。

- 学习性能分析和优化技术；
- 关注用户体验的细节和流畅度；
- 提高代码质量和系统的稳定性；
- 考虑扩展性和长期维护的问题。

1.4.9 与 AI 共同成长：人机协作的持续优化

AI 编程是一个动态发展的领域，你的学习过程也是与 AI 共同成长的过程。以下是一些长期发展的建议。

1. 建立个人提示库

随着使用经验的积累，你会发现某些提示模式特别有效。将这些优质提示整理成个人提示库，分类保存并持续优化，能显著提高你与 AI 的协作效率。

提示库可以包括以下内容。

- 项目初始化模板；
- 常见功能实现指南；
- 调试和问题解决框架；
- 代码审查和优化检查表。

2. 形成系统思维

随着项目复杂度的增加，系统思维变得越来越重要。这包括理解组件之间的交互、预见潜在的边缘情况、规划可扩展的架构等。虽然 AI 可以帮助实现具体的代码，但系统的整体设计和规划仍需要人类的判断和远见。

培养系统思维的方法如下。

- 学习常见的设计模式和架构原则；
- 分析优秀项目的架构和组织方式；
- 思考系统在不同条件下的行为和边界；
- 关注非功能性需求（如安全性、可扩展性、性能）。

3. 持续学习技术基础

虽然 AI 编程减少了对语法和 API 的记忆需求，但理解技术基础仍然重要。持续学习关键技术概念（如 HTTP、数据库原理、前端渲染机制等）能帮助你做出更明智的设计决策。

关键技术知识领域如下。

- 网络通信原理；
- 数据存储和管理；
- 认证与安全；
- 界面设计和用户体验；
- 性能优化基础。

4. 建立反馈循环

与 AI 的有效协作需要持续改进。定期回顾你的项目和工作流程，识别哪些方面效果良好，哪些需要调整。这种反思不仅适用于技术选择，也适用于与 AI 的交流方式。

有效的反馈循环如下。

- 项目完成后的回顾和总结；
- 记录和分析常见问题及解决方案；
- 比较不同提问方式的效果；
- 实验新的协作模式和工具。

最后，推荐大家扫描二维码，进行扩展学习，这是笔者正在构建的 AI 编程公开知识库，里面存放了大量教程和知识，可以帮助你更系统地学习 AI 编程的相关技能。同时，你也可以在这里加入我们正在构建的 Mixlab AI 编程社区，与其他学习者一起交流和成长。

AI 编程公开
知识库

在接下来的章节中，用到的主要是 Cursor 这款 IDE 工具，由于当前的各种 AI 工具都在快速迭代，为了避免书中内容过时，请到 https://www.cursor.com/ 浏览关于 Cursor 的更多介绍。

第 2 章

产品构思与规划

2.1 一句话生成一个产品

第 1 章探讨了传统编程的学习难点，以及 AI 如何改变编程方式。我们发现，人类的思维方式和编程逻辑之间存在着一道天然的鸿沟，而 AI 技术为人们搭建了一座沟通的桥梁，让人们能够用更自然的方式与计算机对话。也许你已经尝试过与 AI 进行简单的对话，比如询问今天的天气，或请它讲一个有趣的故事。这些交流往往只需一句简单的话就能完成。下面就来尝试一个更有趣的挑战——用一句话创造出一个完整的产品。

2.1.1 从想法到产品的飞跃

在传统的产品开发流程中，从一个想法到最终形成的产品，需要经过需求分析、原型设计、前端开发、后端实现、测试部署等多个复杂的环节。每个环节都需要专业的技术知识，往往要耗费数周乃至数月的时间。但在 AI 编程时代，这个漫长的过程可以被浓缩为一句简单的描述。

就像你跟朋友描述一个想法那样自然——你只需说出"我想要什么"，而不必关心"如何去做"。这种思维方式的转变，正是第 1 章讨论过的认知模式升级。AI 技术正在重新定义软件开发的方式，让创意与实现之间的距离变得前所未有的短。

随着 AI 技术的迅猛发展，越来越多的平台开始支持"一句话生成一个产品"的创新模式。例如 V0（v0.dev）、Lovable（lovable.dev）、Bolt.new（bolt.new）、Claude（claude.ai）及 Cursor 等平台都提供了这样的功能。这些平台的出现标志着软件开发正进入一个全新的时代——从烦琐的编码到简单的表达，从技术壁垒到创意无限。无论是经验丰富的开发者，还是完全没有编程背景的普通人，这些工具都能帮助你将想法快速变为现实。

接下来，让我们以 Lovable 为例，亲自体验一下"一句话生成产品"的神奇过程。

2.1.2 使用 Lovable 体验一句话生成产品

让我们先来了解如何使用 Lovable 这个强大的工具。首先，你需要完成以下准备工作。

- 访问 https://lovable.dev；
- 使用 GitHub 或 Google 账号快速完成注册并登录。Lovable 界面如图 2-1 所示。

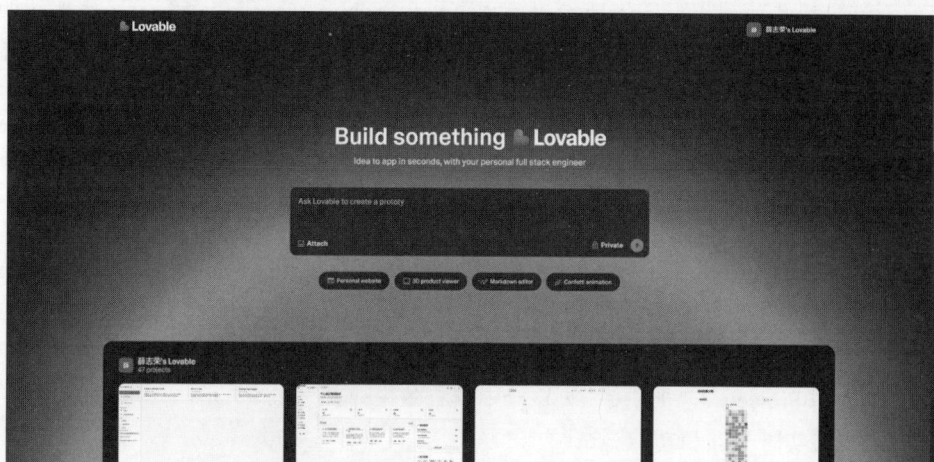

图 2-1　Lovable 界面

接下来通过一个具体的例子让大家体验"一句话生成产品"的神奇过程，以制作一个俄罗斯方块游戏为例。

（1）输入你的需求："请帮我制作一个俄罗斯方块游戏。"

（2）单击生成按钮，AI 开始理解需求并生成代码（通常需要 2～5 分钟）。

（3）等待生成完成，系统会自动创建一个专属链接。

（4）直接在浏览器中就能开始体验游戏。

令人惊叹的是，仅凭这一句简单的描述，AI 就能在短短几分钟内生成一个完整可玩的俄罗斯方块游戏。这个游戏包含以下功能。

- 随机生成的方块；
- 旋转和移动功能；
- 行满消除机制；
- 完整的积分系统。

大家可以扫码体验游戏。

俄罗斯方块

接下来，我们尝试做另外一个游戏——超级玛丽，同样在 Lovable 里输入一句话需求："给我做一个超级玛丽的横版游戏。" 同样可以得到另一个游戏作品，可扫码体验。

超级玛丽

如果比较这两个游戏，就会发现一个有趣的现象：虽然两者都是通过一句话生成的，但俄罗斯方块游戏明显更加完善和符合预期，而超级玛丽虽然也稍微实现了基本功能，但与我们心目中的"超级玛丽"相比，差距不小。同样是一句话，为何结果差异显著？这个例子很好地说明了提示词的质量和复杂度对生成结果的影响。

不过，想要获得更好的生成结果，大家可以在描述时提供更多细节。比如，如果想要一个待办事项管理器，可以这样描述："做一个简单的待办事项管理器，界面要简洁美观，支持添加新任务、删除任务和标记完成状态，最好能按照完成状态进行排序。"这样的描述会让 AI 更清楚你的期望。

2.1.3　预览和使用你的作品

当 Lovable 生成应用后，你可以通过以下方式使用和管理自己的作品。

1. 预览功能
- 使用 Preview 按钮直接在浏览器中查看效果；
- 支持实时交互和功能测试；
- 无须任何安装，即可体验完整的功能。

2. 分享和部署
- 每个项目都有独特的永久链接；
- 可直接分享给他人使用；
- 打开链接即可使用，无须安装。

3. 项目管理
- 在个人主页查看所有项目；
- 支持设置标题和描述；
- 提供项目的编辑、删除和复制功能。

4. 使用注意事项
- 免费版本有项目数量限制；
- 暂不支持源代码下载；
- 长期未访问的项目可能进入休眠状态；
- 建议保存重要项目链接。

2.1.4 探索其他 AI 编程平台

除了 Lovable，还有其他优秀的 AI 编程平台值得探索。

1. V0（v0.dev）

- 特别适合生成网站和 Web 应用；
- 可以尝试生成"一个简洁的个人作品集网站"。

2. Claude（claude.ai）

- 擅长生成功能完整的应用；
- 可以创建"一个能追踪每日心情的小应用"。

3. 其他平台

- Bolt.new（bolt.new）；
- GitHub Copilot；
- Amazon Code Whisperer。

小白必记

- AI 开发原则：表达需求胜过写代码
- 需求描述技巧：清晰明确，重点突出
- 项目生成特点：快速迭代，即时反馈
- 作品管理方法：善用标签，分类清晰
- 分享部署要点：链接永久，即开即用
- 平台选择原则：按需选择，各有所长

下一节将深入探讨如何构建更好的提示词，让 AI 更准确地理解和实现我们的创意构想。

2.2 理解提示工程的本质

在前一节中，有一个有趣的现象：同样是一句简单的话，生成的俄罗斯方块游戏和超级玛丽游戏却有明显的质量差异。为什么会这样呢？这正是本节深入探讨提示工程的原因。

提示工程（Prompt Engineering）不仅仅是一种技术实践，更是人类与 AI 高效沟通的艺术。想象一下，如果把 AI 比作一位外国朋友，那么提示工程就是我们学习与这位朋友交流的"外语课程"。掌握了这门语言，我们就能更准确地表达自己的需求，获得更满意的回应。

随着对 AI 使用的深入，你会发现，简单的一句话提示在处理复杂的任务时往往力不从心。想象一下，如果你只说"帮我写个网站"，AI 可能会提供一个非常基础的网页代码，而不是你心目中那个功能完善的博客系统。这就像你去餐厅只说"我要吃饭"，服务员无法知道你想吃什么菜、口味如何、是否有忌口。

为什么提示工程如此重要？主要有以下几个原因。

（1）提高效率：精心设计的提示词能让 AI 一次性给出满意的答案，避免反复沟通浪费时间。就像一份详细的工作说明书，能让员工直接交付符合预期的成果。

（2）提升质量：好的提示词能引导 AI 生成更高质量的内容，无论是代码、文档还是创意设计。这就像给厨师提供详细的菜谱，成品自然更加美味。

（3）实现创新：掌握提示工程技巧后，可以引导 AI 探索更多创新可能，就像一位经验丰富的导演能引导演员呈现出最佳表演。

本节将深入探讨提示工程的核心概念和实践方法，帮助大家从"能用 AI"进阶到"善用 AI"，真正将这个强大工具的潜力发挥到极致。

2.2.1　简单句提示与提示工程的区别

不同复杂度的任务适合不同类型的提示方式，简单的任务适合用一句话描述，而复杂的任务则需要更系统化的提示工程。接下来深入讲解两者的差别，以便大家在不同的场景下做出最佳选择。

1. 何时使用简单句提示

当任务明确且无歧义时，使用简单句通常就足够了。如下面的示例。

- 明确的查询："现在几点？"或"今天天气怎么样？"
- 简单的创意请求："讲个笑话吧"或"写个简单的问候语"。
- 基础信息获取："Python 是什么编程语言？"

在之前的例子中，"给我做一个俄罗斯方块游戏"作为一句简单的提示能取得不错的效果，正是因为俄罗斯方块的游戏机制相对简单、明确——方块下落、旋转、消除行等核心玩法已经成为大众共识，几乎没有歧义。

2. 何时使用提示工程

当任务复杂或需要特定输出格式时，提示工程就变得必不可少。

- 复杂的开发任务："开发一个带用户管理功能的电商网站后台"；
- 需要特定格式的内容："以表格的形式分析近 5 年的销售数据趋势"；
- 多步骤问题解决："分析这段代码的性能瓶颈并提供优化方案"。

回到游戏例子，"给我做一个超级玛丽的横版游戏"虽然看似简单，但超级玛丽作为一个经典游戏包含大量细节：角色动作（跑、跳、蹲）、敌人类型、关卡设计、道具系统等。这种复杂度，简单的一句话提示无法充分表达所有需求，因此生成的结果不理想。

3. 两种方法的具体差异

简单句提示与提示工程的具体差异如表 2-1 所示。

表 2-1　简单句提示与提示工程的具体差异

方　　面	简单句提示	提 示 工 程
适用场景	日常查询、简单任务	复杂项目、专业工作
用户投入	低，即时性强	高，需要规划和思考
输出质量	基本满足需求，可能有偏差	高度定制，准确性高
迭代需求	可能需要多次尝试	一次性完成概率更高
示例	"写一个冒泡排序"	"实现一个冒泡排序，包含时间复杂度分析，并处理边界情况"

4. 编程领域的实际对比

让我们看一下在 AI 编程中的具体对比。

简单句提示如下。

帮我写一个计算器程序

可能得到的结果：一个基本的命令行计算器，只支持简单的加、减、乘、除。

提示工程方式如下。

请使用 JavaScript 开发一个网页计算器：
1．支持基本四则运算和百分比计算
2．包含历史记录功能
3．实现科学计算模式（三角函数、指数等）
4．设计响应式界面，适配移动设备
5．添加键盘快捷键支持
6．代码需遵循 ES6 标准并包含详细注释

提示工程可能得到功能完善、结构清晰的专业计算器应用。

5. 意想不到的细节

有趣的是，即使是简单的任务，添加少量额外细节有时也能显著提升结果质量。

简单句："给我一个俄罗斯方块游戏"。

稍加改进："给我一个俄罗斯方块游戏，包含分数系统和难度递增功能"。

这种微小的调整可能会让 AI 生成的游戏在基础版本之上获得更加完善的体验。

这表明，了解任务的核心要素并在提示中明确指出，即使是相对简单的任务也能从中受益。

2.2.2 构建高质量提示词的核心原则

在与 AI 交流的过程中，提示词的质量直接决定了 AI 回答的质量。就像烹饪需要遵循食谱一样，构建高质量的提示词也需要遵循一些核心原则。这些原则不仅来自日常实践，也来自行业研究和专业经验。掌握这些原则，你就能更有效地引导 AI 生成符合你期望的内容。

1. 明确任务原则

想象你在餐厅点餐，如果你只说"我想吃点东西"，服务员会一头雾水；但如果你说"我要一份红烧牛肉面，不要辣"，服务员就能准确理解这个需求。与 AI 沟通也是如此，用户需要清晰地告诉它要做什么。

明确任务是提示工程的第一步，也是最关键的一步。它要求我们清楚且具体地说明 AI 需要执行的任务，避免模糊不清的表述。

反面例子：

帮我处理这些数据

正面例子：

请对这份销售数据进行分析，计算每月销售额的增长率，并找出销售额最高的 3 个产品类别

在正面例子中，明确指出了两个具体任务：计算增长率、找出最高销售类别，这样 AI 就能准确理解需求，给出有针对性的回答。

如果回到游戏生成的例子，可以按下面的方式改进提示词。

反面例子：

给我做一个超级玛丽的横版游戏

正面例子：

请开发一个横版超级玛丽游戏，包含以下核心功能。
1．角色能够奔跑、跳跃和踩踏敌人
2．包含问号砖块、金币收集和蘑菇道具
3．至少有一个完整的关卡，包含起点和终点旗杆
4．游戏有基本的音效和背景音乐

2. 提供相关输入和上下文原则

就像医生需要了解病人的症状和病史才能做出准确诊断一样，AI 也需要足够的信息才能给出满意的回答。这就是为什么提供相关输入和上下文如此重要。

这个原则要求我们提供 AI 完成任务所需的所有数据和背景信息。这些信息可以

帮助 AI 更好地理解问题的环境和限制条件，从而生成更准确的回答。

例如，如果你想让 AI 帮你写一段关于经济形势的分析，你可以这样提供上下文。

```
请基于以下背景信息，分析当前中国经济形势：
【背景信息】
最近两个季度 GDP 增长率分别为 5.3% 和 4.9%
失业率维持在 5.2% 左右
消费者信心指数从 102 下降到 98
房地产市场销售额同比下降 15%
出口总额增长 7.8%，进口总额增长 5.2%
请从消费、投资、进出口 3 个方面进行分析，并预测未来半年的经济走势。
```

在这个例子中，我们提供了具体的经济数据作为上下文，并明确了分析的方向，这样 AI 就能基于这些信息给出更有价值的分析。

3. 指定输出格式原则

比如，客户请设计师设计一张海报，如果不指定尺寸和风格，客户可能会收到一个与自己的期望完全不同的设计。同样，当我们使用 AI 时，明确指定输出格式能让结果更符合预期。

这个原则要求我们明确期望 AI 响应的格式，包括内容结构、风格、长度等方面。通过指定格式，可以让 AI 的输出更加规范和实用。

例如，如果想获取一份简洁的会议纪要，可以像下面这样指定格式。

```
请将以下会议内容整理成简洁的会议纪要，格式要求如下。
1．使用表格形式列出参会人员和缺席人员
2．用项目符号列出讨论的主要议题（不超过 5 点）
3．对每个议题的决议用粗体标注
4．在最后添加 " 下一步行动 " 部分，列出每个人的任务和截止日期
5．整个纪要控制在 500 字以内
会议内容如下。
[ 会议记录文本 ]
```

在这个例子中，明确指定了会议纪要的格式要求，包括表格、项目符号、粗体标注等，这样 AI 生成的内容就会更加结构化和易于阅读。

4. 结构化描述原则

就像写作文需要分段落一样，好的提示词也需要清晰的结构。结构化描述原则要求我们将复杂的需求分成几个部分来说明，使 AI 更容易理解和处理。

例如，当需要开发一个软件功能时，可以像下面这样结构化提示词。

```
## 功能描述
开发一个学生信息管理系统的登录模块

## 技术要求
- 前端: React + TypeScript
- 后端: Node.js + Express
- 数据库: MongoDB
```

```
## 具体功能
1．用户名和密码登录
2．手机验证码登录
3．记住登录状态

## 安全要求
- 密码必须加密存储
- 防止暴力破解
- 登录日志记录
```

通过这种结构化的方式，使需求变得清晰有序，AI 可以更准确地理解每个部分的要求，从而提供更符合预期的回答。

5.迭代优化原则

写提示词就像写作文，很少有人能一次就写出完美的作品。迭代优化原则强调通过不断修改和完善提示词来提升质量。这个过程可能需要多次尝试，但每一次迭代都会让结果更接近期望。

下面是一个提示词优化的例子。

第一版（太简单）：

```
帮我做个计算器
```

第二版（增加基本要求）：

```
用 Python 写一个计算器程序，能进行加、减、乘、除运算
```

最终版（完整且专业）：

```
请用 Python 开发一个计算器程序。
功能要求如下。
1．支持加、减、乘、除四则运算
2．支持小数点计算
3．支持清除和退格功能
技术要求如下。
- 使用 Python 3.8+
- 提供图形界面（使用 tkinter）
- 代码需要包含详细注释
异常处理如下。
- 处理除零错误
- 处理输入非法字符
- 处理超出计算范围的情况
```

通过这个例子，可以看到提示词从简单到复杂、从模糊到清晰的演变过程。每一次迭代都让提示词变得更加完善，更能准确地表达我们的需求。

2.2.3　提示词的高级技巧

在掌握了基本原则后，下面来探索一些更高级的提示工程技巧，这些技巧能够

帮助你在特定场景下获得更优质的 AI 输出。

1. 角色扮演提示技术

角色扮演是一种强大的提示技巧，通过让 AI 扮演特定角色，可以引导它从特定的视角思考问题。这种方法能获得更专业、更有深度的回答。

例如，如果想获得关于代码优化的专业建议，可以像下面这样设计提示词。

请你扮演一位拥有 10 年软件开发经验的高级工程师，专攻性能优化领域。请对以下代码进行审查，指出可能的性能瓶颈，并提供具体的优化建议。
[代码片段]
请特别关注以下内容。
1．时间复杂度问题
2．内存使用效率
3．并发处理方式
4．算法选择是否合理

通过明确设定 AI 扮演的角色，可以获得更符合特定专业水平和视角的回答。

2. 思维链（Chain of Thought）技术

思维链是一种引导 AI 展示推理过程的技术，通过让 AI 一步步思考，可以获得更透明、更可靠的结果，特别适用于解决复杂的问题。

例如，如果需要解决一个复杂的数学问题，可以像下面这样设计提示词。

请一步步思考并解决以下问题。
小明有 15 个苹果，他给了小红 3 个，又从小李那里得到了 5 个。然后他把剩下的苹果平均分给了 4 个朋友，自己留下了 2 个。请问每个朋友能得到几个苹果？
请按照以下步骤分析。
1．确定小明最终有多少个苹果
2．计算需要分配给朋友的总数
3．计算每个朋友能获得的数量
4．检查你的答案是否合理

通过这种方式，AI 不仅会给出最终答案，还会展示完整的思考过程，让你能够理解问题是如何被解决的。

3. 批判性思维提示

批判性思维提示鼓励 AI 评估自己的输出，识别潜在问题和局限性，从而产生更平衡、更全面的回答。

例如下面的示例。

请分析人工智能在医疗领域的应用前景。
在回答后，请评估你的分析中可能存在的以下问题。
1．是否过于乐观或悲观
2．是否忽略了某些重要风险或挑战
3．是否考虑了伦理和隐私问题
4．是否有未经证实的假设
然后，请提供一个更平衡的分析版本。

这种方法能够帮助你获得更全面、更客观的分析，减少AI可能带有的偏见或片面性。

4. 控制输出的确定性

有时我们需要 AI 提供创造性的想法，有时则需要准确无误的事实回答。通过适当的提示词，我们可以控制 AI 输出的创造性与准确性。

例如，对于创意任务："请发挥你的创造力，构思 5 个独特而有趣的手机应用创意，这些应用应该是市场上尚不存在的。不要担心技术可行性，尽情展开你的想象。"

而对于需要准确性的任务："请基于已被广泛证实的科学事实，简明扼要地解释为什么地球是圆的。仅使用基本物理学和天文学原理，避免任何有争议或未被主流科学界接受的理论。"

通过明确指出期望的是创造性还是准确性，引导 AI 调整其输出风格。

2.2.4 利用 AI 优化和迭代提示词

前面介绍了如何构建高质量的提示词。但就像写作一样，很少有人能一次就写出完美的作品。下面介绍如何借助 AI 的力量来不断优化提示词。

就像一个人学习写作，一开始可能会觉得无从下手，但有了老师的指导，写的文章会变得越来越好。同样，在优化提示词的过程中，可以把 AI 当作"写作导师"，通过它的反馈来不断提升提示词的质量。这种方法不仅能帮助我们更快地掌握提示工程的技巧，还能让我们的工作效率得到显著提升。

从简单句提示到复杂提示工程，实际上就是一种迭代优化的过程。通过理解这个过程，我们可以更系统地提升与 AI 的沟通效率。

1. AI 辅助优化的具体步骤

就像改进菜谱一样，优化提示词也需要遵循一定的步骤。下面一起来看看如何借助 AI 的力量来优化提示词。

1）写出初始版本

首先，写出一个基础版本的提示词，就像写下菜谱的第一个版本。这个版本不需要很完美，但要把核心需求表达出来。

2）请求 AI 分析

接下来可以像下面这样请求 AI 的帮助。

```
请帮我分析这个提示词的优缺点：
[ 你的提示词内容 ]
重点关注以下内容。
1．表达是否清晰
2．是否遗漏重要信息
3．结构是否合理
4．有哪些可以改进的地方
```

3）根据反馈修改

根据 AI 的建议，对提示词进行修改和完善，就像根据品尝者的反馈来调整菜品的口味。

4）实际测试效果

把修改后的提示词实际使用一下，看看 AI 的响应是否符合预期。

5）持续改进

如果效果还不够理想，就继续重复上述步骤，直到得到满意的结果。

2. 实战案例：优化网站开发提示词

下面通过一个实际的例子，来看看如何一步步优化提示词。

第一版（过于简单）如下。

```
帮我做一个博客网站。
```

第二版（增加了基本信息）。

```
使用 React 开发一个博客网站，需要文章展示和评论功能。
```

第三版（更加完整和专业）如下。

```
请帮我开发一个博客网站。
## 技术要求：
- 前端框架: React 18
- 样式方案: Tailwind CSS
- 数据管理: Redux

## 功能需求：
1. 文章列表和详情页面
2. 评论系统
3. 文章分类和标签
4. 响应式布局适配

## 开发规范：
- 使用 TypeScript
- 遵循 React 最佳实践
- 需要完整的错误处理
```

通过这个例子，可以看到提示词从简单到复杂、从模糊到清晰的演变过程。每一次迭代都让提示词变得更加完善，更能准确表达我们的需求。

回到开头提到的游戏示例，现在可以理解为什么简单的"做一个俄罗斯方块游戏"相比"做一个超级玛丽游戏"能获得更好的结果了。俄罗斯方块的游戏机制相对简单明确，即使是简短的描述也足以让 AI 理解核心要求；而超级玛丽作为一个复杂的横版闯关游戏，包含众多元素和机制，需要更详细的描述才能让 AI 准确把握。

3. 优化效果评估

如何判断提示词优化是否成功呢？大家可以从以下几个方面来评估。

- AI 的响应是否更符合预期；
- 是否减少了来回沟通的次数；
- 输出的内容质量是否提高；
- 是否节省了整体开发时间。

小白必记

- 提示方式选择：简单任务用简单句，复杂任务用提示工程
- 提示工程本质：是人类与 AI 高效沟通的艺术
- 核心原则：任务明确、上下文完整、结构清晰、迭代优化
- 高级技巧：角色扮演、思维链、批判性思维、控制确定性
- 优化流程：写初稿、请求分析、修改完善、测试效果、持续改进
- 评估标准：响应符合预期、减少沟通次数、提高内容质量、节省开发时间
- 结构化描述：将复杂的需求分类呈现更有效
- 角色扮演：通过设定特定角色获得专业视角
- 思维链技术：引导 AI 展示推理过程提高可靠性
- 批判性思维：鼓励 AI 自我评估获得更平衡的回答
- 迭代优化：从简单到复杂逐步完善是提高质量的关键
- 成本效益平衡：前期投入更多时间构建提示，可减少后期修改成本

掌握这些提示工程的原则和技巧，就能更有效地引导 AI 生成符合期望的内容，将一句简单的需求转化为高质量的产品和解决方案，更清楚何时可以使用简单提示，何时需要投入更多精力进行提示工程的设计，从而在效率和质量之间找到最佳平衡点。下一节将探讨如何利用这些技巧来构建更复杂、更完善的产品架构和文档。

2.3 从想法到代码：3 种需求开发方式

在 AI 辅助开发时代，把想法转换成代码变得前所未有的简单。本章将介绍三种不同的开发方式，从快速验证到完整规划，帮助你选择最适合的方式来实现你的想法。无论你是想快速验证一个创意，还是要开发一个完整的系统，这些方法都能帮助你更高效地完成开发。

2.3.1　快速验证：一句话需求开发

想象一下，你突然有了一个绝妙的想法，想马上把它变成代码。在传统开发中，你可能需要先写需求文档，再画原型图，最后才开始写代码。但在 AI 辅助开发时代，你可以直接用一句话告诉 AI，它就能帮你生成可运行的代码原型。

1. 一句话需求的艺术

就像你跟朋友描述一个 App 的想法一样，对 AI 描述需求也要简单直接。一个好的一句话需求应该包含两个要素：产品类型和要解决的问题。

比如，你可以这样描述：

> 帮我开发一个学习计划管理应用，可以让用户创建学习目标、记录学习时间，并生成学习报告。

这句话清晰地表达了：

（1）产品类型：学习计划管理应用；

（2）要解决的问题：帮助用户管理学习目标和进度。

当你把这句话输入到 AI 后，它会立即为你生成一个基础的代码框架。这就像一位经验丰富的程序员听完你的想法，立刻为你打造了一个简单但可运行的版本。

2. 一句话需求与 LLM 能力的关系

在上一节的例子中，我们看到同样是一句话需求，"给我做一个俄罗斯方块游戏"和"给我做一个超级玛丽的横版游戏"产生了截然不同的结果。这种差异不仅取决于需求的复杂度，还与你所使用的大语言模型（LLM）和平台的能力息息相关。

1）LLM 能力差异对一句话需求的影响

不同的 LLM 模型在处理简单提示时表现各异。

- 高级模型（如 Claude 3.7、DeepSeek r1、GPT-o3 等）：能从简单提示中推断更多上下文，理解隐含的需求，自动补充缺失的细节。
- 中级模型：需要更明确的指导，对简单提示的理解有局限性。
- 基础模型：往往难以理解模糊的一句话需求，容易产生不符合预期的结果。

2）Agent 功能的关键作用

一些现代 AI 平台（如 Lovable、V0、Cursor 等）配备了强大的 Agent 功能，这些 Agent 能自动将简单的一句话需求转化为复杂且完整的提示，大大提高输出质量。

> 用户输入："给我做一个俄罗斯方块游戏。"

Agent 内部可能的处理流程如下。

> 1. 分析需求类型：游戏开发——俄罗斯方块
> 2. 提取关键要素：方块下落、旋转、消除、计分系统
> 3. 构建完整的提示。
> "请开发一个俄罗斯方块游戏，包含以下功能。

```
   - 方块随机生成和下落
   - 方块旋转和移动控制
   - 行消除机制和计分系统
   - 游戏结束判定
   - 基础 UI 界面和操作指南
   请使用 HTML/CSS/JavaScript 实现，确保代码结构清晰……"
```

这就解释了为什么同样是一句话需求，在有强大 Agent 支持的平台上会获得更好的结果。俄罗斯方块的例子之所以成功，部分原因是平台的 Agent 自动将简单的需求扩展成了更完整的提示。

3）选择合适的平台

基于这一理解，大家可以更明智地选择平台。

- 有强大 Agent 功能的平台：适合使用一句话需求，节省时间；
- 无 Agent 或 Agent 能力有限的平台：需要自己编写更详细的提示。

3. 从一句话到代码原型

以学习计划管理应用为例，在高级 LLM 或强 Agent 平台上，一句话需求可能会生成下面这样的代码结构。

```
/**
 * 学习目标类
 * 用于表示单个学习目标及其进度信息
 */
class LearningGoal {
    /**
     * 创建一个新的学习目标
     * @param {string} title - 学习目标的标题
     * @param {number} targetHours - 目标学习时间（小时）
     */
    constructor(title, targetHours) {
        this.title = title;              // 目标标题
        this.targetHours = targetHours;  // 计划学习总时长（小时）
        this.completedHours = 0;         // 已完成学习时长（小时）
        this.isCompleted = false;        // 是否完成目标
        this.createdAt = new Date();     // 创建时间
        this.lastStudyDate = null;       // 最后一次学习的时间
    }
}


/**
 * 学习计划管理类
 * 负责管理多个学习目标，提供添加目标和记录学习时间的功能
 */
class LearningPlanManager {
    /**
     * 创建一个新的学习计划管理器
     */
    constructor() {
        this.goals = [];                 // 存储所有学习目标的数组
    }
```

```
/**
 * 添加新的学习目标
 * @param {string} title - 学习目标的标题
 * @param {number} targetHours - 目标学习时间（小时）
 * @returns {LearningGoal} - 返回创建的学习目标对象
 */
addGoal(title, targetHours) {
    const goal = new LearningGoal(title, targetHours);
    this.goals.push(goal);
    return goal;
}

/**
 * 记录特定学习目标的学习时间
 * @param {number} goalIndex - 目标在 goals 数组中的索引
 * @param {number} hours - 要记录的学习时间（小时）
 * @throws {Error} - 如果目标不存在则抛出错误
 */
recordStudyTime(goalIndex, hours) {
    const goal = this.goals[goalIndex];
    if (!goal) {
        throw new Error(' 学习目标不存在 ');
    }

    goal.completedHours += hours;          // 累加学习时间
    goal.lastStudyDate = new Date();       // 更新最后学习时间

    // 检查是否已完成目标
    if (goal.completedHours >= goal.targetHours) {
        goal.isCompleted = true;
    }
}
}
```

4. 实践建议

1）评估 LLM 和平台

- 测试平台的 Agent 能力；
- 对于高级平台，可以用简单提示；
- 对于基础平台，准备更详细的提示。

2）需求描述要具体

- 明确说明功能的输入和输出；
- 指出核心业务流程；
- 提供必要的业务规则。

3）保持简单直接

- 一次只描述一个主要功能；
- 避免过多的条件和限制；

- 使用日常用语表达。

2.3.2　持续迭代：边想边做开发

在学会使用一句话需求快速开发原型后，你可能会发现，有时候我们的想法会在开发过程中不断变化和完善。就像你在画画时，可能会随着创作的深入不断调整构图一样。这时，就需要一种更灵活的开发方式——边想边做。

这种开发方式在编程界有个专业的名称，叫"敏捷开发"。它就像一个会不断进化的生命体，可以随时根据人们新的想法和需求进行调整。下面来看看如何借助 AI 实现这种开发方式。

1. 与 AI 对话式开发

想象你正在和一个经验丰富的程序员搭档，你们可以随时交流想法，快速调整方向。使用 AI 时也一样，你可以通过不断的对话来完善程序。

比如，还是以学习计划管理应用为例。

1）第一轮对话：实现基础功能

请帮我实现一个最基础的学习计划管理功能，需要能添加学习目标和记录学习时间。

2）第二轮对话：添加新特性

现在想给它加上数据统计功能，能够展示每周的学习时间分布。

3）第三轮对话：优化用户体验

可以添加一个提醒功能吗？当用户连续 3 天没有学习时发出提醒。

这种方式的好处如下。

- 快速看到实际效果；
- 随时调整开发方向；

- 逐步完善产品功能；
- 及时发现并解决问题。

2. 敏捷开发的具体步骤

1）确定最小可用版本

就像盖房子要先搭建骨架一样，首先实现最核心的功能。比如学习计划管理应用，最基础的功能就是"添加学习目标"和"记录学习时间"。

2）快速迭代优化

有了基础功能，就可以像滚雪球一样不断添加新功能。每次添加一个小功能，确保它能正常运行后，再继续添加下一个。

3）持续收集反馈

在开发过程中，要经常测试和使用自己的程序，就像给正在建造的房子做质量检查一样。发现问题及时调整，确保每个功能都好用。

3. 实际案例：学习计划管理器的迭代开发

下面看看如何用边想边做的方式来开发学习计划管理器。

第一轮迭代：基础功能。

```
/**
 * 学习计划类
 * 用于管理用户的学习目标和记录学习情况
 */
class LearningPlan {
    /**
     * 创建一个新的学习计划
     */
    constructor() {
        this.goals = [];                // 存储学习目标的数组
    }

    /**
     * 添加新的学习目标
     * @param {string} title - 学习目标的标题
     * @param {number} targetHours - 目标学习时间（小时）
     */
    addGoal(title, targetHours) {
        this.goals.push({
            title,                              // 目标标题
            targetHours,                        // 计划总时长
            completedHours: 0,                  // 已完成时长
            lastStudyTime: null                 // 最后学习时间
        });
    }

    /**
     * 记录特定目标的学习时间
     * @param {number} goalIndex - 目标在 goals 数组中的索引
```

```
     * @param {number} hours - 要记录的学习时间（小时）
     */
    recordStudy(goalIndex, hours) {
        if (this.goals[goalIndex]) {
            this.goals[goalIndex].completedHours += hours;      // 累加学习时间
            this.goals[goalIndex].lastStudyTime = new Date();
                                                                // 更新最后学习时间
        }
    }
}
```

第二轮迭代：添加统计功能。

```
/**
 * 学习计划类（增强版）
 * 添加了数据统计和报告功能
 */
class LearningPlan {
    // ... 原有代码 ...

    /**
     * 生成每周学习报告
     * 统计所有学习目标的总时长和各目标的完成进度
     * @returns {Object} 包含总学习时间和每个目标进度的报告对象
     */
    getWeeklyReport() {
        const report = {
            totalHours: 0,                                  // 总学习时长
            goalProgress: []                                // 各目标的进度数组
        };

        // 遍历所有学习目标，计算总时间和进度
        this.goals.forEach(goal => {
            // 累加总学习时间
            report.totalHours += goal.completedHours;

            // 计算并记录每个目标的完成百分比
            report.goalProgress.push({
                title: goal.title,
                progress: (goal.completedHours / goal.targetHours) * 100
            });
        });

        return report;                                      // 返回完整的报告对象
    }
}
```

4. 注意事项

1）保持代码整洁

每次添加新功能时，都要保持代码结构清晰。就像整理房间一样，东西越来越多的时候，更要注意保持整洁。

2）做好版本管理

使用 Git 这样的工具记录每次修改。这就像给开发过程拍照片，方便随时回顾之前的版本。

3）及时编写文档

把重要的开发决策和功能说明记录下来，就像给房子画设计图纸，方便以后查看和维护。

小白必记

- 敏捷开发原则：小步快跑，持续改进
- 功能迭代方法：先核心，后完善
- 代码管理要求：及时提交，记录变更
- 测试验证准则：边开发边测试
- 文档更新原则：同步记录，清晰说明
- 反馈处理流程：及时响应，快速调整
- 版本控制技巧：阶段性标记重要节点

2.3.3 系统规划：完整需求文档开发

当项目开始变得复杂时，仅仅用一句话描述需求可能就不够用了。就像建造一座房子，需要详细的建筑图纸一样，开发一个较大的软件项目也需要一份完整的需求文档。在这种情况下，我们通常会使用项目的 README.md 文件来管理需求文档。

1. README.md 的标准结构

一份优秀的 README.md 文档应该包含以下几个主要部分。

```
# 项目名称

## 项目简介
[ 用一两句话说明这个项目是做什么的，以及解决什么问题 ]

## 目标用户
- 这个项目是给谁用的?
- 用户有什么困扰?
- 他们会在什么场景下使用?

## 功能规格
- 核心功能：最重要的功能有哪些
- 创新特性：与其他类似产品的区别
```

```
- 技术架构：使用了哪些技术

## 开发规划
- 开发周期：预计需要多长时间
- 里程碑：各个阶段要完成什么
- 技术选择：要用到哪些编程语言和工具

## 项目资源
- 设计图：界面设计和交互设计
- API 文档：接口说明
- 测试用例：如何验证功能
```

下面通过一个学习计划管理应用的例子，来看看如何把这个框架变成实际的文档。

```
# 学习计划管理器

## 项目简介
这是一个帮助学习者制订计划、记录进度、生成报告的学习管理工具。
## 目标用户
- 想要系统学习但缺乏规划的学生
- 需要追踪学习时间的自学者
- 希望提高学习效率的职场人士

## 功能规格
- 核心功能
  1．创建和管理学习目标
  2．记录每日学习时间
  3．生成学习进度报告

- 创新特性
  1．AI 学习建议
  2．智能时间规划
  3．数据可视化报告

## 开发规划
第一阶段（2 周）：基础功能开发
第二阶段（2 周）：AI 功能集成
第三阶段（1 周）：测试和优化
```

2. 使用 LLM 生成完整的产品架构

在 AI 辅助开发时代，我们不仅可以手动编写需求文档，还可以借助强大的 LLM 来生成完整的产品架构设计。这种方式能够大大缩短从创意到实现的时间，并提供专业水准的架构规划。

1）生成完整架构图的重要性

在使用 LLM 生成软件架构时，确保生成的架构图完整而非分散是至关重要的。

（1）一次性生成完整架构：架构图必须是完整的，不能分成几个部分生成。分散的架构图难以形成整体认知，也不利于后续的开发工作。

（2）避免分块生成的问题。

- 结构不一致：分开生成的架构图各部分可能采用不同的设计理念或结构；
- 连接不明确：模块间的关系可能不清晰或矛盾；
- 重复或遗漏：可能出现功能重复或关键功能遗漏的情况。

（3）如何确保完整性：

- 使用足够强大的 LLM 模型（如 Claude 3.7、GPT-o3 等）；
- 如果架构图不完整或分散，要求 LLM 重新生成一个完整的版本；
- 适当调整 prompt 以确保输出的完整性。

2）选择合适的 LLM 模型

在实际测试中，不同的 LLM 模型在架构设计能力上有显著差异。

- 高级模型（如 Claude 3.7、GPT-o3）表现最佳，生成的架构设计最为全面和专业；
- 中级模型可能在复杂产品上生成的图表不够完整；
- 根据经验，使用付费版官方渠道的模型通常能获得最佳结果。

3）高效的 Prompt 模板

以下是一个经过优化的高效 Prompt 模板，可用于生成完整的软件产品架构设计。

现在你是产品架构师，我要设计一个 {产品类型}。请给我设计一下有哪些功能模块，站在 MVP 和最小开发成本的角度来设计。
** 重要提示：**
- 请先展示产品整体框架和核心业务逻辑，暂时忽略技术实现细节
首页 / 主界面和核心价值流程是设计重点，引导用户直接体验核心功能
- 设计应遵循 " 先体验，后注册 " 的原则，让用户无须注册即可直接体验核心功能，尽可能降低使用门槛，确保用户在最短时间内感受到产品核心价值，最大限度减少用户流失
- 功能应从用户核心需求出发，不是从技术实现角度出发

** 优先级评分标准（基于 MVP 原则）：**
- 5 分：核心功能，没有此功能产品无法满足基本用户需求，必须在 MVP 中实现
- 4 分：重要功能，显著提升产品价值，应尽早在 MVP 中实现
- 3 分：有价值功能，能够改善用户体验，但可在 MVP 后期添加
- 2 分：次要功能，在产品有一定用户基础后再实现
- 1 分：锦上添花功能，可在产品成熟后考虑添加

** 功能模块设计要求：**
1. 清晰区分：
   - 界面层（用户可见的交互界面）
   - 组件层（可复用 UI/ 功能模块）
   - 业务流程层（核心业务逻辑）
   - 数据层（关键数据结构和存储，如适用）
2. 列出产品需要包含的所有关键界面 / 页面
3. 详述每个界面 / 页面包含的功能模块和组件
4. 功能模块应遵循 MECE 原则（相互排斥，完全穷尽）
5. 说明哪些模块可以作为可复用组件出现在多个界面中

要求详述每个功能模块的以下内容：

1. 模块名称和简述
2. 模块类型（界面层／组件层／业务流程层／数据层）
3. 主要用途和关键场景
4. 与其他模块的关系和依赖
5. 优先级评分（根据上述 MVP 优先级标准评分）及评分理由
6. 输入／输出内容
7. 模块所在界面及在不同界面中的复用情况（若为可复用组件）
8. 请确保所有模块相互排斥且全面、详尽 (MECE)，并通过 Mermaid 流程图勾画出模块之间的关系。

Mermaid 流程图要求：

1. 使用 flowchart 和 subgraph 图表达模块间的复杂关系
2. 只在流程图中包含优先级评分为 4 分及以上的核心模块
3. 清晰展示每个界面内部包含的具体功能模块和组件，使用嵌套 subgraph 方式
4. 清晰展示用户业务流程和核心价值路径
5. 清晰标注数据流向和用户操作路径，特别突出从首页／主界面开始的用户核心旅程
6. 标注出可复用组件在不同界面中的出现
7. 使用简洁明了的术语

关于 Mermaid 图中界面和组件的表示方法：

- 对于每个主要界面／页面，创建一个单独的 subgraph
- 在界面的 subgraph 内部，使用嵌套的 subgraph 来包含该界面的所有组件和功能

补充说明：

请提及针对 { 产品类型 } 的特殊考虑因素，包括但不限于：

- 用户交互模式的特殊性
- 特定平台的限制和优势

输出格式要求：

1. 请用 markdown 作为开头，使用 ` 包裹，输出为 markdown 的原始字符串
2. 碰到代码片段，需要使用 ``` 包裹，输出为原始字符串
3. 碰到流程图，需要使用 ```mermaid 包裹，输出为 mermaid 的原始字符串
4. 使用中文和对应的标点符号
5. 请勿输出与主题无关的信息

这个模板包含了明确的角色设定、MVP 原则、优先级评分标准、层次化架构和 MECE 原则等关键元素，能够指导 LLM 生成高质量的产品架构设计。这个模板的强大之处在于它的通用性，以下应用它都能生成适合的架构设计。

（1）网页应用：从电子商务到内容管理系统。

（2）移动应用：从社交媒体到生产力工具。

（3）VR/AR 体验：从游戏到教育培训应用。

（4）智能硬件界面：从智能家居控制到工业设备监控。

（5）桌面软件：从设计工具到开发环境。

模板着重于分离界面层、组件层、业务流程层和数据层，使其适用于各种产品类型的架构设计。以下是使用模板后在 Claude 3.5 生成的智能语音音箱产品架构说明文档。

智能语音音箱产品架构设计（MVP 版本）

产品整体框架
智能语音音箱的核心价值是通过语音交互为用户提供便捷的信息查询、音乐播放、智能家居控制等服务。基于 MVP 和最小开发成本原则，我们将聚焦于打造能够展现产品核心价值的最小可行版本。

核心业务逻辑
智能语音音箱的核心业务逻辑是：用户通过唤醒词激活设备，发出语音指令，系统识别指令并执行相应服务，最后通过语音或其他方式反馈结果给用户。整个过程需要无缝衔接，确保用户体验流畅。

功能模块设计
界面层（用户可见的交互界面）
1．语音交互界面
- **模块名称和简述**：语音交互界面，用户通过语音与设备交互的主要界面
- **模块类型**：界面层
- **主要用途和关键场景**：用户通过语音发出指令，设备通过语音回应
- **与其他模块的关系和依赖**：依赖语音识别模块、语音合成模块、意图理解模块
- **优先级评分**：5 分（核心功能，没有此功能产品无法满足基本用户需求）
- **输入／输出内容**：输入为用户语音，输出为设备语音反馈或相应操作结果
- **模块所在界面**：主界面

2．指示灯反馈界面
- **模块名称和简述**：指示灯反馈界面，通过灯光颜色和状态显示设备当前状态
- **模块类型**：界面层
- **主要用途和关键场景**：显示设备是否在监听、处理中、播放中等状态
- **与其他模块的关系和依赖**：与设备状态管理模块关联
- **优先级评分**：4 分（重要功能，显著提升产品价值）
- **输入／输出内容**：输入为设备状态信号，输出为不同颜色和模式的灯光显示
- **模块所在界面**：物理设备界面

3．物理按键界面
- **模块名称和简述**：物理按键界面，用户可通过物理按键控制基本功能
- **模块类型**：界面层
- **主要用途和关键场景**：音量调节、静音、唤醒等基本控制
- **与其他模块的关系和依赖**：与设备控制模块关联
- **优先级评分**：4 分（重要功能，当语音控制不方便时的必要替代）
- **输入／输出内容**：输入为按键操作，输出为相应功能执行结果
- **模块所在界面**：物理设备界面

4．移动应用设置界面
- **模块名称和简述**：移动应用设置界面，通过手机应用进行设备配置和高级设置
- **模块类型**：界面层
- **主要用途和关键场景**：设备初始配置、账户管理、高级功能设置
- **与其他模块的关系和依赖**：与 Wi-Fi 配网模块、账户管理模块、设备管理模块关联
- **优先级评分**：4 分（重要功能，设备初始化和高级设置必需）
- **输入／输出内容**：输入为用户配置操作，输出为配置结果
- **模块所在界面**：移动应用

组件层（可复用 UI／功能模块）

5．语音识别模块
- **模块名称和简述**：语音识别模块，将用户的语音转换为文本
- **模块类型**：组件层
- **主要用途和关键场景**：识别用户语音指令
- **与其他模块的关系和依赖**：为意图理解模块提供输入

- ** 优先级评分 **：5 分（核心功能，语音交互的基础）
- ** 输入 / 输出内容 **：输入为语音信号，输出为文本
- ** 模块所在界面及复用情况 **：用于语音交互界面，可复用于所有需要语音输入的场景

6．语音合成模块
- ** 模块名称和简述 **：语音合成模块，将文本转换为语音
- ** 模块类型 **：组件层
- ** 主要用途和关键场景 **：生成语音反馈给用户
- ** 与其他模块的关系和依赖 **：接收各功能模块的文本响应
- ** 优先级评分 **：5 分（核心功能，语音交互的基础）
- ** 输入 / 输出内容 **：输入为文本，输出为语音
- ** 模块所在界面及复用情况 **：用于语音交互界面，可复用于所有需要语音输出的场景

7．唤醒词检测模块
- ** 模块名称和简述 **：唤醒词检测模块，检测预设唤醒词以激活设备
- ** 模块类型 **：组件层
- ** 主要用途和关键场景 **：在待机状态下识别唤醒词
- ** 与其他模块的关系和依赖 **：触发语音识别模块开始工作
- ** 优先级评分 **：5 分（核心功能，交互起点）
- ** 输入 / 输出内容 **：输入为环境音频，输出为唤醒信号
- ** 模块所在界面及复用情况 **：常驻运行组件

8．音频播放模块
- ** 模块名称和简述 **：音频播放模块，控制音频内容的播放
- ** 模块类型 **：组件层
- ** 主要用途和关键场景 **：播放音乐、有声读物、语音合成内容等
- ** 与其他模块的关系和依赖 **：接收音乐服务和语音合成模块的输出
- ** 优先级评分 **：5 分（核心功能，智能音箱的基本功能）
- ** 输入 / 输出内容 **：输入为音频流或文件，输出为声音
- ** 模块所在界面及复用情况 **：用于多个功能场景，如音乐播放、语音反馈等

9．Wi-Fi 配网模块
- ** 模块名称和简述 **：Wi-Fi 配网模块，帮助设备连接无线网络
- ** 模块类型 **：组件层
- ** 主要用途和关键场景 **：首次设置或更换网络时的配网流程
- ** 与其他模块的关系和依赖 **：为联网服务提供基础支持
- ** 优先级评分 **：5 分（核心功能，没有网络连接则无法提供核心服务）
- ** 输入 / 输出内容 **：输入为 Wi-Fi 凭证，输出为连接状态
- ** 模块所在界面及复用情况 **：主要用于移动应用设置界面
业务流程层（核心业务逻辑）

10．意图理解模块
- ** 模块名称和简述 **：意图理解模块，分析用户指令意图并路由到相应服务
- ** 模块类型 **：业务流程层
- ** 主要用途和关键场景 **：理解用户想要实现的具体功能
- ** 与其他模块的关系和依赖 **：接收语音识别模块输出，调用各功能模块
- ** 优先级评分 **：5 分（核心功能，智能交互的核心）
- ** 输入 / 输出内容 **：输入为文本指令，输出为结构化意图和参数
- ** 模块所在界面 **：后台处理模块

11．音乐服务模块
- ** 模块名称和简述 **：音乐服务模块，提供音乐播放相关功能
- ** 模块类型 **：业务流程层

- **主要用途和关键场景**：播放音乐、创建播放列表、推荐音乐等
- **与其他模块的关系和依赖**：调用音频播放模块，依赖云端音乐资源
- **优先级评分**：5 分（核心功能，智能音箱的主要用途之一）
- **输入 / 输出内容**：输入为音乐请求（歌名、歌手、类型等），输出为音频流
- **模块所在界面**：通过语音交互界面触发

12. 信息查询模块
- **模块名称和简述**：信息查询模块，提供天气、新闻、百科等信息查询
- **模块类型**：业务流程层
- **主要用途和关键场景**：回答用户关于天气、新闻、常识等问题
- **与其他模块的关系和依赖**：调用语音合成模块，依赖云端知识库
- **优先级评分**：4 分（重要功能，显著提升产品价值）
- **输入 / 输出内容**：输入为查询请求，输出为结构化信息
- **模块所在界面**：通过语音交互界面触发

13. 时间管理模块
- **模块名称和简述**：时间管理模块，提供闹钟、倒计时、提醒等功能
- **模块类型**：业务流程层
- **主要用途和关键场景**：设置闹钟、倒计时、日程提醒等
- **与其他模块的关系和依赖**：调用音频播放模块、语音合成模块
- **优先级评分**：4 分（重要功能，日常使用频率高）
- **输入 / 输出内容**：输入为时间设置请求，输出为提醒触发和提示
- **模块所在界面**：通过语音交互界面触发

14. 设备状态管理模块
- **模块名称和简述**：设备状态管理模块，控制和监控设备各种状态
- **模块类型**：业务流程层
- **主要用途和关键场景**：管理设备待机、唤醒、处理、播放等状态
- **与其他模块的关系和依赖**：与指示灯反馈界面、语音交互界面关联
- **优先级评分**：4 分（重要功能，确保设备正常运行）
- **输入 / 输出内容**：输入为各模块状态变化信号，输出为整体设备状态
- **模块所在界面**：后台运行

数据层（关键数据结构和存储）

15. 用户配置存储模块
- **模块名称和简述**：用户配置存储模块，存储用户个性化设置
- **模块类型**：数据层
- **主要用途和关键场景**：保存音量设置、偏好、账户信息等
- **与其他模块的关系和依赖**：为各功能模块提供配置数据
- **优先级评分**：4 分（重要功能，提供个性化体验）
- **输入 / 输出内容**：输入为配置更新请求，输出为配置数据
- **模块所在界面**：后台存储

产品功能模块关系图（Mermaid）

```
flowchart TD
    subgraph 设备硬件
        subgraph 语音交互界面
            A1[ 唤醒词检测模块 ]
            A2[ 语音识别模块 ]
            A3[ 语音合成模块 ]
            A4[ 音频播放模块 ]
        end
```

```
    subgraph 物理界面
        B1[指示灯反馈界面]
        B2[物理按键界面]
    end
end

subgraph 移动应用
    C1[移动应用设置界面]
    C2[Wi-Fi配网模块]
end

subgraph 核心业务逻辑
    D1[意图理解模块]
    D2[音乐服务模块]
    D3[信息查询模块]
    D4[时间管理模块]
    D5[设备状态管理模块]
end

subgraph 数据存储
    E1[用户配置存储模块]
end

%% 核心用户流程
A1 -->|唤醒| A2
A2 -->|语音转文本| D1
D1 -->|路由请求| D2
D1 -->|路由请求| D3
D1 -->|路由请求| D4
D2 -->|音乐结果| A4
D3 -->|查询结果| A3
D4 -->|提醒内容| A3
A3 -->|文本转语音| A4

%% 状态反馈
D5 -->|状态变化| B1
B2 -->|物理控制| D5

%% 配置流程
C1 -->|设置配置| E1
C1 -->|网络设置| C2
E1 -->|读取配置| D1
E1 -->|读取配置| D2

%% 横向关系
D5 -->|状态通知| D1
D5 -->|播放状态| D2
D2 -->|状态更新| D5
```

智能语音音箱特殊考虑因素

用户交互模式的特殊性

1. **无屏交互**：智能音箱通常没有显示屏，需要通过纯语音完成交互，应确保语音反馈简洁明了，避免过长的语音输出。
2. **多人使用环境**：音箱往往放置在共享空间，需要考虑多用户场景和隐私保护。
3. **环境噪声干扰**：需要优化麦克风阵列和降噪算法，确保在不同环境下都能准确识别用户指令。
4. **回声消除**：由于音箱自身会播放声音，需要有效消除播放内容对麦克风的干扰。

平台限制和优势
1. **硬件资源限制**：计算能力和存储空间有限，需要优化算法效率和资源占用。
2. **网络依赖性**：大部分功能依赖网络连接，需要考虑网络不稳定时的降级策略。
3. **隐私安全问题**：持续监听环境声音存在隐私风险，需要透明的隐私政策和本地唤醒词检测。
4. **"先体验，后注册"实现**：系统设计为无需账户也能实现基本功能（如天气查询、闹钟设置等），只有需要个性化服务（如音乐账户同步）时才要求注册。

MVP 实现路径

1. **第一阶段**（基础功能）：
   - 唤醒词检测
   - 基础语音识别和合成
   - 简单信息查询（天气、时间等）
   - 基本音乐播放功能
   - Wi-Fi 配网功能

2. **第二阶段**（增强体验）：
   - 改进意图理解能力
   - 增加音乐服务内容
   - 添加时间管理功能
   - 优化语音交互体验

3. **第三阶段**（扩展功能）：
   - 智能家居控制
   - 多设备联动
   - 高级个性化功能
   - 第三方服务集成

通过这种渐进式开发策略，可以快速推出 MVP 版本验证市场需求，同时控制开发成本，在获得用户反馈后再进行针对性优化和功能扩展。智能音箱产品架构图如图 2-2 所示。

在上述内容里，能看到 Mermaid 相关字眼的代码，如果所在的 LLM 平台无法将它转换成架构图，可以尝试将 mermaid 里面的内容复制、粘贴到以下网站转换成可视的架构图。

- Mermaid to Excalidraw 平台：https://mermaid-to-excalidraw.vercel.app/；
- Mermaid Live Editor：https://mermaid.live/。

如果生成的架构图不完整或分散成多个部分，这可能会导致理解和开发困难。这时候可以重新发起 LLM 请求，让 LLM 再次生成。这个模板不仅可以生成架构图，还会提供每个模块的详细设计，具体如下。

- 模块名称和功能简述；
- 模块类型（界面层／组件层／业务流程层／数据层）；

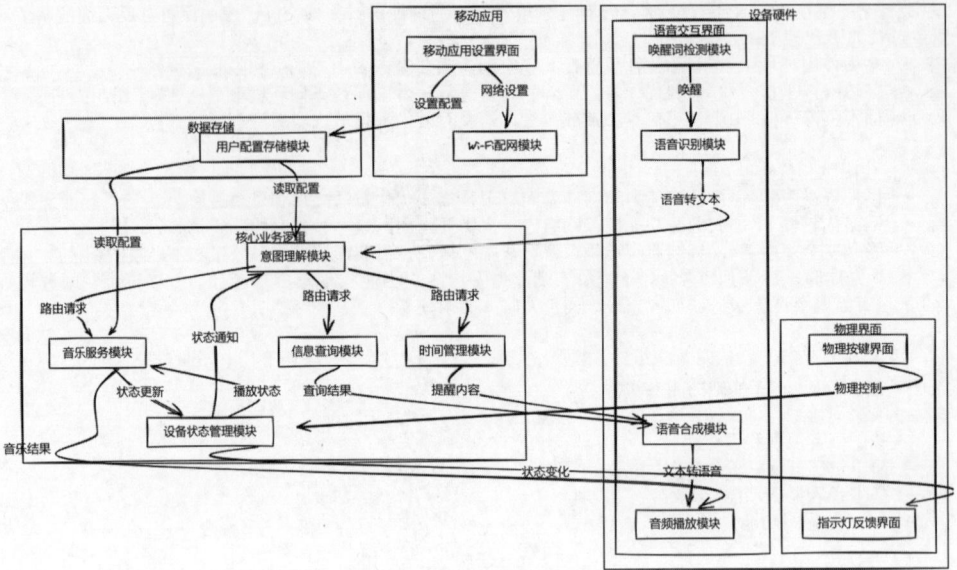

图 2-2　智能音箱产品架构图

- 优先级评分（基于 MVP 原则）；
- 与其他模块的关系和依赖；
- 输入 / 输出内容；
- 模块在不同界面中的应用情况。

这些详细信息对于理解和开发产品至关重要。如果你对生成的架构设计不完全满意，可以进行以下调整。

（1）针对性反馈：明确告诉 LLM 你想调整哪些特定模块，比如"请调整用户认证模块，增加社交媒体登录功能"。

（2）优先级调整：可以要求改变某些功能的优先级，如"请将数据导出功能的优先级从 2 分提高到 4 分"。

（3）增加或删除模块：清晰指出想添加或移除的模块，如"请添加一个通知中心模块"。

（4）层级调整：可以请求更改模块的层级，如"将设置面板从界面层调整为组件层"。

通过这种方式，可以逐步优化架构设计，直到它完全符合产品愿景和开发需求。这个模板的强大之处在于它能够为不同类型的产品提供结构化的架构设计，帮助你更清晰地规划开发路径。

除此之外，可以直接将架构图复制给 Lovable 或者 Cursor，它可以基于架构图将完整产品开发出来。以"每日打卡"应用为例，以下也是用该 Prompt 生成的产品架构 Mermaid 代码和使用 Cursor 一次性生成的产品效果链接，感兴趣的读者可以自行体验一下。

```
flowchart TD
    subgraph "主界面 / 首页 "
        A[" 主界面模块 （5分）"]
        subgraph "主界面组件 "
            A1[" 任务列表组件 （5分）"]
            A2[" 打卡操作组件 （5分）"]
            A3[" 数据可视化组件 （4分）"]
            A4[" 日历组件 （4分）"]
        end
        A -->| 包含 | A1
        A -->| 包含 | A2
        A -->| 包含 | A3
        A -->| 包含 | A4
    end

    subgraph " 任务创建界面 "
        B[" 任务创建模块 （5分）"]
    end

    subgraph " 历史记录界面 "
        C[" 历史记录模块 （4分）"]
        subgraph " 历史界面组件 "
            C1[" 任务列表组件 （5分）"]
            C2[" 数据可视化组件 （4分）"]
            C3[" 日历组件 （4分）"]
        end
        C -->| 包含 | C1
        C -->| 包含 | C2
        C -->| 包含 | C3
    end

    subgraph " 业务流程层 "
        D[" 任务管理逻辑 （5分）"]
        E[" 打卡业务逻辑 （5分）"]
        F[" 统计分析逻辑 （4分）"]
    end

    subgraph " 数据层 "
        G[" 任务数据存储 （5分）"]
        H[" 打卡记录存储 （5分）"]
    end

    %% 核心用户流程
    A -->| 创建任务 | B
    B -->| 保存任务 | D
    D -->| 更新任务列表 | A1
```

```
A2 -->| 触发打卡 | E
E -->| 记录打卡 | H
H -->| 提供数据 | F
F -->| 更新统计 | A3
F -->| 更新日历视图 | A4
A -->| 查看历史 | C

%% 业务逻辑与数据层关系
D <-->| 读写任务数据 | G
E <-->| 读写打卡记录 | H
F -->| 读取打卡数据 | H

%% 组件复用关系
A1 -.->| 复用于 | C1
A3 -.->| 复用于 | C2
A4 -.->| 复用于 | C3
```

每日打卡可扫码体验。

3. 如何管理需求文档

需求文档不是一成不变的，它会随着项目的发展而不断更新。这就像人们建房子可能会根据实际情况对图纸进行调整一样。以下是一些管理建议。

每日打卡

1）版本控制

把文档放在 Git 这样的版本控制系统中管理，就像给文档拍了很多快照，你随时可以查看之前的版本，了解文档是如何一步步演变的。

2）文档评审

定期和团队成员一起检查文档，就像请专家来验收房屋施工进度一样，确保所有人对需求都有相同的理解。

4. 使用场景

完整的需求文档特别适合以下场景。

1）企业级应用开发

比如开发一个公司的人事管理系统，需要详细规划每个功能模块。

2）多人协作项目

当多个程序员一起开发时，需要有统一的参考标准。

3）长期维护的系统

如果这个项目需要运行很多年，详细的文档可以帮助后来的维护者快速理解系统。

2.3.4 如何选择合适的开发方式

在了解了 3 种开发方式后，你可能会问："我应该选择哪种方式来开发我的项目呢？"这就像选择交通工具，既要考虑目的地的远近，也要考虑路况和天气。下面分析每种方式的适用场景。

1. 方式对比

1）快速验证（一句话需求开发）

- 特点如下。
  - 开发速度最快；
  - 功能相对简单；
  - 适合个人项目。
- 适用场景如下。
  - 验证创意想法；
  - 制作概念原型；
  - 学习新技术时。
- 注意事项如下。
  - 不适合复杂的项目；
  - 可能需要后期重构；
  - 文档相对简单。
- LLM 和平台要求如下。
  - 需要高级 LLM 模型或有强 Agent 功能的平台；
  - 如：Claude 3.7、DeepSeek R1、Lovable、Cursor 等。

2）持续迭代（边想边做开发）

- 特点如下。
  - 灵活性最高；
  - 快速响应变化；
  - 持续改进产品。
- 适用场景如下。
  - 创新型产品；
  - 用户需求不明确；
  - 需要快速试错。
- 注意事项如下。
  - 需要良好的版本管理；
  - 可能产生技术债务；
  - 要及时整理文档。
- LLM 和平台要求如下。
  - 中高级 LLM 即可；
  - 支持上下文记忆的对话系统较佳；
  - 如：大多数现代 AI 编程助手。

3）系统规划（完整需求文档开发）

- 特点如下。
  - 规划最完整；
  - 文档最详细；
  - 适合团队协作。
- 适用场景如下。
  - 企业级应用；
  - 多人协作项目；
  - 长期维护系统。
- 注意事项如下。
  - 前期投入较大；
  - 变更成本较高；
  - 需要严格管理。
- LLM 和平台要求如下。
  - 最强大的 LLM 模型；
  - 具备完整架构设计能力；
  - 如：Claude 3.7、GPT-3o、DeepSeek-R1 等高级模型。

2. 如何选择

下面用决策树来帮助选择。

1）先考虑 4 个关键因素

- 项目规模：个人项目 / 小团队项目 / 大型项目；
- 时间紧迫度：非常紧急 / 一般 / 充裕；
- 需求明确度：非常明确 / 待探索 / 完全不明确；
- LLM 和平台能力：基础 / 中级 / 高级。

2）然后根据答案来选择

- 如果你的回答是：个人项目 + 非常紧急 + 待探索 + 高级 LLM/ 平台，则选择"快速验证"方式。
- 如果你的回答是：小团队项目 + 一般 + 待探索 + 中高级 LLM/ 平台，则选择"持续迭代"方式。
- 如果你的回答是：大型项目 + 充裕 + 非常明确 + 高级 LLM/ 平台，则选择"系统规划"方式。
- 如果只有基础 LLM/ 平台可用，则避免"一句话需求"，倾向于使用详细描述和手动提示工程。

3. 混合使用策略

在实际开发中，前面介绍的 3 种方式并不是互斥的，你可以根据项目的不同阶段灵活组合使用。

1）探索阶段

- 使用"快速验证"方式尝试不同想法；
- 快速验证技术可行性；
- 收集初步反馈。

2）开发阶段

- 转向"持续迭代"方式；
- 逐步完善功能；
- 收集用户反馈。

3）规模化阶段

- 补充"系统规划"文档；
- 规范化开发流程；
- 为团队协作做准备。

2.4 技术方案探索

在产品创意形成后，我们需要探索适合的技术方案。对于没有技术背景的读者，理解技术选型就像学习一门新的语言——不需要掌握所有细节，但要理解基本概念和它们的用途。下面通过与 AI 对话的方式，了解如何进行技术方案探索。

2.4.1 使用 LLM 生成技术架构图

在 2.3 一节中，介绍了如何利用 LLM 生成产品架构设计。接下来将这个产品架构转化为技术架构，这样就能清晰地了解需要用到哪些技术组件了。就像建筑师先画出房屋的整体设计，然后细化为具体的工程图纸一样，技术架构图能帮助我们明确每个组件的技术要求。

1. 从产品架构到技术架构的转换

产品架构主要关注"做什么"，而技术架构则关注"怎么做"。以 2.3 一节设计的智能音箱为例，前面介绍了它的功能模块和业务流程，现在需要明确每个功能背后的技术实现。

在这个转换过程中，可以借助 LLM 的能力，向它提问。

```
帮我用 Mermaid 生成对应的技术架构图。
```

通过这样的提问，LLM 可以将产品需求转换为具体的技术组件，并用 Mermaid 图表的形式呈现出来。如图 2-3 所示是基于之前设计的智能音箱产品架构生成的技术架构图。

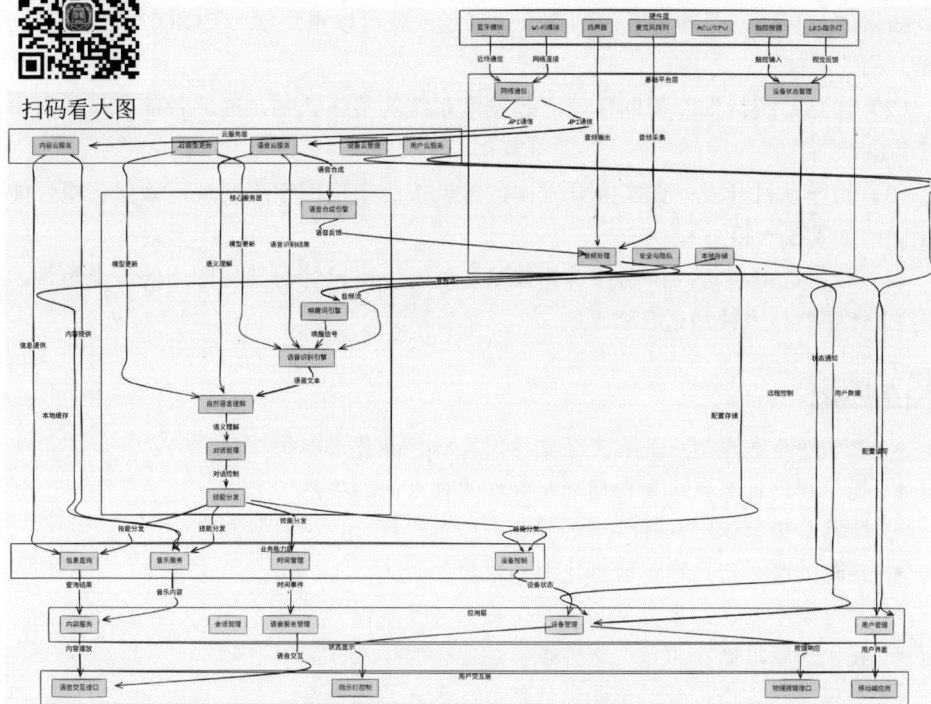

图 2-3　智能音箱技术架构图

2. 技术架构图的解读与应用

通过这个技术架构图，可以清晰地看到智能音箱从硬件到云服务的各个技术层级。

（1）硬件层：包括麦克风阵列、扬声器、指示灯等物理组件。

（2）基础平台层：负责音频处理、网络通信等基础功能。

（3）核心服务层：包含唤醒词检测、语音识别、自然语言理解等核心 AI 能力。

（4）业务能力层：具体的功能模块，如音乐服务、信息查询等。

（5）应用层：统筹管理各种服务和会话过程。

（6）用户交互层：与用户直接接触的界面部分。

（7）云服务层：提供后台支持的各种云端服务。

各层级之间的箭头表示数据流和依赖关系，帮助我们理解整个系统的工作原理。

3. 利用技术架构图指导学习和开发

对于没有技术背景的读者，这样的架构图可以做到以下几点。

（1）明确学习重点：根据架构图中的关键组件，确定需要了解的技术领域。例如，如果你对智能音箱的语音识别部分感兴趣，就可以重点学习CORE2（语音识别引擎）相关的技术。

（2）建立系统认知：帮助你建立起技术系统的整体认知，理解各部分是如何协同工作的。

（3）指导项目开发：在实际开发中，可以按照架构图逐层实现，确保各组件能够正确地集成在一起。

（4）技术选型参考：在选择具体技术实现时，可以针对架构图中的每个组件，咨询LLM哪些技术栈最适合实现它。

2.4.2 向 ChatGPT 或者 Cursor Ask 模式咨询技术选型

如果你没有使用LLM生成技术架构图，或者需要针对架构图中的具体组件选择合适的技术实现，可以向ChatGPT或Cursor Ask模式咨询。这就像人们在装修新房时，找装修顾问来帮忙规划一样。同样的，在选择技术方案时，ChatGPT或者Cursor Ask模式就可以成为你的技术顾问，帮你了解不同技术的特点。

向AI描述技术需求就像看病时向医生描述症状一样，需要清晰且有条理。一个好的技术需求描述应该包含以下要素。

（1）产品定位：说明要开发什么类型的产品。

（2）核心功能：列出最重要的3～5个功能点。

（3）使用场景：描述用户如何使用产品。

（4）性能要求：说明产品需要达到的技术标准。

（5）发展规划：预计用户规模和未来扩展需求。

下面是一个实用的模板，大家可以直接复制使用。

我正在开发一个 [产品类型]，主要功能如下。
1． [功能 1] （用简单的话描述这个功能）
2． [功能 2] （用简单的话描述这个功能）
3． [功能 3] （用简单的话描述这个功能）

使用场景：
- [具体描述用户是如何使用的]
- [预计有多少用户会使用]
- [对性能和体验的要求]

请用通俗的语言推荐合适的技术方案，并解释：
1． 每种技术的作用是什么
2． 为什么要用这个技术
3． 这个技术方案的优缺点

下面通过一个具体的例子来说明如何使用这个模板。

我想开发一个图片分享社交应用，主要功能如下。
1． 用户可以发布图片和短文，就像发朋友圈一样
2． 可以关注好友并给他们点赞评论
3． 当有人互动时能收到通知提醒

使用场景：
- 用户主要通过手机 App 使用
- 预计第一年会有 1 万～ 10 万用户
- 希望图片加载速度要快，打开 App 要流畅

请用通俗的语言推荐技术方案，并解释每个技术的作用。

当用户这样描述需求时，AI 会给出更有针对性的回答。它会像下面这样，用生活化的比喻来解释技术方案。

前端技术（用户能看到的部分）如下。

- React：就像搭积木一样组装界面，容易修改和重用；
- React Native：能同时制作手机 App 和网页版本，省时省力；
- Tailwind CSS：快速美化界面的工具，就像给应用穿衣服。

后端技术（在后台运行的部分）如下。

- Node.js：处理用户请求的服务器程序，像餐厅里的服务员；
- MongoDB：存储用户数据的数据库，像一个巨大的电子档案柜；
- Redis：加快数据访问的缓存系统，像便利贴记事本。

图片处理和存储如下。

- AWS S3：存储图片的云空间，像一个无限大的网络相册；
- CloudFront：加速图片加载的分发系统，像遍布全球的快递网络。

实时通信如下。

- Socket.IO：处理即时消息，像即时通信软件的引擎；
- Firebase：提供消息推送服务，像手机的通知系统。

2.4.3　GitHub 搜索开源项目指南

作为一个初学者，你可能会觉得 GitHub（一个全球最大的代码托管平台，就像程序员的社交网络）就像一座巨大的图书馆，里面存放着数不清的"技术书籍"（开源项目）。不要担心，下面就来教你如何在这座"图书馆"中找到适合你的"书"。

1. 基础搜索技巧

就像在淘宝上搜索商品一样，在 GitHub 上搜索项目也有一些实用的技巧。

（1）进入 GitHub 首页（github.com）后，会在顶部看到一个搜索框。

（2）在搜索框中输入想找的项目类型，比如"图片分享应用"。

（3）使用右侧的筛选器，就像在网购时筛选商品一样。

举个例子，如果想找一个图片分享应用的项目，按以下步骤操作。

（1）搜索 image sharing app 或 photo sharing。

（2）在左侧的筛选选项中选择感兴趣的编程语言（比如 JavaScript）。

（3）按照 Stars（星标数）排序，这就像商品的好评数。

2. 解读项目信息

每个 GitHub 项目页面都有一些重要的"身份信息"，下面就来介绍它们。

1）基础数据（就像商品的基本信息）

- Stars（星标数）：相当于点赞数，数字越大，说明项目越受欢迎。
- Forks（复制数）：其他开发者复制这个项目的次数，反映项目的影响力。
- Watchers（关注者）：关注这个项目的人数。

2）项目标签（Topics）

- 位于项目描述的下方，就像商品的标签。
- 这些蓝色的标签说明了项目的特点，比如：react（使用的技术）、web-app

（项目类型）等。

- 单击这些标签可以找到类似的项目。

3）编程语言构成

- 显示在项目描述下方的彩色条。
- 就像配料表一样，告诉你项目用了哪些编程语言。
- 帮助你了解项目的技术组成。

3. 阅读项目说明书（README.md）

README.md 文件就像项目的说明书，通常包含以下内容。

1）项目介绍

- 这个项目是做什么用的；
- 这个项目能解决什么问题；
- 项目的实际效果图或演示视频。

2）技术特点

- 这个项目使用了哪些主要技术；
- 这个项目需要什么样的运行环境；
- 整体的设计思路。

3）使用指南

- 如何安装和运行；
- 基本的使用方法；
- 常见问题的解答。

4. 评估项目质量

作为非技术人员，可以从以下方面来判断一个项目是否优秀。

1）项目活跃度

- Stars 数量超过 1000 的通常都是不错的项目；
- 看最近更新时间，半年内有更新的项目比较活跃；
- 看开发者是否及时回应用户的问题。

2）文档完整性

- README.md 是否详细清晰；
- 是否有清晰的截图或演示；
- 说明文档是否通俗易懂。

3）使用门槛

- 安装步骤是否简单明了；
- 是否提供详细的使用教程；

- 最好有在线演示功能。

5. 实用小技巧

1）使用热门项目页面

- 访问 github.com/trending；
- 这里展示当前最受欢迎的项目；
- 可以按照编程语言和时间筛选。

2）收藏好项目

- 单击项目页面右上角的 Star 按钮；
- 之后可以在个人主页找到收藏的项目。

3）查看相似项目

- 单击项目的标签（Topics）；
- 找到同类型的其他项目。

4）遇到问题时

- 查看项目的 Issues（问题）页面；
- 看看是否有人遇到过类似的问题；
- 可以用英文在 Issues 中提问。

小白必记

- GitHub 使用原则：优先看 Stars 高的项目
- README.md 阅读重点：项目介绍和使用方法
- 项目选择标准：更新活跃、文档完整
- 问题解决途径：先搜 Issues，再提问
- 项目收藏方法：及时设置 Star 以方便查找
- 热门项目追踪：定期看 Trending 页面
- 语言筛选技巧：按实际需求选择
- 文档评估要点：完整性与易读性

2.4.4 使用 GitHub Copilot 寻找开源项目

想象一下，你正在逛一个巨大的图书馆，但是有一位智能助手可以帮你找到最适合的书。GitHub Copilot（由 GitHub 和 OpenAI 联合开发的 AI 编程助手）就是这样一位助手，它不仅能帮你写代码，还能帮你找到合适的开源项目。

GitHub Copilot 是由 GitHub 和 OpenAI 联合开发的 AI 编程助手，就像一位经验

丰富的技术顾问。它的官方网址是 https://github.com/copilot/。下面就来看看如何用它来寻找开源项目。

1.两种对话模式

GitHub Copilot 提供了两种不同的对话方式，就像你可以选择和图书管理员聊天，或者在具体的书架前请教问题一样。

1）GitHub Copilot Chat 模式

GitHub Copilot Chat 模式界面如图 2-4 所示。

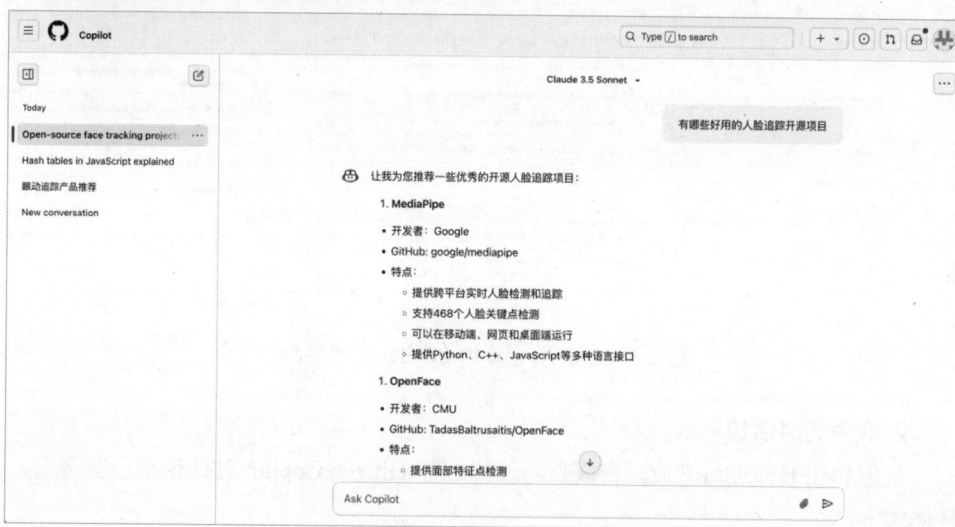

图 2-4　GitHub Copilot Chat 模式界面

这就像在图书馆的咨询台和智能助手聊天。

- 你可以用自然语言描述想要的项目类型；
- 它会推荐最适合的开源项目；
- 会解释每个项目的特点和使用方法；
- 可以询问项目相关的技术问题。

比如，可以像下面这样问。

我想找一个适合初学者的图片分享应用项目，最好使用 React 技术栈。能推荐一些维护活跃、文档完整的项目吗？

2）仓库内对话模式

这就像在某一具体的书架前，请教管理员这些书的内容。

- 当你打开某个项目时，可以直接询问这个项目的细节；
- 帮你理解项目的代码结构；

- 解释项目中的专业术语；
- 指导你如何使用这个项目，GitHub 仓库内 Copilot 使用界面如图 2-5 所示。

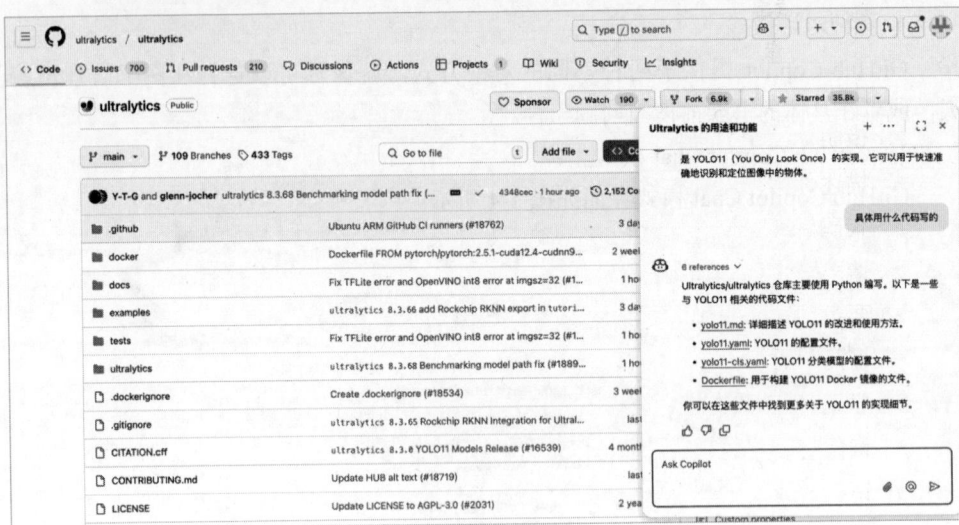

图 2-5　GitHub 仓库内 Copilot 使用界面

2. 实用的对话技巧

就像和图书管理员交流时需要技巧一样，和 GitHub Copilot 对话也有一些窍门，具体如下。

1）描述的需求要具体

```
我需要一个：
- 使用 React 和 Node.js 技术的项目
- 适合初学者学习
- 代码结构清晰
- 有详细的中文文档
请推荐一些符合条件的项目。
```

2）询问项目细节

```
关于这个项目：
1. 核心功能是什么？
2. 适合什么水平的开发者？
3. 需要哪些基础知识？
4. 有哪些学习难点？
```

3）请求通俗解释

```
请用生活中的例子解释这个项目的以下信息。
1. 整体架构
```

3. 使用注意事项

1）项目推荐

- 告诉 Copilot 你的技术水平；
- 说明你的学习目标；
- 描述你感兴趣的技术方向。

2）代码解读

- 请求分步骤解释；
- 要求用类比来说明复杂的概念；
- 多问"为什么"而不是"是什么"。

3）学习建议

- 询问学习路线图；
- 请教常见的坑和解决方案；
- 寻求实践建议。

小白必记

- **Copilot 使用原则**：清晰地描述需求和目标
- **项目筛选标准**：优先选择有详细文档的
- **提问技巧要点**：具体明确，循序渐进
- **代码理解方法**：多要求通俗化解释
- **学习路线把握**：按难度递进学习
- **项目评估准则**：先看文档再看代码
- **技术积累方式**：从简单的项目开始
- **实践建议关键**：边学边做多提问

通过合理使用 GitHub Copilot，你就像有了一位全天候的技术导师，帮助你在开源项目的海洋中找到最适合的学习资源。记住，学习编程最重要的是循序渐进，从简单的项目开始，慢慢积累经验。

2.4.5　使用 AI 解读技术文档

技术文档就像一本写给专业人士看的说明书，对没有技术背景的人来说，阅读起来可能会觉得晦涩难懂。不过别担心，现在我们有了 AI 这个"翻译官"，它可以

帮我们把专业的技术语言转换成通俗易懂的解释。下面一起来看如何借助 Cursor 这个强大的 AI 助手来轻松解读技术文档。

1. 准备工作

在开始使用 AI 解读文档之前，需要做一些准备工作，就像去国外旅游要提前准备护照和地图一样：

1）收集需要阅读的资料

- 把开源项目的代码下载到电脑上；
- 收藏与项目相关的技术文档网址；
- 准备好想了解的 API 文档链接。

2）设置 AI 翻译官

- 打开 Cursor 软件，导入项目文件夹；
- 等待 Cursor 完成项目索引；
- 在设置里添加技术文档。

2. 利用 Docs 功能解读技术文档

Cursor 的 Docs 功能就像给 AI 助手配备了一个专业的参考书库，能让它更准确地回答问题。

1）添加文档

- 在 Cursor 的对话框中输入 @Docs 命令，选择 Add new doc 选项；或在设置中的"功能"标签页添加；
- 输入技术文档的网址（如框架官方文档、API 文档等）；
- 给文档起个好记的名字（如"React 文档"或"Express API"）；
- 等待文档添加成功。

2）使用文档解读技术内容

```
@docs React Router 请帮我解读 React Router 的文档。
1. 用通俗的语言解释路由的概念
2. 提供一个简单的路由配置示例
3. 指出使用时的常见陷阱
4. 解释与普通 React 组件的区别
```

3）文档管理技巧

- 按技术类型整理文档（前端、后端、数据库等）；
- 定期更新文档获取最新信息；
- 移除不再使用的文档，保持文档列表清晰；
- 团队成员间共享重要文档资源。

3. 利用 Codebase 分析项目代码

Codebase 是 Cursor 中一个强大的代码理解和交互功能,它通过扫描和索引整个项目代码库,使 AI 能够理解完整的代码上下文。

1)工作原理

- 自动扫描并索引整个项目代码库;
- 使用向量化技术存储代码语义信息;
- 实时更新以保持与代码同步;
- 分析代码间的依赖关系和项目架构。

2)使用 Codebase 分析项目

```
@Codebase 请分析这个项目的结构:
1. 主要功能模块的划分
2. 数据流转的方式
3. 核心业务逻辑在哪些文件中
4. 项目的整体架构设计
```

3)结合文档和代码进行交叉验证

```
@docs @Codebase 关于用户认证功能:
1. 对比文档中的最佳实践和当前实现
2. 指出可能的安全隐患
3. 建议改进的方向
```

4. 技术可行性评估

在确定技术方案时,可以结合文档和代码分析来评估可行性。

```
基于文档和代码分析,请评估 [技术方案]:
1. 技术难度:适合什么水平的开发团队
2. 开发周期:大概需要多少时间
3. 维护成本:需要什么样的技术支持
4. 扩展性:未来扩展的难度如何
```

5. 使用技巧与注意事项

1)Docs 功能使用技巧

- 确保添加的文档来源可靠;
- 不要添加包含敏感信息的文档;
- 控制文档数量,避免混乱;
- 可以添加自定义文档,如团队的内部开发规范。

2)Codebase 功能使用技巧

- 保持代码库索引更新(修改项目后重新索引);
- 编写清晰的代码注释有助于 AI 理解;

- 合理组织项目结构，提高分析的准确度；
- 大型项目可以选择性索引核心模块。

3）组合使用的最佳实践
- 先通过 Codebase 了解项目结构；
- 再通过 Docs 学习相关技术细节；
- 结合两者分析现有实践与最佳实践的差距；
- 利用 AI 提供的建议指导开发方向。

6. 实际应用案例

1）学习新框架
- 添加框架官方文档到 Docs；
- 导入示例项目到 Codebase；
- 请求 AI 解释核心概念并对比代码实现；
- 逐步深入学习框架的高级特性。

2）接手维护现有项目
- 使用 Codebase 快速理解项目架构；
- 添加相关技术文档到 Docs；
- 通过 AI 分析代码质量和潜在问题；
- 规划改进路线和优先级。

3）评估技术选型
- 添加多个候选技术的文档到 Docs；
- 请求 AI 对比各技术的优缺点；
- 结合项目需求选择最适合的技术；
- 验证所选技术是否满足扩展需求。

通过这种方式，即使是没有技术背景的读者也能够做到以下几点。

（1）理解技术文档的核心内容；

（2）掌握项目的整体架构；

（3）评估技术方案的可行性；

（4）与开发团队进行有效沟通。

记住，目标不是成为技术专家，而是能够做出明智的技术决策，并与开发团队有效沟通。

2.5 从需求到文档：打造清晰的产品设计文档

在前面的章节中，我们学习了如何分析需求和探索技术方案。现在，我们需要将这些想法转化为一份清晰的产品设计文档。一份好的产品设计文档应该能够让 AI 助手（如 Cursor）准确理解我们的需求，并开始着手开发。

2.5.1 产品设计文档的核心要素

想象一下，你正在和一位 AI 助手聊天，想让它帮你开发一个应用。这时候，你需要一份清晰的"说明书"来告诉 AI 你想要什么。这份"说明书"就是产品设计文档。那么，这份文档应该包含哪些重要内容呢？

1. 产品概述与目标

就像介绍一个新朋友一样，首先要让 AI 了解这个产品是什么。这部分内容就像产品的"自我介绍"，需要包含产品的基本信息和目标。

下面通过一个具体的例子来理解。

```
# 产品设计文档：智能学习助手

## 产品愿景
我们要开发一个帮助学生高效学习的 AI 助手，它就像一位贴心的学习伙伴，可以帮助学生制订学习计划、监督学习进度。

## 目标用户
- 主要用户：在校大学生和备考学生
- 次要用户：想要自我提升的职场人士
```

```
## 核心价值
1．智能规划：根据个人情况制订学习计划
2．进度追踪：实时记录和分析学习情况
3．学习建议：提供个性化的学习方法指导
```

2. 功能需求描述

这一部分就像给 AI 讲解产品的"使用说明书"，需要把每个功能都说得清清楚楚，就像教小朋友玩新玩具一样详细。

```
## 核心功能模块

### 1．智能学习计划生成器
功能说明：
- 输入：用户的学习目标和可用时间
- 输出：定制化的每日学习任务清单
- 特点：支持随时调整，智能适应学习进度

实际场景：
小明想要准备考研，每天能投入 4 个小时学习。他只需要做到以下几点。
1．选择 " 考研备考 " 目标
2．设置每天可用时间
3．系统就会自动生成适合他的学习计划表

技术需求：
- 智能算法：根据学习规律生成计划
- 数据分析：跟踪学习效果
- 实时调整：根据完成情况更新计划
```

3. 界面与交互设计

这部分就像给 AI 看产品的"装修设计图"，让它明白用户使用产品时会看到什么、怎么操作。在 2.7 一节会有更多关于界面和交互设计的介绍。

```
## 用户界面设计

### 主页设计
布局安排：
1．顶部区域
   - 左边：显示 Logo
   - 右边：个人头像和设置按钮

2．中间内容区
   - 今日任务卡片（占屏幕 40%）
   - 学习数据图表（占屏幕 30%）
   - 学习建议板块（占屏幕 30%）

操作方式：
- 单击任务卡片：查看详细内容
- 左右滑动：切换不同的日期
- 下拉刷新：更新最新数据
```

4. 技术规范说明

最后，告诉 AI 用什么"工具"来建造这个产品，就像给工程师的施工图纸。

```
## 技术选型与规范

### 开发环境
- 前端: React + TypeScript
- 后端: Node.js + Express
- 数据库: MongoDB
- 缓存: Redis

### 性能要求
- 页面加载: 小于 2 秒
- 操作响应: 小于 0.5 秒
- 数据刷新: 每 5 分钟自动更新
```

小白必记

- 产品文档原则：像讲故事一样描述需求
- 功能描述要点：场景具体，步骤清晰
- 界面设计准则：布局合理，操作简单
- 技术规范关键：明确标准，便于执行
- 文档结构要求：层次分明，重点突出
- 需求描述技巧：通俗易懂，示例翔实
- 交互设计原则：以用户体验为中心

2.5.2 让 AI 理解你的需求

现在我们已经知道如何写好产品设计文档了，接下来学习如何把这些文档转化为 AI 能够理解的语言。就像和外国朋友交谈需要翻译一样，这里也需要用特定的方式来和 AI 助手沟通。

1. 与 AI 对话的标准格式

想象一下，你正在和一位不太熟悉中文的外国朋友聊天，你需要用清晰、规范的语言，避免使用太多俚语和复杂的表达。和 AI 沟通也是一样的道理。下面来看看如何用标准格式和 AI 对话。

2. 项目初始化对话模板

当你想要开始一个新项目时，可以使用下面这个模板和 AI 对话。

```
基于以下产品需求文档，请帮我：

1．项目初始化
@productDoc/overview.md

技术栈要求：
@productDoc/tech_requirements.md

请首先：
1．创建项目基础结构
2．设置必要的配置文件
3．安装核心依赖
4．实现基础框架代码
```

　　这个模板就像和 AI 打招呼的"开场白"，它告诉 AI 需要做什么，以及会用到哪些技术。注意看，我们把每个步骤都列得很清楚，这样 AI 就能按照顺序帮我们完成工作。

3. 功能开发对话模板

　　当要开发具体功能时，可以使用下面这个模板。

```
请基于产品文档实现 [ 具体功能模块 ]：

功能需求：
@productDoc/features/[feature_name].md

界面设计：
@productDoc/ui/[feature_name]_design.jpg

具体要求：
1．实现界面布局
2．添加交互逻辑
3．对接后端 API
4．处理异常情况
```

　　这个模板就像给 AI 的"任务清单"，把要做的事情分成了几个明确的步骤。每个步骤都很具体，这样 AI 就能准确理解我们的需求。

4. 提高 AI 理解效率的小技巧

　　1）分步骤提问

- 就像教小朋友做作业一样，要把复杂的任务拆分成简单的步骤。比如，开发一个登录功能，可以先让 AI 实现界面，再添加表单验证，最后才是 API 对接。

　　2）使用参考文件

- 在和 AI 对话时，要善于使用"@ 文件路径"的方式引用文档。这就像在给 AI 看"参考资料"，能帮助它更好地理解上下文。

　　3）及时确认理解

- 在 AI 开始工作之前，可以让它复述一遍任务要求，确保它正确理解了需求。

就像在餐厅点菜时，服务员会重复一遍客人的订单一样。

2.5.3 需求文档的持续优化

产品设计文档就像一棵生长中的树苗，需要精心照料才能茁壮成长。在与 AI 助手合作开发的过程中，我们要学会根据实际情况不断完善文档内容。下面一起来学习如何做好这项工作。

1. 借助 AI 的力量审查文档

文档审查就像给作文找错别字一样，需要仔细检查每一处细节。AI 助手就像一位经验丰富的老师，可以帮人们发现文档中的问题和不足。比如，可以像下面这样请 AI 助手帮忙审查文档。

```
请帮我检查这份需求文档：
@productDoc/full_document.md

重点关注以下几个方面：
1．需求描述是否完整、清晰
2．文档结构是否合理、连贯
3．技术要求是否切实可行
4．是否遗漏了重要信息
5．用户场景是否覆盖全面
```

当 AI 助手完成审查后，它会给出具体的修改建议。这时，我们就可以根据这些建议来完善文档内容。这个过程就像老师批改作业后，学生根据老师的意见修改错误一样。

2. 建立文档版本管理体系

文档的版本管理就像给照片做备份，每一次重要的更新都要记录下来。这样我们不仅能清楚地看到文档是如何一步步完善的，还能在需要时方便地找到之前的版本。

一个规范的文档版本记录应该是下面这样的。

```
## 文档更新日志

V1.0.0 2024-01-19
- 创建文档基础框架
- 完成核心功能描述
- 制定技术规范初稿

V1.1.0 2024-01-20
- 新增: 详细的用户角色定义
- 优化: 技术栈说明更加具体
- 更新: 界面交互细节要求
- 修复: 部分功能描述不准确的问题

V1.2.0 2024-01-21
- 新增: 异常处理机制说明
- 优化: 性能指标更加明确
- 补充: 数据安全相关要求
```

3. 收集和整合反馈意见

在开发过程中，我们要像一块海绵一样，吸收各方面的意见和建议。这些反馈主要来自以下 3 个方面。

（1）开发团队的反馈就像施工队长提供的建议，因为施工队长最清楚实际建造过程中可能遇到的问题。

- 哪些技术实现起来比较困难；
- 系统性能如何优化；
- 技术架构是否需要调整。

（2）测试团队的反馈就像质检员的检查报告，因为质检员会从用户的角度发现问题。

- 功能是否符合预期；
- 用户使用是否顺畅；
- 系统性能是否达标。

（3）AI 助手的建议就像技术顾问的专业意见，因为 AI 助手能从多个维度分析问题。

- 代码实现是否可行；
- 技术方案是否合理；
- 文档结构是否清晰。

4. 文档优化的实践建议

文档优化工作就像打扫房间，需要经常进行，而且要有规律可循。

（1）每周至少进行一次文档审查，就像每天整理房间一样，保持内容的及时更新。

（2）把收到的反馈进行分类整理，就像整理衣柜时把衣服按季节分类一样，让后续处理更有条理。

（3）确定修改方案后要立即更新文档，就像发现问题就马上解决，避免问题积压。

（4）保持文档格式统一，就像所有衣服都按照同样的方式叠放，让文档看起来整洁专业。

小白必记

- 文档审查原则：定期检查，及时优化
- 版本管理要点：记录清晰，变更明确
- 反馈处理方法：分类整理，有序处理
- 更新节奏规范：周期固定，即时同步
- 格式规范准则：统一标准，严格执行
- 协作沟通技巧：及时反馈，快速迭代
- 内容优化思路：重点突出，条理分明

2.6　如何高效使用 Cursor 制作自己的项目

2.6.1　项目前期准备

在开始一个新项目前，我们需要做好充分的准备工作。就像你要建造一座房子，地基的稳固决定了整个工程的成败。下面让我们一步步了解如何做好项目的前期准备。

每个项目都需要有明确的目标和方向，就像你出门旅行前要先确定目的地一样。在开始编码之前，你需要回答以下几个关键问题。

1. 确定核心目标

首先要想清楚 3 个基本问题。

- 目标用户是谁：产品是为谁设计的？比如是学生、上班族，还是专业人士？
- 要解决什么问题：项目要帮用户解决什么具体困扰？
- 项目的独特价值：为什么用户要选择这个产品而不是其他同类产品？

2. 功能规划清单

把项目功能分类整理，就像整理一个工具箱，每类工具都要放在合适的格子里。下面以一个在线学习平台为例，介绍如何整理功能规划清单。

1）用户功能（处理用户相关的所有操作）

- 账号注册和登录：让用户能够创建和访问个人账户；
- 个人资料管理：允许用户更新个人信息和设置；
- 学习记录追踪：记录用户的学习进度和成果。

2）课程功能（管理所有课程相关的功能）

- 课程浏览和搜索：帮助用户找到感兴趣的课程；
- 视频学习系统：提供流畅的在线视频学习体验；
- 课程评价功能：让用户能够反馈课程质量。

3）学习辅助工具（提供额外的学习帮助）

- 笔记功能：方便用户记录学习要点；
- 练习系统：巩固所学知识；
- 学习计划：帮助用户规划学习路径。

3. 技术选型要点

选择合适的技术就像选择建房子的材料和工具，要根据实际需求来决定。在选择技术栈时，需要考虑以下关键因素。

- 是否符合项目需求：技术能力要满足项目的功能要求；
- 开发团队的技术水平：选择团队熟悉的技术栈；
- 技术社区是否活跃：确保遇到问题时能找到解决方案；
- 后期扩展的可能性：为项目未来的发展预留空间。

4. 管理项目依赖

就像管理厨房里的调料一样，要清楚每种工具的用途。

- 说明每个工具的用途：记录为什么要使用这个工具；
- 检查版本是否兼容：确保所有工具能够协同工作；
- 评估维护情况：选择稳定且持续更新的工具；
- 注意安全问题：及时更新修复已知漏洞。

5. 服务配置管理

妥善保管项目中的各种配置信息，就像保管重要文件一样。

- 使用环境变量保存敏感信息：避免将密码等敏感信息直接写在代码中；
- 建立配置文件模板：方便团队成员快速配置开发环境；
- 做好数据备份计划：定期备份重要数据；
- 设置访问权限：控制不同角色的访问范围。

6. 文档建设

完整的文档就像项目的说明书，帮助所有参与者理解项目。

1）instruction.md 基础文档

这是项目的入门指南，包含以下关键信息。

- 项目介绍：简要说明项目的目的和特点；
- 技术架构：描述使用的主要技术和架构设计；
- 开发规范：团队统一的代码规范和开发流程；
- 环境配置：详细的环境搭建步骤；
- 常见问题：记录常见问题的解决方案。

2）.cursorrules 设置

在项目根目录创建规范文件，就像制定团队的"游戏规则"。

- 代码风格规定：统一的代码格式要求；
- 命名规则说明：变量、函数、文件的命名规范；
- 文件组织方式：项目文件的组织结构规则；
- 注释编写要求：代码注释的规范和要求；
- 开发流程说明：团队协作的工作流程。

7. 项目结构设计

良好的项目结构就像一个整洁的房间，让开发更加顺畅。

推荐目录结构设计如下。

```
project/
├── src/                    # 源代码目录
│    ├── components/        # 组件文件
│    ├── pages/             # 页面文件
│    └── utils/             # 工具函数
├── public/                 # 静态资源
├── docs/                   # 项目文档
└── tests/                  # 测试文件
```

8. 开发模板准备

为提高开发效率，提前准备好常用的模板。

- 创建常用代码模板：常见功能的代码模板；
- 设置代码片段库：提高重复代码的复用效率；
- 准备配置文件模板：环境配置文件的模板；
- 建立测试用例模板：标准化的测试用例格式。

9. UI 设计规范

虽然代码是核心，但好的界面设计同样重要。

- 设计基础组件库：统一的基础 UI 组件；
- 制定颜色和字体规范：保持视觉风格统一；

- 规划页面布局标准：统一的页面结构规范；
- 准备图标和素材库：项目所需的视觉资源。

2.6.2　项目开发过程

在项目开发过程中，合理使用 Cursor 就像有了一位得力助手。让我们看看如何让这位助手发挥最大价值。

1. 开发策略选择

就像建造一座高楼需要先打好地基，再一层层向上建设一样，在项目开发过程中，也要把复杂的系统拆分成一个个小模块，循序渐进地完成开发。

- 一次专注一个功能：把复杂的项目分解成独立的功能模块；
- 确保功能完整可用：每个模块都要能独立运行和测试；
- 及时进行单元测试：验证每个模块的正确性；
- 保持代码整洁有序：良好的代码组织让后期维护更轻松。

以开发一个网上书店为例，可以按照下面这样的顺序循序渐进地完成开发。

1）用户系统搭建（就像系统的核心引擎）

- 实现基础的注册与登录：构建用户身份认证系统；
- 完成个人信息管理：建立用户数据管理中心；
- 添加密码找回功能：设计安全恢复机制。

2）图书管理功能（就像系统的数据中心）

- 图书信息展示：构建图书数据展示系统；
- 分类搜索系统：实现高效的数据检索功能；
- 评价和评分功能：建立用户反馈机制。

3）购物功能实现（就像系统的交易中心）

- 购物车管理：设计临时数据暂存系统；
- 订单处理系统：构建交易流程管理；
- 支付功能集成：实现安全支付通道。

2. Cursor AI 功能应用

学会善用 Cursor 的 AI 能力，就像有了一位经验丰富的技术顾问。

1）代码理解助手

- 分析代码结构和流程：构建清晰的代码地图；
- 解释复杂的算法原理：将复杂的逻辑简化成易懂的步骤；
- 提供优化建议：发现代码改进空间；
- 查找潜在问题：预防可能的技术风险。

2）智能代码生成

- 提供清晰的需求描述：明确功能规格说明；
- 指定代码风格要求：确保代码风格统一；
- 要求生成详细的注释：提高代码可读性；
- 验证代码的正确性：确保功能实现准确。

3. 模块化开发实践

可以把复杂的项目分解成小模块。

1）通用功能模块

```
// 用户认证模块示例
const auth = {
  login: async (username, password) => {
    // 处理用户登录的逻辑
    // 验证用户名和密码
    // 返回登录结果
  },
  register: async (userData) => {
    // 处理用户注册的逻辑
    // 验证用户数据
    // 创建新用户账号
  },
  resetPassword: async (email) => {
    // 处理密码重置的逻辑
    // 发送重置邮件
    // 更新用户密码
  }
};
```

2）标准化提示模板

为常见功能准备现成的"食谱"。

```
// API 接口开发模板
请帮我实现一个 [功能名称] API:
- HTTP 方法: [GET/POST/PUT/DELETE]
- 接口路径: /api/[路径]
- 请求参数: [参数列表]
- 返回格式: [返回数据结构]
- 错误处理: [错误情况]
```

小白必记

- 开发流程原则: 循序渐进, 稳扎稳打
- 功能实现准则: 一次一个, 测试到位
- **AI** 助手应用法: 问题具体, 需求明确
- 代码模块化原则: 功能独立, 复用为先
- 测试验证要点: 及时检查, 防患未然
- 版本管理法则: 小步提交, 说明清晰
- 团队协作准则: 规范统一, 沟通顺畅

2.6.3 项目调试与问题处理

在项目开发过程中, 遇到问题是很正常的事情。就像医生给病人看病需要做各种检查一样, 项目调试也需要通过一系列"检查"找出代码中的"病因", 然后"对症下药"。下面一起学习如何像专业医生一样诊断和治疗代码问题。

1. 问题的表现形式

在项目开发过程中, 问题通常会以下面几种方式显示出来。

1) 编辑器界面提示

- 红色波浪线: 就像老师批改作业时的标记, 表示代码可能有语法错误;
- 黄色波浪线: 像一个温馨提醒, 提示代码可以优化或有潜在问题;
- 文件栏文件名变红: 就像交通信号灯变红, 提示这个文件有问题的需要处理;
- 代码补全不工作: 就像助手突然不说话了, 可能是语言服务出了问题。

2) 终端报错信息

```
# 常见的终端错误示例
Error: Cannot find module 'react'          # 模块缺失错误
SyntaxError: Unexpected token              # 语法错误
TypeError: Cannot read property            # 类型错误
ReferenceError: x is not defined           # 引用错误
```

2. 调试的基本方法

调试就像解开一个个谜题, 我们需要使用正确的方法和工具, 就像侦探通过收

集线索、分析证据来破解案件一样。

1）预防性调试

预防胜于治疗，在问题出现前就做好准备工作。

- 开启实时错误提示：就像给代码装上了"预警系统"；
- 定期进行代码检查：定期给代码做"体检"；
- 及时处理警告信息：小问题及时解决，避免积重难返；
- 做好单元测试：为每个功能模块编写"体检表"。

2）问题定位技巧

当发现问题时，要像专业侦探一样有条不紊地进行排查。

- 复现问题场景：重现"案发现场"；
- 收集错误信息：收集所有可能的"证据"；
- 定位问题代码：缩小"嫌疑范围"；
- 分析出现问题的原因：找出"作案动机"。

3）调试工具的使用

一个好的工程师需要配备完整的"工具箱"。

```javascript
// 基础调试信息
console.log('普通信息');
console.info('提示信息');
console.warn('警告信息');
console.error('错误信息');

// 数据结构展示
console.table([
    { name: '张三', age: 25 },
    { name: '李四', age: 30 }
]);

// 代码执行时间
console.time('操作耗时');
// ... 你的代码 ...
console.timeEnd('操作耗时');

// 函数调用追踪
console.trace('追踪调用栈');

// 完整的调试示例
function calculateTotal(items) {
    // 输出函数入口参数
    console.log('开始计算总价，商品列表: ', items);

    let total = 0;
    items.forEach((item, index) => {
        // 追踪每个商品的计算过程
        console.log(`正在计算第 ${index + 1} 个商品:`, item);
```

```
        total += item.price * item.quantity;
        // 输出每次计算后的总价
        console.log('当前总价：', total);
    });

    // 输出最终结果
    console.log('计算完成，最终总价：', total);
    return total;
}
```

4）使用 AI 辅助调试

当遇到复杂的问题时，可以向 Cursor 寻求帮助。

```
// 向 Chat 提问的模板
问题描述：
[简要描述你遇到的问题]

错误信息：
[完整的错误信息]

相关代码：
[出错的代码片段]

期望行为：
[代码应该实现什么功能]

已尝试方案：
[已经尝试过的解决方法]
```

3. 常见错误类型及解决方案

1）语法错误（SyntaxError）

- 检查括号、引号是否配对；
- 确认分号使用是否正确；
- 验证关键字拼写是否准确。

2）类型错误（TypeError）

- 确认变量是否已定义；
- 检查函数调用方式是否正确；
- 验证对象属性是否存在。

3）引用错误（ReferenceError）

- 检查变量是否已声明；
- 确认变量作用域是否正确；
- 验证导入导出语句。

4）网络请求错误

```
// 网络请求错误处理示例
async function fetchData() {
```

```
try {
    const response = await fetch('/api/data');
    if (!response.ok) {
        throw new Error(`HTTP error! status: ${response.status}`);
    }
    const data = await response.json();
    return data;
} catch (error) {
    console.error(' 获取数据失败 :', error);
    // 根据错误类型显示不同的提示
    if (error.name === 'TypeError') {
        alert(' 网络连接失败，请检查网络设置 ');
    } else if (error.name === 'SyntaxError') {
        alert(' 数据格式错误，请联系技术支持 ');
    } else {
        alert(' 服务器错误，请稍后重试 ');
    }
}
}
```

4. 性能优化方法

就像给汽车做保养一样，需要定期优化代码，提高性能。

1）代码层面优化

- 精简冗余代码：删除不必要的“零件”；
- 优化算法效率：选择更高效的“引擎”；
- 减少资源占用：降低“油耗”；
- 提高响应速度：提升“动力”。

2）系统层面优化

- 数据库优化：建立合适的索引，就像给图书馆的书籍编号；
- 缓存优化：合理使用缓存，就像在常用的书架上放置常读的书；
- 网络优化：减少请求次数，就像规划最短的配送路线；
- 服务器优化：合理分配资源，就像调整机器的工作负荷。

小白必记

- 错误识别原则：看懂提示，找准位置
- 调试工具使用：console 是最好的朋友
- 问题分类方法：区分错误类型，对症下药
- AI 助手配合：提供完整的信息，获取准确帮助
- 代码追踪技巧：关键节点必须有日志
- 错误处理准则：先预防，后治疗
- 性能优化法则：重点突破，循序渐进
- 培养调试思维：像侦探一样追踪问题

2.7 基于组件的设计与交互考量

在前面的章节中，探讨了如何使用 AI 高效地规划项目、生成代码和处理问题。本节将转向用户体验的核心：基于组件的设计与交互考量。在 AI 辅助开发时代，尽管人们能够快速生成代码，但优秀的用户体验仍然需要精心设计。本节将带你了解 UI 组件库的价值，以及如何在 AI 时代思考交互设计。

2.7.1 什么是 UI 组件库

在开始构建一个网站或应用时，你是否想过要从零开始设计每一个按钮、输入框、下拉菜单？这样做不仅耗时，而且容易出现设计不一致的问题。这就是为什么需要 UI 组件库。

1. UI 组件库的概念与价值

UI 组件库就像一个精心设计好的"积木盒子"，里面装满了各种可以直接使用的界面元素。比如，想要一个漂亮的按钮，不需要自己写复杂的样式代码，只要使用组件库提供的按钮组件，就能立刻得到一个设计精美、功能完整的按钮。

这里通过一个简单的比喻来解释：假设你要装修一套新房子，你可以选择自己从原材料开始制作家具，但这样既费时又不一定能保证质量。更明智的做法是去家具城选购现成的、品质有保障的家具。UI 组件库就相当于前端开发中的"家具城"，提供了各种"标准化"的界面元素。

在 AI 辅助开发时代，组件库的价值更加凸显。当你向 AI 描述需求时，可以直接指定使用某个组件库，这样 AI 生成的代码不仅功能完善，外观也会更加专业和一致。

2. UI 组件库包含的内容

一个完整的 UI 组件库通常会包含以下几类组件。

（1）基础组件是最常用的界面元素，就像家具中的桌椅板凳一样必不可少。

- 按钮（Button）：用于触发各种操作；
- 输入框（Input）：接收用户输入的文字；
- 选择器（Select）：提供多个选项供用户选择；
- 开关（Switch）：用于控制某个功能的开启或关闭。
- 单选按钮 / 复选框（Radio/Checkbox）：用于在多个选项中做选择。

（2）布局组件就像房间的格局设计，帮助你合理安排页面空间。

- 栅格系统（Grid）：像图纸上的网格线，帮助你规整地排列内容；
- 弹性布局（Flex）：能够自适应调整的灵活布局方式；

- 间距（Space）：控制组件之间的距离；
- 分割线（Divider）：用于分隔不同的内容区域。

（3）导航组件则像房子里的指示牌和门，帮助用户在不同的页面间移动。

- 导航菜单（Menu）：网站的主要导航系统；
- 标签页（Tabs）：在同一区域切换显示不同的内容；
- 面包屑（Breadcrumb）：显示当前页面的位置路径；
- 分页器（Pagination）：将内容分成多页展示。

（4）反馈组件就像与用户的对话方式，告诉用户他们的操作结果。

- 通知（Notification）：向用户显示重要信息；
- 对话框（Modal）：需要用户确认的弹出窗口；
- 加载中（Loading）：表示操作正在进行；
- 进度条（Progress）：显示操作的完成程度。

3. 为什么要使用 UI 组件库

使用 UI 组件库有很多好处。想象一下，如果每个开发者都要从零开始写每个按钮的样式，不仅会浪费大量时间，而且很难保证所有按钮的外观和行为都一致。使用组件库可以完美地解决这些问题。

1）提高开发效率

不必重复编写基础代码，就像装修时直接买现成的家具，而不是自己从木材开始制作。组件库中的每个组件都经过充分测试，可以放心使用。

2）保持设计一致性

所有组件都遵循同一套设计规范，就像同一品牌的家具，风格统一，搭配协调。这样可以让整个应用看起来更专业、更统一。

3）优化开发体验

组件库通常提供详细的使用文档和代码提示，就像家具附带的说明书，让你能够轻松上手。此外，不同组件之间的使用方式也很统一，学会了一个，其他的也很容易掌握。

4）提升用户体验

组件库中的组件都经过专业的交互设计，考虑了各种使用场景，能够为用户提供流畅的使用体验。比如按钮会有恰当的单击反馈、表单会有合理的错误提示等。

5）适配多种设备

现代组件库通常支持响应式设计，能够自动适应不同尺寸的屏幕，让应用在手机、平板和电脑上都能正常显示。

6）减少维护成本

当更新浏览器或有新的设计趋势时，组件库会及时更新，你只需升级组件库版本就能让整个应用跟上时代步伐，无须重写大量代码。

7）更好的协作体验

在团队开发中，使用统一的组件库能够让所有开发者遵循相同的规范，减少沟通成本，提高协作效率。

小白必记

- 组件库原则：使用现成的组件优于自己造轮子
- 界面设计：保持风格统一最重要
- 开发效率：用好组件事半功倍
- 文档使用：先看文档，再写代码
- 用户体验：专业组件体验好
- 团队协作：统一组件库，减少沟通
- 维护成本：组件库更新，应用跟着走

2.7.2 常用的 UI 组件库

在前端开发的世界里，UI 组件库就像一个个装满了精美零件的工具箱。下面重点介绍两个广受欢迎的"工具箱"。

1. Shadcn UI：可定制的艺术品

如果把传统的组件库比作成品家具，那么 Shadcn UI 就像一套高质量的 DIY 家具设计图。它不是简单地提供一件成品，而是提供了制作精美组件的"图纸"，让你能够根据自己的需求进行调整和改造。

先介绍 Shadcn UI 的特色。

1）创新的使用方式

它不像传统组件库那样通过 npm 安装后直接使用，而是采用"复制代码"的方式。这就像把设计图直接放到项目中，你可以完全掌控每个组件的实现细节。

2）技术特点

- 以 Radix UI 为基础框架；
- 采用 Tailwind CSS 编写样式；
- 支持浅色 / 深色两种显示模式；
- 完全支持无障碍访问。

小贴士：什么是 Tailwind CSS ？

Tailwind CSS 是一种新型的 CSS 框架，它就像一个预先准备好的调色板。不同于传统的

CSS 写法，它提供了大量的工具类（utility classes）。比如，想让一个文字变成红色，传统方式需要写 color: red;，而使用 Tailwind CSS，则只需添加 text-red-500 这个类名就可以了。这种方式就像用积木搭建房子，每个类名都是一块积木，通过组合这些积木，可以快速构建出漂亮的界面。

举个例子：

```html
<!-- 传统 CSS 写法 -->
<button class="my-button">
    点击我
</button>

<style>
 .my-button {
    padding: 8px 16px;
    background-color: blue;
    color: white;
    border-radius: 4px;
 }
</style>

<!-- Tailwind CSS 写法 -->
<button class="px-4 py-2 bg-blue-500 text-white rounded">
    点击我
</button>
```

想要开始使用 Shadcn UI，需要先在项目中进行初始化。

```
# 第一步：初始化 Shadcn UI
npx shadcn-ui@latest init

# 第二步：添加需要使用的组件
npx shadcn-ui@latest add button
```

下面是一个简单的使用示例。

```jsx
// 导入按钮组件
import { Button } from "@/components/ui/button"

// 在组件中使用
function MyComponent() {
  return (
    <Button variant="outline">
      点击这里
    </Button>
  )
}
```

在AI辅助开发中，你可以告诉AI使用Shadcn UI，并指定需要用到的组件。

```
请使用 Shadcn UI 的 Button、Card 和 Input 组件设计一个登录页面。
```

2. Ant Design：企业级的全能选手

说到Ant Design，它就像一个大型的建材超市，里面提供了几乎所有你能想到的界面组件。作为蚂蚁集团开发的企业级设计系统，它在国内有着广泛的应用。

Ant Design的主要特点如下。

1）完整的设计体系

- 拥有100多个开箱即用的组件；
- 设计规范专业且统一；
- 适合企业级应用开发。

2）技术优势

- 完整的TypeScript类型支持；
- 支持多语言国际化；
- 可以自定义主题样式；
- 有庞大的社区支持。

使用Ant Design非常简单，如下面的例子。

```
# 安装主程序
npm install antd

# 安装图标库（按需安装）
npm install @ant-design/icons
来看一个实际的使用例子:
// 导入需要的组件和图标
import { Button } from 'antd';
import { SearchOutlined } from '@ant-design/icons';

// 在组件中使用
function MyComponent() {
  return (
    <Button type="primary" icon={<SearchOutlined />}>
      搜索
    </Button>
  )
}
```

在AI辅助开发中，你可以这样向AI描述需求：

```
请使用 Ant Design 组件库开发一个数据展示页面，包含表格、筛选器和分页功能。
```

通过明确指定组件库，AI会生成更符合你期望的代码，并遵循组件库的设计规范。

3. 如何选择合适的组件库

选择组件库就像选择装修材料，需要根据实际情况来决定。

1）什么时候选择 Shadcn UI

- 当需要对组件进行深度定制时；
- 当希望完全掌控组件代码时；
- 当项目对体积大小比较敏感时；
- 当你喜欢使用 Tailwind CSS 时。

2）什么时候选择 Ant Design

- 在开发企业级应用时；
- 当需要大量现成的组件时；
- 当重视开发效率时；
- 当项目团队规模较大时。

3）考虑项目的复杂度

对于简单的个人项目或小型网站，轻量级的组件库可能更合适。而对于功能复杂的企业应用，全面的企业级组件库会提供更多现成的解决方案。

4）考虑团队的技术栈

如果团队熟悉 React，那么基于 React 的组件库会是更好的选择。如果使用 Vue，则应该选择 Vue 生态的组件库，如 Element Plus 或 Vuetify。

5）考虑项目的定制化需求

对于需要高度定制化的项目，可定制性强的组件库（如 Shadcn UI）会更合适。对于标准化的企业应用，成熟的企业级组件库（如 Ant Design）可能更有优势。

4. 使用建议

1）先读文档

就像使用新工具之前要先看说明书一样，使用组件库之前一定要先仔细阅读官方文档。文档中通常会有详细的使用说明和示例代码。

2）按需引入

不要一次性引入所有组件，这样会增加项目的体积。就像购物一样，按需购买，需要什么引入什么。

3）版本管理

在团队开发中，要确保所有人使用相同版本的组件库，避免出现版本不一致导致的问题。

4）结合 AI 辅助开发

在使用 AI 生成代码时，明确指定要使用的组件库和版本，并提供相关链接或文档，这样 AI 能够更准确地理解需求。

5）保持更新

定期关注组件库的更新，及时升级到最新版本，以获取新功能和安全修复。

2.7.3 组件库的使用技巧

前面介绍了什么是组件库，以及一些常用的组件库。下面介绍如何在实际开发中更好地使用这些组件库。就像学会了使用各种厨房用具后，还需要掌握烹饪技巧才能做出美味的菜肴一样。

1. 组件的按需加载

如果去超市购物，大家肯定不会把超市里所有的东西都买回家，组件的使用也是一样的道理。在项目中，应该只引入需要用到的组件，这样可以使应用程序体积更小，加载更快。

来看一个使用 Ant Design 的例子。

```
// 不推荐：引入整个组件库
import { Button, Input, Select, Table, Form, Modal } from 'antd'

// 推荐：按需引入需要的组件
import { Button } from 'antd'
import { Input } from 'antd'
```

在上面的例子中，第一种方式会把整个 Ant Design 库都加载进来，而第二种方式只加载了 Button 和 Input 这两个需要的组件。这就像逛超市只买今天做菜需要的食材，而不是把整个超市的东西都搬回家。

在使用 AI 辅助开发时，可以明确告诉 AI 用按需引入的方式。

```
请使用按需引入的方式导入 Ant Design 的 Button 和 Form 组件，不要引入整个库。
```

2. 组件的二次封装

有时候，某些组件组合需要在多个地方重复使用。这时可以对这些组件进行二次封装，就像把常用的调味料调配成独特的酱料一样。

下面是一个带搜索功能的表格组件封装示例。

```
import { Table, Input } from 'antd'
import { useState } from 'react'

// 封装一个带搜索功能的表格组件
function SearchTable({ columns, dataSource }) {
  // 定义搜索关键词的状态
  const [searchText, setSearchText] = useState('')

  // 根据搜索关键词过滤数据
  const filteredData = dataSource.filter(item =>
    // 在所有字段中搜索关键词
    Object.values(item).some(value =>
      String(value).toLowerCase().includes(searchText.toLowerCase())
    )
  )

  return (
    <div>
      {/* 搜索框部分 */}
      <Input.Search
        placeholder=" 请输入搜索内容 "
        onChange={e => setSearchText(e.target.value)}
        style={{ marginBottom: 16 }}
      />

      {/* 表格部分 */}
      <Table
        columns={columns}
        dataSource={filteredData}
      />
    </div>
  )
}
```

这样封装后，在其他地方需要使用带搜索功能的表格时，就可以直接使用这个 SearchTable 组件，而不需要重复写搜索逻辑了。

在 AI 辅助开发中，你可以像下面这样描述需求。

请帮我对 Ant Design 的 Table 组件进行二次封装，添加搜索和排序功能，并确保封装后的组件保留原组件的所有属性。

3. 主题样式定制

每个项目都有自己的设计风格，就像每个家庭都有自己的装修风格一样。组件库通常都提供了主题定制功能，让我们能够按照项目需求调整组件的样式。

以 Shadcn UI 为例，我们可以通过修改 CSS 变量来自定义主题。

```
/* globals.css */
:root {
  /* 定义浅色主题的颜色 */
  --primary: 222.2 47.4% 11.2%;
  --primary-foreground: 210 40% 98%;
```

```
}

/* 定义深色主题的颜色 */
.dark {
  --primary: 210 40% 98%;
  --primary-foreground: 222.2 47.4% 11.2%;
}
```

对于 Ant Design，可以使用配置文件来定制主题。

```
// theme.config.js
export default {
  token: {
    colorPrimary: '#1677ff',
    colorSuccess: '#52c41a',
    colorWarning: '#faad14',
    colorError: '#ff4d4f',
    colorInfo: '#1677ff',
    fontSize: 16,
    borderRadius: 6,
  },
}
```

在 AI 辅助开发中，可以像下面这样描述主题定制需求。

请帮我为 Ant Design 创建一个主题配置文件，主色调为蓝色 (#1890ff)，次要色调为绿色 (#52c41a)，并适当增加按钮的圆角。

4. 组件的组合使用

组件就像积木一样，可以通过组合来构建更复杂的界面。下面是一个商品卡片的组合示例。

```
import { Card, Space, Button, message } from 'antd'

// 商品卡片组件
function ProductCard({ title, price, onBuy }) {
  return (
    <Card title={title}>
      <Space direction="vertical" style={{ width: '100%' }}>
        {/* 显示商品价格 */}
        <div> 价格: ¥{price}</div>

        {/* 购买按钮 */}
        <Button
          type="primary"
          onClick={() => {
            onBuy()
            message.success(' 购买成功! ')
          }}
        >
          立即购买
        </Button>
      </Space>
```

```
    </Card>
  )
}
```

在 AI 辅助开发中，你可以像下面这样描述组件组合需求。

请使用 Ant Design 的 Card、Image、Typography 和 Button 组件组合创建一个产品展示卡片，包含产品图片、标题、描述和价格，并有一个 " 加入购物车 " 按钮。

小白必记

- 组件引入原则：按需加载最省心
- 封装使用法则：重复代码要封装
- 主题定制技巧：统一风格最重要
- 组件组合方法：积木搭建更灵活
- 性能优化要点：精简代码保性能
- AI 辅助技巧：详细描述组件需求
- 复用设计思想：设计模式提高效率

2.7.4 交互设计的新定位

随着 AI 能够根据用户的需求生成架构和代码，交互设计的重点已经从"如何实现"转向了"如何体验"。就像一位优秀的导演不仅要有好的剧本（架构设计），还需要精心设计每个场景的节奏和情绪，产品设计也需要关注用户在使用过程中每一个细节的体验。

1. 从实现到体验的转变

传统上，交互设计常常受到技术实现的限制。设计师需要考虑："这个交互效果工程师能实现吗？会不会太复杂？"但在 AI 时代，这些担忧正在减少。

传统思维："这个动画效果实现起来可能很复杂，我们简化一下吧。"

AI 时代思维："这个过渡效果能让用户更清晰地理解状态变化，AI 可以帮我们生成代码。"

设计师可以更专注于用户体验本身，而不是被技术实现所束缚。

在 AI 辅助开发环境中，这种转变尤为明显。当你使用像 Cursor 这样的工具时，可以直接描述你想要的交互效果。

我希望用户单击按钮时，有一个柔和的波纹效果，并且按钮颜色逐渐变深，给用户明确的反馈。

AI 会尝试理解你的意图，并生成相应的代码实现。这样，设计师和产品经理可以更多地思考"用户体验会怎样"，而不是"这个功能怎么实现"。

2. 交互设计的核心价值

在 AI 辅助开发时代，交互设计的核心价值体现在以下几方面。

1）连接用户与功能

即使 AI 能生成代码，也难以理解用户的心理模型和期望。交互设计师的价值在于将复杂的功能转化为用户容易理解和使用的界面。

例如，AI 可能会生成一个数据分析功能，但如何让普通用户轻松使用这个功能，仍然需要人类设计师的思考。

2）构建情感连接

优秀的交互设计能够为人们提供愉悦、高效的体验，建立情感纽带。这种情感连接是纯粹的功能实现无法带来的。

例如，可以像下面这样向 AI 描述。

> 当用户完成一项任务时，我希望显示一个简短的庆祝动画，给用户一种成就感，但不要太夸张，以免影响下一步操作。

3）体现产品个性

差异化的交互设计能够让产品在标准化组件的海洋中脱颖而出。在 AI 可能生成相似代码的背景下，独特的交互体验成为产品形成差异化的关键。

例如，可以向 AI 描述产品的个性。

> 我们的产品定位是年轻、充满活力的，请在交互设计中加入适当的动效和鲜明的视觉反馈，让产品使人感觉更有活力。

4）提升用户满意度

良好的交互设计能够减少用户的学习成本和操作失误，提高用户满意度。这种"无形"的价值往往是产品成功的关键因素。

在 AI 辅助开发中，可以像下面这样表述。

> 我们的用户群体包含很多老年人，请设计简单、直观的交互方式，减少复杂的手势操作，并增加操作反馈的明确性。

小白必记

- 设计重心转变：从"能否实现"到"体验如何"
- 用户体验至上：好产品让用户用得爽
- 情感设计价值：交互体验决定用户的记忆
- 产品差异化：交互设计是关键竞争力
- AI 辅助设计：描述体验，让 AI 实现它
- 心理模型考虑：理解用户的期望和习惯
- 反馈体系重要：让用户知道发生了什么

2.7.5 AI 时代交互设计的关键要素

即使使用了通用组件库和 AI 生成的代码，仍有几个关键的交互设计领域需要人的创造力和决策力。在 AI 辅助开发时代，交互设计师需要更关注用户体验的核心问题。

1. 引导系统设计

通用组件库提供了提示框、气泡等基础元素，但如何组织这些元素成为有效的引导系统，仍需要精心设计。

1）引导时机的确定
- 首次使用时的关键功能引导；
- 新功能上线后的变化提示；
- 复杂操作前的预指引。

2）引导形式的选择
- 轻量级：如气泡提示、高亮聚焦；
- 中度干预：如引导层、动画演示；
- 强引导：如强制教程、交互式指引。

3）引导策略规划

一个有效的引导策略应该是渐进式的，不会一次性展示所有信息。

```
// 引导策略伪代码示例
class GuidanceSystem {
    constructor(user, features) {
        this.user = user;
        this.features = features;
        this.shownGuidance = []; // 已展示的引导
    }

    shouldShowGuidance(feature) {
        // 基于用户行为和上下文决定是否展示引导
        const isFirstTime = !this.user.hasUsed(feature);
        const isRelevantToCurrentTask = this.isRelevantToCurrentContext(feature);

        const notShownRecently = !this.shownGuidance.includes(feature);

        return isFirstTime && isRelevantToCurrentTask && notShownRecently;
    }

    // 其他引导逻辑 ...
}
```

4）引导内容设计
- 简洁明了：每次引导聚焦于单一功能点；
- 视觉引导：使用动画或高亮显示引导用户的注意力；

- 分步骤引导：将复杂的流程分解为简单的步骤。

在 AI 辅助开发中，可以告诉 AI 你的引导需求。

请设计一个分步式引导系统，当新用户首次登录时，引导他们完成个人资料设置、添加第一个任务和设置提醒。每步引导应该高亮显示相关区域并有简短说明。

2. 导航与信息架构优化

尽管 AI 可以生成基于产品架构的导航结构，但优化用户在产品中的行动路径仍然需要精心设计。

1）层级深度与宽度的平衡

信息架构中最关键的问题之一是选择宽而浅的结构（每层有多个选项，但层级少），还是选择窄而深的结构（每层选项少，但层级多）。

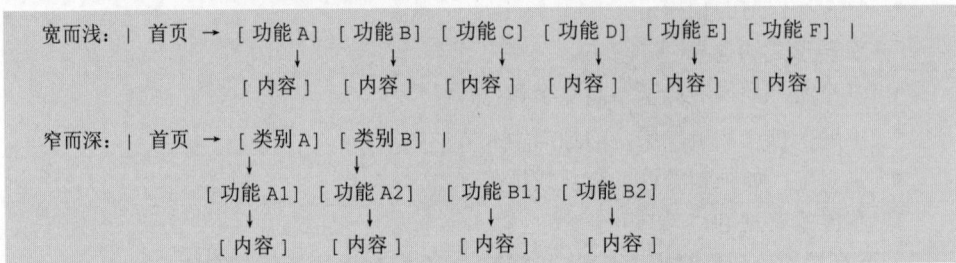

```
宽而浅: | 首页 → [功能A]  [功能B]  [功能C]  [功能D]  [功能E]  [功能F] |
                  ↓        ↓        ↓        ↓        ↓        ↓
               [内容]   [内容]   [内容]   [内容]   [内容]   [内容]

窄而深: | 首页 → [类别A]  [类别B] |
                  ↓        ↓
               [功能A1] [功能A2]   [功能B1] [功能B2]
                  ↓        ↓          ↓        ↓
               [内容]   [内容]     [内容]   [内容]
```

研究表明，深度通常不应超过 3 层，而每层的选项数量应考虑用户的认知负荷，移动端通常建议不超过 4 ～ 6 个，桌面端 6 ～ 8 个较为合适。

2）返回路径设计

在复杂流程中，用户需要清晰的返回机制。

- 线性流程：明确的上一步 / 下一步，如订单流程；
- 探索性流程：需要随时可返回主界面的"安全出口"；
- 多步骤表单：需要可以回溯修改的机制，同时保存已填写内容。

3）快捷路径优化

为频繁任务提供捷径。

- 快捷键 / 手势；
- 最近使用 / 常用功能区；
- 上下文感知的推荐。

4）导航一致性

- 在所有页面保持导航元素的一致位置；
- 使用统一的视觉语言表示导航状态；
- 确保导航标签清晰反映目标内容。

在 AI 辅助开发中，可以像下面这样描述需求。

请设计一个三级导航结构，一级导航是顶部标签，二级是侧边栏，三级是内容区域的标签页。确保任何页面都有明确的返回路径，并在首页添加 " 最近访问 " 区域作为快捷路径。

3. 交互一致性系统

通用组件库提供了基础的视觉一致性，但交互一致性系统更加复杂，需要在整个产品中统一用户的心智模型。

1）术语与文案一致性

即使使用了统一的组件，如果文案不一致，也会造成用户困惑。

不一致示例如下。

- 确认按钮在不同页面使用"确定""提交""保存"等不同的表述；
- 相同的操作在不同的地方有不同的名称（"删除"vs"移除"）。

解决方案是建立文案词汇表，具体如下。

操作类型	统一用词	禁用词
确认操作	确认	确定、好的、OK
删除操作	删除	移除、去除
取消操作	取消	关闭、返回

2）手势系统设计

在移动应用中，手势是关键的交互方式，需要统一规划。

手势类型	交互行为	适用场景
左滑	删除 / 归档	列表项
右滑	返回上级	全局导航
下拉	刷新	列表页面
长按	显示更多选项	列表项

3）交互模式映射

确保相似功能有相似的交互方式，建立用户的心智模型。

```
// 交互模式映射示例
const interactionPatterns = {
    selection: {
        single: "radio",              // 单选使用 radio
        multiple: "checkbox",         // 多选使用 checkbox
        hierarchy: "tree-select"      // 层级选择使用树形选择
    },
    confirmation: {
        destructive: "two-step",      // 破坏性操作需二次确认
        normal: "direct"              // 普通操作直接执行
    }
};
```

4）视觉反馈一致性

- 为相同类型的交互提供一致的视觉反馈；
- 相同类型的按钮有相同的单击效果；
- 相同类型的数据加载有一致的加载指示；
- 错误提示风格保持统一。

在 AI 辅助开发中，可以像下面这样向 AI 描述需求。

请确保整个应用中所有删除操作都使用相同的流程：先显示确认弹窗，用户确认后显示加载状态，成功后给予明确反馈。并在所有页面使用统一的术语，将删除操作统一称为 " 删除 " 而非 " 移除 " 或 " 清除 "。

4. 状态反馈系统

通用组件库通常提供基本的状态组件（加载中、成功、错误等），但如何在业务流程中使用这些状态，需要系统性的设计。

1）加载状态阈值定义

当操作执行时间超过特定阈值时，才显示加载状态。

```
// 加载状态阈值示例
const loadingThresholds = {
    dataFetch: 300,              // 数据获取超过 300ms 显示加载
    userAction: 200,            // 用户操作反馈超过 200ms 显示加载
    backgroundTask: 1000        // 后台任务超过 1s 才提示
};
```

这样可以避免快速完成的操作出现闪烁的加载状态，破坏用户体验。

2）异步操作的用户反馈

后台处理任务如何向用户提供进度反馈是一个关键问题。

- 即时反馈：操作立即响应，后台继续处理；
- 进度指示：显示任务完成百分比；
- 状态通知：通过通知系统告知任务完成。

3）错误状态的分级处理

不同类型的错误需要不同的处理方式。

错误级别	显示方式	示例
致命错误	全屏错误页	网络连接中断
流程错误	页内错误提示	表单验证失败
轻微错误	Toast 提示	非必要操作失败

设计一个错误处理矩阵，确保团队和 AI 在生成代码时有一致的错误处理策略。

4）成功状态的适当反馈

完成不同类型的操作后，需要提供适当的成功反馈。

- 即时操作：简单的视觉变化（如按钮颜色变化）；

- 重要操作：明确的成功提示（如 Toast 或成功页面）；
- 关键流程：详细的成功信息（如订单完成页面含订单号）。

5）空状态设计

当数据为空时，提供友好的提示和下一步操作建议。

- 首次使用：引导用户创建第一条内容；
- 筛选结果为空：提示调整筛选条件；
- 数据加载失败：提供重试选项。

在 AI 辅助开发中，可以像下面这样描述需求。

> 请设计一个文件上传功能，包含以下状态反馈。
> 1．选择文件后立即显示文件名和大小
> 2．上传过程中显示进度条
> 3．上传成功显示绿色对钩和"上传成功"提示
> 4．上传失败显示错误信息和重试按钮
> 5．如果用户没有上传任何文件，显示引导提示"单击此处上传您的第一个文件"

5. 多设备适配策略

随着用户在多种设备间切换使用应用的趋势增强，交互设计需要考虑不同设备间的体验一致性和差异化。

1）响应式交互设计

不仅布局响应式设计，交互方式也需要适应不同的设备。

- 触屏设备：支持手势操作；
- 桌面设备：提供键盘快捷键；
- 大屏设备：利用空间展示更多内容。

2）设备间状态同步

用户在不同的设备间切换时，应该能够无缝继续之前的操作。

- 表单填写状态保存；
- 阅读位置记忆；
- 操作历史同步。

3）设备特性增强

利用不同设备的独特能力增强用户体验。

- 移动设备：利用位置、相机等功能；
- 平板设备：支持手写笔输入；
- 桌面设备：支持更复杂的多任务操作。

在 AI 辅助开发中，可以像下面这样描述需求。

> 请设计一个可以在手机、平板和桌面电脑上使用的笔记应用，考虑以下特性。
> 1．手机端支持语音输入和拍照添加图片
> 2．平板端支持手写笔记和绘图

3．桌面端支持键盘快捷键和多窗口编辑
4．所有设备间自动同步笔记内容和编辑位置

2.7.6 实践技巧：从架构到交互的衔接

有了产品架构设计和通用组件库以后，要如何有效地设计和管理交互细节呢？本节将探讨如何在 AI 辅助开发时代，实现从架构到交互的无缝衔接。

1.创建交互设计规范文档

即使使用 AI 和组件库，也需要一个专门的交互设计规范文档。

```
#  交互设计规范

##  1．引导系统
- 引导时机：定义何时触发引导
- 引导形式：列出产品中使用的引导形式及其适用场景
- 引导内容：文案风格和长度标准

##  2．导航系统
- 层级结构：定义产品导航的层级深度和宽度
- 返回机制：不同场景下的返回路径设计
- 快捷入口：频繁任务的捷径设计

##  3．交互一致性
- 文案词汇表：统一产品内的操作术语
- 手势地图：移动端手势的标准定义
- 交互模式：常见操作的标准交互方式

##  4．状态反馈
- 加载状态：不同操作的加载阈值和表现形式
- 错误处理：错误类型及对应的展示方式
- 成功反馈：操作成功的反馈策略
```

这个文档将成为 AI 生成代码的重要参考，确保生成的代码符合产品的交互设计要求。

交互设计规范文档应该具备以下特点。

（1）详细但不过度：提供足够的指导，但留有创新空间。

（2）示例丰富：为每种交互模式提供具体示例。

（3）易于理解：使用清晰的语言和图表说明。

（4）方便查找：合理地组织结构，便于团队成员查阅。

（5）版本控制：随着产品迭代不断更新。

在与 AI 协作时，可以引用这个文档的相关部分。

请按照我们的交互设计规范文档中 " 错误处理 " 部分的定义，为这个表单设计错误状态，严重错误使用页内错误提示，轻微错误使用旁边的提示气泡。

2. 交互原型与 AI 协作

在 AI 辅助开发时代，交互设计师可以通过以下方式与 AI 协作。

1）关键流程原型

- 创建核心用户旅程的高保真交互原型；
- 使用 Figma、ProtoPie 等工具记录详细的交互规范；
- 将原型链接分享给团队和 AI 参考。

2）AI 提示工程

- 基于交互原型，编写详细的 AI 提示，包含交互细节、状态转换、动画参数等；
- 使用明确的术语描述交互期望。

例如，可以像下面这样描述一个下拉刷新交互。

请实现一个下拉刷新组件，参考原型链接：[Figma 链接]。
具体要求如下。
1．用户下拉超过 60px 时触发刷新
2．下拉过程中有渐进式的视觉反馈（颜色从灰变蓝）
3．松手后显示加载的动画（旋转的圆环）
4．刷新完成后有成功的视觉反馈（绿色对钩）
5．成功反馈停留 0.5 秒后消失

3）代码生成与审核

- 让 AI 基于提示和原型生成代码；
- 设计师审核代码是否符合交互要求；
- 针对不符合要求的部分给予具体反馈。

3. 交互设计闭环

设计不是一次性的工作，而是一个持续优化的过程。

（1）设计 → 生成 → 测试：基于设计规范生成代码并测试。

在初始阶段，设计师根据用户需求创建交互设计规范和原型，通过 AI 生成代码，进行内部测试验证。

（2）数据收集：收集用户使用数据和反馈。

将产品交付用户使用后，通过以下方式收集数据。

- 用户行为数据（单击热图、路径分析）；
- 用户反馈（评分、评论、调查）；
- 支持团队报告（常见问题和困惑）。

（3）分析优化：基于数据分析，优化交互设计。

针对收集到的数据，团队可以了解以下信息

- 识别用户流程中的痛点；
- 发现交互设计中的不一致性；
- 确定需要优化的优先级。

（4）迭代更新：更新交互规范文档并进入下一轮循环。

根据分析结果，更新交互设计规范。

- 修改有问题的交互模式；
- 增加新的设计指南；
- 更新示例和最佳实践。

在 AI 辅助开发环境中，这个闭环可以更加高效。

我们的数据显示用户在表单的第三步放弃率很高，热图显示他们似乎在寻找返回按钮。请优化这个页面的设计，确保返回按钮更明显，并且用户可以保存他们已经填写的内容。

4. 案例分析：从设计到实现

下面通过一个实际案例来看设计与实现的衔接。

以前面提到的学习计划管理应用为例，展示如何通过交互设计提升用户体验。

```javascript
// 引导系统示例代码
class LearningPlanGuide {
    constructor(user) {
        this.user = user;
        this.guidanceSteps = [
            {
                feature: "createGoal",
                condition: () => this.user.goals.length === 0,
                type: "spotlight",
                message: "点击这里创建你的第一个学习目标"
            },
            {
                feature: "recordTime",
                condition: () => this.user.goals.length > 0 && !this.user.hasRecordedTime,
                type: "tooltip",
                message: "完成学习后，记得在这里记录你的学习时间"
            },
            {
                feature: "viewReport",
                condition: () => this.user.totalStudyTime > 60, // 超过 1 小时才显示
```

```
                type: "coach-mark",
                message: " 查看你的学习报告，了解你的学习模式 "
            }
        ];
    }

    checkAndShowGuidance() {
        // 引导逻辑实现 ...
    }
}
```

通过这种渐进式引导，新用户能够自然地了解产品功能，而不会被一次性的大量信息所淹没。在设计过程中，首先确定关键的用户旅程，然后为每个关键点设计适当的引导形式和触发条件。

设计规范中的引导系统设计指南可能是下面这样的。

```
## 引导系统设计

### 引导类型
1. 聚光灯 (Spotlight)：高亮显示单个 UI 元素，适用于引导用户注意特定按钮或功能
2. 提示气泡 (Tooltip)：显示简短说明，适用于解释功能作用
3. 指导标记 (Coach Mark)：覆盖式引导，适用于重要新功能介绍

### 触发条件
- 基于用户状态触发（新用户、未使用特定功能的用户）
- 基于功能状态触发（有可查看的新报告）
- 基于时间触发（使用产品超过一周但未使用高级功能）

### 引导文案规范
- 简洁明了，不超过 20 个字
- 指向明确的下一步操作
- 使用友好的语气，避免命令式
```

当要求 AI 实现这个引导系统时，可以提供这些规范，让 AI 生成符合预期的代码。

小白必记

- 设计规范文档：详细但不过度，给 AI 和团队明确的指导
- 原型与 AI 协作：以交互原型为基础，指导 AI 生成代码
- 提示工程技巧：用具体、可衡量的描述交流意图
- 代码审核要点：关注交互细节，而非仅功能实现
- 设计闭环思维：持续收集数据，不断优化交互
- 数据驱动设计：用户行为数据是最好的设计指南
- 团队协作模式：设计师和 AI 成为伙伴关系

在 AI 辅助开发时代，交互设计不再局限于技术实现的可能性，而是更加聚焦于用户体验的本质。通过创建完善的交互设计规范，与 AI 协作，可以在自动生成代码的基础上，打造出真正优秀的用户体验。

第 3 章

基础知识准备

在接下来的代码讲解中，为了帮助大家更容易理解编程的概念，我们会使用一些特殊的写法。

（1）使用中文变量名（比如"学生姓名"而不是 studentName）。

（2）使用中文方法名 [比如"计算平均分 ()"而不是 calculateAverage()]。

（3）添加详细的中文注释。

这种写法虽然在实际开发中不常用，但对初学者来说，可以更直观地理解代码的含义。等你熟悉了基本概念后，我们再逐步过渡到使用英文命名的规范写法。

3.1 必须掌握的代码知识

在开始学习编程之前，可以用搭建房子的过程来理解不同的编程语言和工具的作用：HTML 就像房子的骨架，决定了房间的布局和基本结构；CSS 就像装修工人，负责粉刷墙壁、铺设地板，让房子变得美观；而 JavaScript 则像水电工，负责安装电灯、水管等设施，让房子可以正常使用；TypeScript 则像一位严格的质检员，确保所有设施都安装正确，不会出现问题。

3.1.1 HTML 和 CSS

先来认识网页开发中最基础的两个技术：HTML 和 CSS。

1. HTML：网页的骨架

HTML（超文本标记语言）就像建筑师的设计图纸，它决定了网页的基本结构。比如，它告诉浏览器哪里是标题、哪里是段落、哪里该放图片。这就像你在写一篇作文时，需要分清楚标题、正文和小标题。

下面来看一个简单的例子。

```
<!DOCTYPE html>
<html>
  <head>
    <title> 我的第一个网页 </title>   <!-- 这是网页的标题，会显示在浏览器标签页上 -->
  </head>
  <body>
    <h1> 欢迎来到我的网页 </h1>      <!-- 这是页面的大标题 -->
    <p> 这是一个段落。你可以在这里写任何文字内容。</p>   <!-- 这是一个段落 -->

    <!-- 这是一张图片，src 指定图片地址，alt 是图片无法显示时的说明文字 -->
    <img src=" 图片 .jpg" alt=" 一张示例图片 ">

    <!-- 这是一个无序列表 -->
    <ul>
      <li> 第一个列表项 </li>
      <li> 第二个列表项 </li>
    </ul>
  </body>
</html>
```

在这个例子中，每个标签都有特定的作用。

- <h1> 标签用来创建最大的标题，就像作文的题目；
- <p> 标签用来创建段落，就像作文的正文；
- <img> 标签用来插入图片，就像在作文中贴图片；
- <ul> 和 <li> 标签用来创建列表，就像作文中的要点列举。

2. CSS：网页的装修工人

如果说 HTML 是房子的骨架，那么 CSS（层叠样式表）就是负责装修的工人。它可以完成以下任务。

- 改变文字的颜色和大小；
- 调整内容的位置；
- 添加背景颜色或图片；
- 设计漂亮的边框和阴影。

下面来看一个简单的 CSS 示例。

```
/* 设置标题的样式 */
h1 {
    color: blue;                    /* 将文字颜色设为蓝色 */
    font-size: 24px;                /* 将文字大小设为 24 像素 */
    text-align: center;             /* 文字居中对齐 */
}

/* 设置段落的样式 */
p {
    color: #333333;                 /* 将文字颜色设为深灰色 */
    line-height: 1.6;               /* 将行高设为 1.6 倍，让文字更容易阅读 */
    margin: 20px 0;                 /* 段落上下留出 20 像素的空间 */
```

```
}

/* 设置列表的样式 */
ul {
    background-color: #f0f0f0;          /* 将背景色设为浅灰色 */
    padding: 15px;                      /* 内部四周留出 15 像素的空间 */
    border-radius: 5px;                 /* 添加圆角效果 */
}
```

这些 CSS 样式就像装修工人的工作清单。

- color 用于设置颜色；
- font-size 用于设置字体的大小；
- margin 用于设置间距；
- border-radius 用于打磨圆角效果。

小白必记

- HTML 标签要成对出现，缺一不可
- CSS 选择器要准确，避免样式混乱
- 网页布局原则：内容结构先行，样式后置
- 标签使用规范：见名知意，适合场景
- 样式编写原则：由外到内，由大到小

3.1.2 JavaScript 和 TypeScript

通过前面的介绍，相信大家已经学会了如何使用 HTML 搭建网页的骨架，并用 CSS 来装扮它的外表，接下来就该让网页"动"起来了。这就需要用到 JavaScript 和它的"严谨版本"TypeScript。

以建房子作比喻：HTML 用来搭建房子的框架，CSS 可以让房子变得美观，而 JavaScript 就像这座房子的管家，负责处理各种日常事务，比如开关灯、调节温度、应答门铃等，TypeScript 则像是一位严谨的管家培训师，不仅要求管家做事有条理，还要提前预防可能出现的各种问题。下面让我们一起来认识这两位编程世界的重要角色。

1. JavaScript：网页的管家

JavaScript 是一种让网页"活"起来的编程语言。如果说 HTML 搭建了房子的框架，CSS 负责房子的装修，那么 JavaScript 就是让房子能够响应主人需求的管家。

下面通过一个简单的例子来理解。

```
// 创建一个简单的问候功能
function 问候 ( 访客姓名 ) {

    // 获取当前时间
    const 现在时间 = new Date().getHours();


    // 根据不同时间段返回不同的问候语
    if ( 现在时间 < 12 ) {
        return ` 早上好，${ 访客姓名 }！ `;
    } else if ( 现在时间 < 18 ) {
        return ` 下午好，${ 访客姓名 }！ `;
    } else {
        return ` 晚上好，${ 访客姓名 }！ `;
    }

}


// 使用这个问候功能
console.log( 问候 ( " 小明 ")); // 根据当前时间输出对应的问候语
```

在这个例子中，JavaScript 就像一位会根据不同时间，主动调整问候语的管家。它能够完成以下任务。

- 记住访客的名字（保存数据）；
- 判断当前时间（处理逻辑）；
- 返回合适的问候语（输出结果）。

2. TypeScript：严谨的管家培训师

如果说 JavaScript 是一位能干的管家，那么 TypeScript 就是一位严谨的管家培训师。它会提前告诉管家以下事项。

- 每个房间都该放什么东西；
- 每项工作该如何完成；
- 可能会遇到什么问题。

让我们看看同样的问候功能，用 TypeScript 怎么写。

```
// 定义可能的问候时间段
type 时间段 = " 早上 " | " 下午 " | " 晚上 ";

// 创建一个问候语接口
interface 问候语 {
    时间类型 : 时间段 ;
    问候文本 : string;
```

```
}

// 创建问候功能
function 生成问候语 (访客姓名: string): 问候语 {
    const 现在时间: number = new Date().getHours();

    // 根据时间返回对应的问候语
    if (现在时间 < 12) {
        return {
            时间类型: "早上",
            问候文本: `早上好，${访客姓名}！`
        };
    } else if (现在时间 < 18) {
        return {
            时间类型: "下午",
            问候文本: `下午好，${访客姓名}！`
        };
    } else {
        return {
            时间类型: "晚上",
            问候文本: `晚上好，${访客姓名}！`
        };
    }
}

// 使用这个问候功能
const 问候结果 = 生成问候语 ("小明");
console.log(问候结果.问候文本);
```

你看，TypeScript 增加了很多"规矩"。

- 明确规定了时间段只能是"早上""下午"或"晚上"；
- 规定了问候语必须包含时间类型和问候文本；
- 指定了访客姓名必须是字符串类型。

这些"规矩"看似烦琐，但实际上能完成以下事项。

- 提前发现可能的错误；
- 让代码更容易维护；
- 帮助团队协作更顺畅。

小白必记

- JavaScript 的原则：让网页"活"起来
- TypeScript 的特点：让代码更规范
- 变量类型规则：提前定义，防止出错
- 接口设计原则：清晰定义数据结构
- 代码规范准则：严格要求，减少 bug

3.1.3 Python

Python 是一种广受欢迎的编程语言，它的名字来源于创始人对英国喜剧团体 Monty Python 的喜爱。与其他编程语言相比，Python 就像一位善于表达的老师，它的语法简单、直观，代码读起来就像读英语句子一样自然。

这种语言设计理念反映在 Python 的座右铭中："简单胜于复杂。"正是这种简单易学的特性，让 Python 成为人工智能、数据分析、网站开发等领域的首选编程语言。特别是在 AI 领域，大多数主流的人工智能框架和工具都是用 Python 开发的，这使得 Python 成为 AI 开发的"通用语言"。

让我们先从最简单的 Python 代码开始。

```
# 这是一个简单的问候程序
def 问好 ( 名字 ):
    # 返回一句问候语
    return f" 你好，{名字}！"

# 使用这个函数
print( 问好 (" 小明 "))  # 输出：你好，小明！
```

Python 的语法非常接近自然语言，就像用中文写作文一样直观。上面代码中各部分的含义如下。

- def 表示"定义一个新功能"；
- "问好"是这个功能的名字；
- "名字"是需要传入的信息；
- return 表示"返回"一个结果；
- f"..." 是一种特殊的字符串，可以在其中插入变量。

1. Python 的数据处理能力

Python 在处理数据时就像一个经验丰富的会计师，能够轻松处理大量数据。

```
# 导入数据处理工具

import pandas as pd

# 创建一个简单的成绩单
成绩单 = pd.DataFrame({
    '姓名': [' 小明 ', ' 小红 ', ' 小华 '],
    '语文': [85, 92, 78],
    '数学': [92, 88, 95],
    '英语': [88, 85, 90]
})

# 计算每个学生的平均分
成绩单 [' 平均分 '] = 成绩单 [[' 语文 ', ' 数学 ', ' 英语 ']].mean(axis=1)
```

```
# 显示成绩单
print( 成绩单 )
```

这段代码展示了 Python 强大的数据处理能力。

- pandas 是一个强大的数据分析工具；
- DataFrame 就像一个智能的电子表格；
- mean() 函数自动计算平均值。

2. Python 在 AI 开发中的应用

在 AI 开发中，Python 就像一位经验丰富的 AI 训练师。

```
# 导入需要的 AI 工具
from transformers import pipeline

# 创建一个 AI 翻译器
翻译器 = pipeline('translation', model='Helsinki-NLP/opus-mt-zh-en')

# 翻译中文到英文
中文文本 = " 人工智能正在改变世界 "
翻译结果 = 翻译器 ( 中文文本 )[0]['translation_text']

print(f" 原文：{ 中文文本 }")
print(f" 译文：{ 翻译结果 }")
```

这个例子展示了以下信息。

- 如何使用预训练的 AI 模型；
- 如何进行简单的自然语言处理；
- Python 在 AI 领域的便捷性。

3. Python 的特点总结

1）简单易学

- 语法接近自然语言；
- 代码结构清晰；
- 适合初学者入门。

2）功能强大

- 丰富的第三方库；
- 强大的数据处理能力；
- 完善的 AI 工具支持。

3）应用广泛

- 数据分析；
- 人工智能；
- 网站后端；
- 自动化脚本。

3.1.4 代码不能混着写

在学习了 HTML、JavaScript、TypeScript 和 Python 这些编程语言后，你可能会想把它们都用在一个项目中。就像你在写作文时，突然想把中文、英文、法文都混在一起写。听起来很酷，但实际上这样做会带来很多问题。下面来介绍为什么要避免混用不同的编程语言，以及如何正确地组织代码。

1. 为什么不能混着写

将编程比喻为建造一座房子，每种编程语言就像不同的建筑风格——中式、欧式、日式。虽然每种风格都很好，但如果把它们随意地混在一起，不仅会让房子看起来很奇怪，还可能会出现结构上的问题。

在编程中混用不同语言会带来以下麻烦。

1）环境配置变得复杂

混用不同语言就像请不同国家的工匠来建造不同风格的房间，每种语言都需要自己特定的开发环境。这会让项目变得难以管理和维护。

2）调试困难

当程序出现问题时，你需要像侦探一样在不同的语言之间来回切换，查找问题的源头。这就像在迷宫中找出路一样困难。

3）团队协作障碍

不同的开发者可能擅长不同的语言，混用语言会增加团队成员之间的沟通成本。

2. 如何正确组织代码

让我们看一个清晰的项目结构示例。

```
我的项目 /
├── frontend/                    # 前端代码目录
│    ├── index.html              # HTML 文件
│    ├── styles/                 # CSS 样式文件夹
│    │    └── main.css
│    └── scripts/                # JavaScript 文件夹
```

```
|         └── app.js
|
└── backend/                          # 后端代码目录
        └── server.py                 # Python 服务器代码
```

这种结构就像一个整洁的房子，每个房间都有其特定的用途。

- 前端部分（frontend）负责用户看到的界面；
- 后端部分（backend）负责处理数据和业务逻辑。

3. 正确的开发方式

让我们通过一个简单的网站项目来说明正确的开发方式。

1）前端开发（使用 HTML + JavaScript）

```html
<!-- index.html -->
<!DOCTYPE html>
<html>
<head>
    <title> 我的网站 </title>
</head>
<body>
    <h1> 欢迎访问 </h1>
    <button onclick="getData()"> 获取数据 </button>
    <div id=" 结果显示 "></div>
    <script src="scripts/app.js"></script>
</body>
</html>
// app.js
async function getData() {
    try {
        // 调用后端接口
        const 响应 = await fetch('http://localhost:5000/api/ 数据 ');
        const 数据 = await 响应 .json();

        // 显示结果
        document.getElementById(' 结果显示 ').innerText = 数据 . 消息 ;
    } catch ( 错误 ) {
        console.error(' 获取数据失败: ', 错误 );
    }
}
```

2）后端开发（使用 Python 或者其他语言）

```python
# server.py
from flask import Flask, jsonify

app = Flask(__name__)

@app.route('/api/ 数据 ')
def get_data():
```

```
    return jsonify({
        "消息": "这是来自后端的数据"
    })

if __name__ == '__main__':
    app.run(port=5000)
```

3）使用 Node.js 作为后端

Node.js 是一个基于 Chrome V8 引擎的 JavaScript 运行环境，它让我们可以用 JavaScript 来编写服务器端代码。使用 Node.js 的好处是前、后端都使用 JavaScript，这样可以统一开发语言，提高开发效率。

让我们看一个使用 Express（Node.js 最流行的 Web 框架）的示例。

```
// server.js
const express = require('express')
const app = express()
// 允许跨域请求
app.use((req, res, next) => {
  res.header('Access-Control-Allow-Origin', '')
  next()
})
// 创建 API 路由
app.get('/api/数据', (req, res) => {
  res.json({
    消息: '这是来自 Node.js 后端的数据'
  })
})
// 启动服务器
const port = 5000
app.listen(port, () => {
  console.log(`服务器运行在 http://localhost:${port}`)
})
```

这个 Node.js 后端示例说明如下。

- 使用 Express 框架来处理 HTTP 请求；
- 设置了跨域访问，允许前端页面调用 API；
- 提供了一个简单的 API 接口返回数据；
- 在 5000 端口启动服务器。

要运行这个 Node.js 服务器，需要做到以下几点。

- 安装 Node.js（从官网下载安装包）；
- 在项目目录下运行 npm init -y 创建项目；
- 安装 Express：npm install express；
- 运行服务器：node server.js。

这样的代码结构清晰、职责分明，就像一个设计良好的房子，每个空间都有其特定的功能。

3.1.5　变量和方法

在编程世界里，变量和方法是最基础也是最重要的概念。想象你正在整理房间，变量就像带标签的收纳盒，可以存放各种物品，而方法则像一份详细的操作指南，告诉你如何完成某项任务。让我们通过生动的例子来解释这两个概念。

1. 变量：你的数据收纳盒

变量就像一个智能收纳盒，它可以存放各种类型的数据。比如下面的示例代码。

```
// 声明不同类型的变量
let 学生姓名 = " 小明 ";                        // 存放文字
let 学生年龄 = 15;                              // 存放数字
let 是否及格 = true;                            // 存放是 / 否
let 兴趣爱好 = [" 读书 ", " 跑步 "];            // 存放一组数据

// 修改变量的值
学生年龄 = 16;                                  // 更新年龄
兴趣爱好 .push(" 游泳 ");                        // 添加新爱好
```

这个例子的代码说明如下。

- let 告诉计算机"我要准备一个新的收纳盒"；
- 变量名（如学生姓名）就是贴在收纳盒上的标签；
- = 符号表示"把右边的值放入左边的收纳盒中"。

2. 方法：你的任务指南书

方法（也叫函数）就像一本详细的操作手册，告诉计算机如何完成特定的任务。

```
// 创建一个简单的问候方法
function 问好 ( 姓名 ) {
    return ` 你好, ${ 姓名 } ！ `;
}

// 创建一个计算成绩平均分的方法
function 计算平均分 ( 语文 , 数学 , 英语 ) {
    let 总分 = 语文 + 数学 + 英语 ;
    let 平均分 = 总分 / 3;
```

```
        return 平均分；
    }

    // 使用这些方法
    console.log( 问好 (" 小明 "));                          // 输出：你好，小明！
    console.log( 计算平均分 (85, 92, 88));                 // 输出：88.33...
```

这个例子的代码说明如下。

- function 告诉计算机"这是一个新的操作指南"；
- 方法名（如问好）是这个操作指南的标题；
- 括号中的内容（如姓名）是执行任务需要的信息；
- return 告诉计算机"这是任务的最终结果"。

3. 变量和方法的组合使用

让我们来看看如何把变量和方法结合起来使用。

```
// 创建一个学生信息管理系统
let 学生信息 = {
    姓名 : " 小明 ",
    年龄 : 15,
    成绩 : {
        语文 : 85,
        数学 : 92,
        英语 : 88
    }
};

// 创建一个分析学生成绩的方法
function 分析成绩 ( 学生 ) {
    // 计算平均分
    let 总分 = 学生 . 成绩 . 语文 + 学生 . 成绩 . 数学 + 学生 . 成绩 . 英语 ;
    let 平均分 = 总分 / 3;

    // 判断成绩等级
    let 等级 ;
    if ( 平均分 >= 90) {
        等级 = " 优秀 ";
    } else if ( 平均分 >= 60) {
        等级 = " 及格 ";
    } else {
        等级 = " 需要努力 ";
    }

    // 返回分析结果
    return `${ 学生 . 姓名 } 的平均分是 ${ 平均分 }，成绩 ${ 等级 }`;
}

// 使用这个方法
console.log( 分析成绩 ( 学生信息 ));
```

3.1.6 循环和条件

在编程的世界里，循环和条件就像我们日常生活中的"重复"和"选择"。比如整理房间需要一件一件检查抽屉里的物品，这就是一个循环的过程；而当决定每件物品是保留还是丢弃时，这就是一个条件判断的过程。让我们通过生动的例子来解释这两个重要的编程概念。

1. 循环：让计算机自动重复工作

循环就像一个勤劳的助手，可以帮你重复完成相同的工作。比如，你要给班上 50 个同学发通知，如果一个一个手动发送太累了，这时就可以用循环来自动完成。

让我们来看几种常用的循环方式。

```javascript
// 1. for 循环：最常用的循环方式
// 场景：给班上同学发通知
const 学生名单 = ["小明", "小红", "小华", "小李", "小张"];

for (let i = 0; i < 学生名单.length; i++) {
    console.log(`给${学生名单[i]}发送通知：记得交作业！`);
}

// 2. while 循环：不确定循环次数时使用
// 场景：猜数字游戏
let 目标数字 = Math.floor(Math.random() * 100) + 1;
let 猜测次数 = 0;
let 已猜对 = false;

while (!已猜对) {
    let 猜测 = parseInt(prompt("猜一个 1-100 的数字："));
    猜测次数++;

    if (猜测 === 目标数字) {
        已猜对 = true;
        console.log(`恭喜你猜对了！用了 ${猜测次数} 次`);
```

```
    } else if (猜测 < 目标数字) {
        console.log("猜小了，再试试！");
    } else {
        consolc.log("猜大了，再试试！");
    }
}

// 3. forEach 循环：专门用来遍历数组
// 场景：计算班级成绩平均分
const 成绩列表 = [85, 92, 78, 95, 88];
let 总分 = 0;

成绩列表 .forEach( 分数 => {
    总分 += 分数 ;
});

const 平均分 = 总分 / 成绩列表 .length;
console.log(`班级平均分是：${ 平均分 }`);
```

2. 条件：让计算机做出判断

条件判断就像一个智能助手，能根据不同的情况做出相应的决定。比如，根据考试成绩判断是否及格，或者根据天气决定是否带伞。

```
// 1. if-else 条件判断
// 场景：根据成绩评级
function 评估成绩 ( 分数 ) {
    if ( 分数 >= 90) {
        return "优秀";
    } else if ( 分数 >= 60) {
        return "及格";
    } else {
        return "需要加油";
    }
}

// 2. switch 条件判断
// 场景：根据星期几安排活动
function 获取今日安排 ( 星期 ) {
    switch ( 星期 ) {
        case "星期一":
            return "上语文课";
        case "星期三":
            return "上数学课";
        case "星期五":
            return "上英语课";
        default:
            return "自习时间";
    }
}

// 3. 三元运算符：简单条件判断的快捷方式
// 场景：判断是否成年
```

```
const 年龄 = 16;
const 是否成年 = 年龄 >= 18 ? "已成年" : "未成年";
console.log(是否成年);  // 输出：未成年
```

3. 循环和条件的组合使用

在实际编程中，经常需要把循环和条件组合起来使用。让我们看一个实际的例子。

```
// 场景：找出班级中不及格的同学
const 学生成绩表 = [
    { 姓名: "小明", 分数: 85 },
    { 姓名: "小红", 分数: 55 },
    { 姓名: "小华", 分数: 92 },
    { 姓名: "小李", 分数: 48 }
];

// 找出不及格的同学并发送提醒
学生成绩表.forEach(学生 => {
    if (学生.分数 < 60) {
        console.log(`${学生.姓名}同学：你的分数是 ${学生.分数}，需要补考`);
    }
});
```

小白必记

- 循环使用原则：重复操作用循环解决
- 条件判断准则：多种情况用 if-else
- 遍历数组方法：优先使用 forEach
- switch 使用场景：等值判断最合适
- 三元运算符原则：只用于简单条件判断
- 代码结构要求：循环条件要清晰明了

3.1.7 常见数据类型

在编程的世界里，数据类型就像给不同种类的物品贴上的标签。想象你有一个大衣柜，需要整理各种物品——衣服要挂在衣架上、书籍要放在书架上、玩具要装在收纳盒里。在编程中，我们也需要用不同的数据类型来管理不同种类的信息，这样才能让计算机更好地理解和处理这些数据。

让我们一起来认识几种最常用的数据类型。

1. 数字类型

数字类型就像在数学课上学到的各种数字。它可以是整数，比如年龄；也可以是小数，比如身高。在 JavaScript 中，数字类型是像下面这样使用的。

```
// 整数 – 就像数学中的自然数
let 年龄 = 18;
let 学生人数 = 35;

// 小数（浮点数）– 就像数学中的小数
let 身高 = 1.75;                                    // 单位：米
let 体重 = 65.5;                                    // 单位：千克

// 特殊的数字
let 最大数 = Infinity;                              // 表示无限大的数
let 最小数 = -Infinity;                             // 表示无限小的数
let 无效数字 = NaN;                                 // 表示"不是一个数字"的特殊值

// 数字的运算
let 总分 = 89 + 92 + 95;                            // 加法运算
let 平均分 = 总分 / 3;                              // 除法运算
```

2. 字符串类型

字符串就像一串珠子，可以把文字、数字、符号等字符串在一起。它用来表示文本信息，比如名字、地址等。

```
// 创建字符串的 3 种方式
let 姓名 = "小明";                                  // 使用双引号
let 学校 = '北京第一中学';                          // 使用单引号
let 介绍 = `我叫 ${ 姓名 }，今年 18 岁`;            // 使用反引号，可以插入变量

// 字符串的常用操作
let 问候语 = "你好，世界";
console.log(问候语.length);                         // 获取字符串长度：5
console.log(问候语.toUpperCase());                  // 转换成大写字母
console.log(问候语.substring(0, 2));                // 截取部分字符串："你好"

// 字符串拼接
let 姓 = "张";
let 名 = "三";
let 全名 = 姓 + 名;                                 // 结果："张三"
```

3. 布尔类型

布尔类型就像一个开关，只有两种状态：开（true）和关（false）。它通常用来表示"是"或"否"的情况。

```
// 布尔值的基本使用
let 是否及格 = true;
let 是否缺勤 = false;

// 在条件判断中使用布尔值
if (是否及格) {
    console.log("恭喜你通过了考试！");
} else {
    console.log("继续加油！");
```

```
}

// 比较运算会产生布尔值
let 分数 = 85;
let 是否优秀 = 分数 >= 90;                                   // 结果: false
```

4. 数组类型

数组就像一个有编号的储物柜，可以按顺序存放多个相关的数据。

```
// 创建数组
let 学生名单 = ["小明", "小红", "小华"];
let 成绩单 = [98, 85, 92];

// 访问数组元素（注意：编号从 0 开始）
console.log(学生名单[0]);                                     // 输出: "小明"
console.log(成绩单[1]);                                       // 输出: 85

// 修改数组元素
学生名单[2] = "小李";                                         // 将"小华"改为"小李"

// 数组的常用操作
学生名单.push("小张");                                        // 在末尾添加新元素
学生名单.pop();                                               // 删除最后一个元素
console.log(学生名单.length);                                 // 获取数组长度
```

5. 对象类型

对象就像一份个人档案，可以存储多个相关的信息，每条信息都有自己的名称（属性名）。

```
// 创建一个学生信息对象
let 学生 = {
    姓名: "小明",
    年龄: 15,
    成绩: {
        语文: 85,
        数学: 92,
        英语: 88
    },
    爱好: ["读书", "打球"],
    自我介绍: function() {
        return `我叫${this.姓名}, 今年${this.年龄}岁`;
    }
};

// 访问对象的属性
console.log(学生.姓名);                                       // 使用点号访问
console.log(学生["年龄"]);                                    // 使用方括号访问
console.log(学生.成绩.语文);                                  // 访问嵌套属性
console.log(学生.自我介绍());                                 // 调用对象的方法
```

3.1.8 错误处理

在开始学习处理错误之前，我们先来认识一下什么是 Bug。Bug 这个词的由来很有趣，它源于 1947 年计算机先驱 Grace Hopper 在调试计算机时发现一只飞蛾导致了系统故障。从那以后，程序中的错误就被称为 Bug（虫子）。

在编程世界里，Bug 就像程序中的"小虫子"，它们会让程序运行结果变得不正确，甚至导致程序崩溃。比如下面几种 Bug。

- 把 + 号写成了 – 号，导致计算结果错误；
- 忘记判断用户输入是否为空，导致程序崩溃；
- 把 >= 写成了 >，导致判断条件出错。

这些 Bug 就像生活中不可避免的意外情况。比如在做菜时可能会放错调料、火候没掌握好，同样在编程时也会遇到各种各样的错误。不用担心，有很多方法可以处理这些错误，让程序更加完善。

让我们先来认识几种常见的错误类型。

```
// 1. 语法错误：就像写作文时的语法错误
let x = " 未结束的字符串 ;              // 错误：缺少结束的引号

// 2. 类型错误：就像用筷子去喝汤
let 数字 = 123;
数字 .toLowerCase();                   // 错误：数字不能当成文字来处理

// 3. 引用错误：就像使用一个不存在的工具
console.log( 未定义变量 );             // 错误：使用了一个没有声明过的变量

// 4. 范围错误：就像要求制作 –1 个饺子
let 数组 = new Array(-1);             // 错误：数组的长度不能是负数
```

1. 使用 try-catch 来处理错误

try-catch 就像一个安全网，可以在程序出错时及时捕获并处理错误，避免程序崩溃。它的工作方式就像下面这样。

```javascript
// 基本的错误处理示例
try {
    // 这里放可能会出错的代码
    let 结果 = 10 / 0;                    // 尝试除以零
    console.log("计算结果: ", 结果);
} catch (错误) {
    // 这里处理错误
    console.log("出错了: ", 错误.message);
} finally {
    // 无论是否出错都会执行的代码
    console.log("计算过程结束");
}

// 一个实用的除法函数示例
function 安全除法(被除数, 除数) {
    try {
        // 检查参数是否为数字
        if (typeof 被除数 !== 'number' || typeof 除数 !== 'number') {
            throw new Error('请输入数字');
        }

        // 检查除数是否为零
        if (除数 === 0) {
            throw new Error('除数不能为零');
        }

        // 执行除法运算
        return 被除数 / 除数;
    } catch (错误) {
        console.log('计算出错: ' + 错误.message);
        return null;                     // 返回空值表示计算失败
    }
}

// 测试这个安全的除法函数
console.log(安全除法(10, 2));             // 输出: 5
console.log(安全除法(10, 0));             // 输出: 计算出错: 除数不能为零
console.log(安全除法('十', 2));           // 输出: 计算出错: 请输入数字
```

2. 创建自定义错误

有时候需要创建自己的错误类型，就像定制特殊的警告标志。

```javascript
// 创建一个专门用于处理年龄相关的错误
class 年龄错误 extends Error {
    constructor(消息) {
        super(消息);
        this.name = '年龄错误';
    }
}

// 验证年龄的函数
```

```
function 检查年龄 ( 年龄 ) {
    try {
        // 检查年龄是否为负数
        if ( 年龄 < 0) {
            throw new 年龄错误 ( ' 年龄不能为负数 ');
        }

        // 检查年龄是否超出合理范围
        if ( 年龄 > 120) {
            throw new 年龄错误 ( ' 年龄超出正常范围 ');
        }

        console.log(' 年龄有效: ', 年龄 );
        return true;
    } catch ( 错误 ) {
        if ( 错误 instanceof 年龄错误 ) {
            console.log(' 年龄无效: ', 错误 .message);
        } else {
            console.log(' 发生未知错误: ', 错误 .message);
        }
        return false;
    }
}

// 测试年龄检查函数
console.log( 检查年龄 (25));      // 输出: 年龄有效: 25
console.log( 检查年龄 (-5));      // 输出: 年龄无效: 年龄不能为负数
console.log( 检查年龄 (150));     // 输出: 年龄无效: 年龄超出正常范围
```

小白必记

- 错误处理原则：预防为主，及时捕获
- **try-catch** 的使用：关键代码必须保护
- 自定义错误规范：见名知意，信息明确
- 错误提示要求：用户友好，便于定位
- 异常处理策略：层层把关，优雅降级

3.1.9 框架

在开始学习框架之前，让我们先用一个生活中的例子来理解什么是框架。比如建造一座房子，有两个选择：一是从零开始，自己准备每一块砖、每根钢筋，这样做虽然灵活，但需要投入大量时间和精力；二是使用预制的房屋框架，这些框架已经包含了基本结构和常用部件，你只需要在此基础上进行装修和调整。在编程世界里，框架就像这样的"预制房屋"，它能帮助你更快地构建应用程序。

1. React 框架：搭建用户界面的得力助手

React 是目前最受欢迎的前端框架之一。它的工作方式就像积木游戏，你可以用各种预制好的积木（组件）来搭建出漂亮的界面。让我们通过一个简单的例子来了解什么是 React。

```
// 导入需要的工具
import React, { useState } from 'react';

// 创建一个简单的计数器组件
function 计数器 () {
    // useState 就像一个神奇的记事本，可以记录和更新数字
    const [数字，设置数字] = useState(0);

    return (
        <div>
            <h2> 当前数字是：{ 数字 }</h2>
            {/* 单击按钮时，数字会加 1 */}
            <button onClick={() => 设置数字 (数字 + 1)}>
                单击加 1
            </button>
        </div>
    );
}

// 创建一个完整的应用
function 应用 () {
    return (
        <div>
            <h1> 我的第一个 React 应用 </h1>
            {/* 可以多次使用同一个组件 */}
            < 计数器 />
            < 计数器 />
        </div>
    );
}
```

React 的 3 个核心特点如下。

（1）组件化开发：就像搭积木一样，每个组件都是一个独立的积木，可以自由组合。

（2）状态管理：通过 useState 这样的工具，可以轻松管理组件中的数据变化。

（3）虚拟 DOM：React 会自动优化网页的更新过程，就像一个聪明的管家，知道如何最高效地更新界面。

2. shadcn：美化界面的艺术家

如果说 React 是建房子的框架，那么 shadcn 就像一套精美的家具和装饰品。它提供了许多设计精美的组件，让应用看起来更加专业。

```
// 导入需要的组件
import { Button } from "@/components/ui/button";
import { Input } from "@/components/ui/input";
```

```
// 创建一个登录表单
function 登录表单 () {
    return (
        <div className="p-4 space-y-4">
            <h2>用户登录 </h2>
            {/* Input 组件自带美观的样式 */}
            <Input
                placeholder=" 请输入用户名 "
                className="w-full"
            />
            <Input
                type="password"
                placeholder=" 请输入密码 "
                className="w-full"
            />
            {/* Button 组件自带漂亮的样式和动画效果 */}
            <Button className="w-full">
                登录
            </Button>
        </div>
    );
}
```

使用 shadcn 的好处如下。

（1）设计精美：所有组件都经过精心设计，美观大方。

（2）使用简单：像搭积木一样，直接使用即可。

（3）可定制性强：可以根据需要调整样式和功能。

（4）性能优秀：组件经过优化，运行流畅。

小白必记

- 框架选择原则：实用为主，适合项目
- React 开发准则：组件化思维，状态管理清晰
- 组件设计原则：功能单一，可重复使用
- 状态管理要点：谨慎使用，合理分配
- UI 组件库使用：优先考虑成熟方案

3.1.10 API 和 SDK

在编程世界中，API（应用程序接口）和 SDK（软件开发工具包）是两个非常重要的概念。让我们用一个生活中的例子来解释它们。比如，在一家餐厅点餐，菜单就是餐厅提供的 API，它告诉你可以点什么菜、每道菜的价格是多少；而如果餐厅还提供了外卖服务，那么外卖 App 就相当于 SDK，它把点餐、支付、配送等功能都

打包好了，让你可以更方便地使用餐厅的服务。

1. API：程序世界的服务菜单

API 就像各种服务提供的"菜单"，它告诉你以下信息：

- 这个服务能做什么（就像菜单告诉你有什么菜）；
- 需要提供什么信息（就像点菜时要说明份量和口味）；
- 会得到什么结果（就像菜单上的成品图片）。

让我们来看一个调用 OpenAI API 的例子。

```javascript
// 调用 OpenAI API 生成回答
async function 获取AI回答 ( 问题 ) {
    // 准备发送请求
    const 请求选项 = {
        method: 'POST',                                    // 指定请求方式为 POST
        headers: {
            'Authorization': `Bearer ${API 密钥 }`,         // 提供访问凭证
            'Content-Type': 'application/json'

                                                          // 说明发送的是 JSON 数据

        },
        // 准备发送的数据
        body: JSON.stringify({
            model: 'gpt-3.5-turbo',                        // 指定使用的 AI 模型
            messages: [                                    // 发送对话内容
                { role: 'user', content: 问题 }
            ]
        })
    };

    try {
        // 发送请求并等待响应
        const 响应 = await fetch('https://api.openai.com/v1/chat/completions',
请求选项 );
        // 将响应转换为 JSON 格式
        const 结果 = await 响应 .json();
        // 返回 AI 的回答
        return 结果 .choices[0].message.content;
    } catch ( 错误 ) {
        console.error(' 获取 AI 回答时出错: ', 错误 );
        return ' 抱歉，发生了错误 ';
    }
}

// 使用这个函数获取 AI 回答
获取AI回答 (' 今天天气怎么样? ').then( 回答 => {
    console.log('AI 的回答: ', 回答 );
});
```

2. SDK：程序世界的便捷工具包

如果说 API 是服务菜单，那么 SDK 就是一套已经打包好的便捷工具。还是以 OpenAI 为例，使用 SDK 可以让代码更简洁。

```
// 引入 OpenAI SDK
import OpenAI from 'openai';

// 创建 OpenAI 实例
const openai = new OpenAI({
    apiKey: process.env.OPENAI_API_KEY          // 从环境变量获取 API 密钥
});

// 使用 SDK 获取 AI 回答
async function 获取AI回答(问题) {
    try {
        // 使用 SDK 提供的方法直接发送请求
        const 回答 = await openai.chat.completions.create({
            model: 'gpt-3.5-turbo',
            messages: [{ role: 'user', content: 问题 }]
        });

        // 返回 AI 的回答
        return 回答.choices[0].message.content;
    } catch (错误) {
        console.error('获取 AI 回答时出错：', 错误);
        return '抱歉，发生了错误';
    }
}

// 使用这个函数
获取AI回答('今天天气怎么样？').then(回答 => {
    console.log('AI 的回答：', 回答);
});
```

可以看到，使用 SDK 的代码比直接调用 API 的代码简单多了，类比如下。

- API 方式：需要自己准备所有食材，按照菜谱一步步做菜；
- SDK 方式：直接使用半成品，只需简单加工就能完成美味佳肴。

3. 在 Cursor 中查看文档

在使用 API 和 SDK 时，文档是最重要的参考资料。Cursor 为我们提供了一个非常方便的文档查看功能，就像给你配了一个随身的技术图书馆。让我们来看看如何使用这个功能。

1）添加常用文档

比如，要建立自己的数字图书馆，首先需要收集重要的参考书。

打开 Cursor 设置，找到 Docs 选项，单击 Add Documentation 按钮。

推荐添加的基础文档如下。

- OpenAI API：https://platform.openai.com/docs
- Node.js API：https://nodejs.org/docs/latest/api/
- React：https://react.dev/reference/react

2）快速查阅文档

使用 @docs 命令，就像有一个智能图书管理员，能快速找到需要的内容。

```
// 例如：想了解如何设置 AI 模型的参数
@docs openai temperature 参数如何使用？

// 查询 React 组件的生命周期
@docs react 组件生命周期是什么？
```

3）文档使用技巧

- 开发前先浏览文档目录，了解整体结构；
- 收藏常用的示例代码页面；
- 定期检查文档更新，保持知识最新；
- 善用搜索功能，快速定位所需信息。

这些文档资源和使用技巧，会让开发工作事半功倍。就像一个好厨师总是把菜谱放在手边一样，优秀的程序员也会善用文档资源。

小白必记

- **API 使用原则**：仔细阅读文档，按规范调用
- **SDK 选择准则**：官方优先，社区次之
- **错误处理要点**：捕获异常，优雅降级
- **密钥管理原则**：安全存储，避免泄露
- **代码组织规范**：模块化设计，便于维护

3.1.11　注释

在编程世界里，注释就像代码的说明书。想象你在阅读一本外文书籍时，旁边有详细的中文注解，这些注解可以帮助你理解每个句子的含义。代码中的注释也是如此，它能帮助其他开发者（包括未来的你自己）理解代码的用途和工作原理。

让我们先来看一个简单的例子。

```
// 这是一个计算学生平均分的函数
function 计算平均分 ( 语文 , 数学 , 英语 ) {
    // 检查参数是否都是数字
    if (typeof 语文 !== 'number' || typeof 数学 !== 'number'
                              || typeof 英语 !== 'number') {
        throw new Error(' 成绩必须是数字 ');
    }

    // 计算总分
```

```
const 总分 = 语文 + 数学 + 英语;

// 计算并返回平均分，保留两位小数
return (总分 / 3).toFixed(2);
}
```

1. 注释的类型

在编程中，主要使用两种类型的注释。

（1）单行注释：使用 // 开头，适合简短的说明，就像在代码旁边写下的便签。

```
// 这是一个单行注释
let 学生人数 = 35;  // 记录班级总人数
```

（2）多行注释：使用 /* */ 包裹，适合较长的说明，就像在代码前面贴上的说明书。

```
/*
这是一个多行注释
用来详细说明这段代码的作用
可以写多行内容
*/
function 计算总分 (成绩列表) {
    return 成绩列表 .reduce((总分，当前分数) => 总分 + 当前分数，0);
}
```

2. 如何写好注释

好的注释就像一位耐心的老师，它不仅告诉你"是什么"，更重要的是告诉你"为什么"。让我们来看一个例子。

```
/**
 * 计算学生的最终成绩
 * @param {number} 平时分——占总成绩的 30%
 * @param {number} 考试分——占总成绩的 70%
 * @returns {number} 最终成绩（保留两位小数）
 *
 * 说明：
 * 1. 平时分包含作业和课堂表现
 * 2. 考试分只计入期末考试成绩
 * 3. 如果平时分或考试分超过 100，将会抛出错误
 */
function 计算最终成绩 (平时分，考试分) {
    // 检查成绩是否在有效范围内
    if (平时分 > 100 || 考试分 > 100) {
        throw new Error('成绩不能超过 100 分');
    }

    // 根据比例计算最终成绩
    const 最终成绩 = (平时分 * 0.3 + 考试分 * 0.7).toFixed(2);

    return Number(最终成绩);  // 将字符串转换为数字返回
}
```

在这个例子中，注释清晰地说明了以下内容。

- 函数的整体用途；
- 参数的类型和作用；
- 返回值的格式；
- 重要的业务规则；
- 可能的异常情况。

3. 注释的原则

1）说明"为什么"而不是"是什么"

```
// 错误的注释
let count = 0;                      // 设置计数器为 0

// 正确的注释
let 考试次数 = 0;                    // 用于记录学生参加考试的次数，用来计算平均分
```

2）及时更新注释

当你修改代码时，记得同时更新相关的注释，因为过时的注释比没有注释更容易误导人。

3）避免多余的注释

```
// 不需要的注释
let 姓名 = " 小明 ";                 // 声明一个姓名变量

// 有价值的注释
let 姓名 = " 小明 ";                 // 存储当前登录用户的真实姓名，用于生成报告
```

小白必记

- 注释原则：解释"为什么"，而不是"是什么"
- 代码可读性要求：先写注释，再写代码
- 文档注释规范：参数类型必须标注
- 更新维护准则：代码改变，注释同步
- 注释内容要点：简洁明了，直指要害

3.1.12 如何通过 LLM 快速自学编程

在这个 AI 时代，大语言模型（LLM）就像一位随时待命的编程导师。它不仅能回答你的问题，还能根据你的学习进度提供个性化的指导。让我们一起来学习如何借助这位"AI 导师"来提升编程技能。

1. 如何向 LLM 提问

想象你正在和一位经验丰富的编程老师对话。这位老师虽然很聪明,但也需要你提供清晰的问题才能给出最好的答案。让我们通过具体例子来学习如何提问。

```
// 不好的提问方式
"怎么学 Python？"
"数组怎么用？"

// 好的提问方式
"我想写一个程序计算班级前三名的平均分,应该怎么用 Python 实现？"
"我有一个学生成绩数组 [85, 92, 78, 95, 88],如何找出最高分？"
```

好的提问应该包含以下要素。

- 具体的场景:想解决什么实际问题;
- 已知条件:手上有什么数据或资源;
- 期望结果:想达到什么样的效果。

2. 循序渐进的学习方法

就像学习弹钢琴要从基础练习开始一样,学习编程也需要循序渐进。让我们以制作一个简单的学生成绩管理系统为例,看看如何一步步向 LLM 学习。

1)第一步:搭建基础框架

```
# 向 LLM 提问:如何创建一个最基础的学生成绩管理系统？
学生成绩 = {
    "小明": 85,
    "小红": 92,
    "小华": 78
}

def 显示成绩(姓名):
    return f"{姓名}的成绩是:{学生成绩[姓名]}"

print(显示成绩("小明"))  # 输出:小明的成绩是:85
```

2)第二步:添加新功能

```
# 向 LLM 提问:如何添加计算平均分的功能？
def 计算平均分():
    总分 = sum(学生成绩.values())
    人数 = len(学生成绩)
    return f"班级平均分是:{总分 / 人数:.2f}"

print(计算平均分())  # 输出:班级平均分是:85.00
```

3)第三步:优化和改进

```
# 向 LLM 提问:如何添加成绩排名功能？
def 获取成绩排名():
    排序成绩 = sorted(学生成绩.items(), key=lambda x: x[1], reverse=True)
```

```
排名结果 = []
for 序号, (姓名, 分数) in enumerate(排序成绩, 1):
    排名结果.append(f"第{序号}名：{姓名} {分数}分")
return "\n".join(排名结果)

print(获取成绩排名())
```

3. 提升学习效果的技巧

1）主动思考和提问

不要只是复制、粘贴代码，要理解每一行代码的作用，可以像下面这样问。

```
" 为什么要使用 sorted() 函数而不是直接对字典排序？"
"lambda x: x[1] 这个表达式是什么意思？"
```

2）实践和改进

得到基础代码后，尝试自己改进。

```
# 向 LLM 提问：如何让这个系统支持添加新学生？
def 添加学生(姓名, 成绩):
    if 成绩 < 0 or 成绩 > 100:
        return "成绩必须在 0-100 之间"
    学生成绩[姓名] = 成绩
    return f"已添加{姓名}的成绩：{成绩}"
```

3）错误分析

遇到错误时，不要慌张，可以像下面这样问。

```
" 我的代码出现了 KeyError，这是什么意思？如何修复？"
" 为什么我的程序在输入中文时显示乱码？"
```

小白必记

- 提问技巧：具体场景，清晰需求；
- 学习路径：循序渐进，由浅入深；
- 实践原则：边学边做，及时反馈；
- 理解要点：知其然，知其所以然；
- 错误处理思维：视错误为学习的机会。

3.1.13 如何快速调试代码

调试是编程过程中最常见也最重要的技能之一。想象你正在搭建一个复杂的积木塔，突然发现塔身有些歪斜。此时，需要找出哪一块积木放置不当，这就是调试的过程。在编程中，当程序运行结果与预期不符时，需要通过调试找出问题所在。

1. 使用大语言模型（AI）快速生成调试打印语句

现代 AI 工具可以帮助我们快速地为代码添加调试打印语句，这是一种非常高效的调试方法。你只需向 AI 提出请求，它就能在代码关键位置添加合适的打印语句。

例如，可以像下面这样请求 AI。

```
请为下面的代码添加完整的调试打印语句，包括函数开始执行、参数值、中间计算结果和返回值。
function 计算学生成绩 ( 作业分 ， 考试分 ) {
    const 总成绩 = 作业分 * 0.4 + 考试分 * 0.6;
    if ( 总成绩 >= 90) {
        return " 优秀 ";
    } else if ( 总成绩 >= 60) {
        return " 及格 ";
    } else {
        return " 不及格 ";
    }
}
```

AI 会生成带有全面调试打印的代码。

```
function 计算学生成绩 ( 作业分 ， 考试分 ) {
    console.log("=== 计算学生成绩函数开始执行 ===");
    console.log(" 输入参数 - 作业分 :", 作业分 , " 考试分 :", 考试分 );

    const 总成绩 = 作业分 * 0.4 + 考试分 * 0.6;
    console.log(" 计算得到的总成绩 :", 总成绩 );

    let 成绩等级 ;
    if ( 总成绩 >= 90) {
        console.log(" 总成绩 >= 90， 判定为 ' 优秀 '");
        成绩等级 = " 优秀 ";
    } else if ( 总成绩 >= 60) {
        console.log(" 总成绩在 [60,90) 区间， 判定为 ' 及格 '");
        成绩等级 = " 及格 ";
    } else {
        console.log(" 总成绩 < 60， 判定为 ' 不及格 '");
        成绩等级 = " 不及格 ";
    }

    console.log(" 函数返回结果 :", 成绩等级 );
    console.log("=== 计算学生成绩函数执行结束 ===");
    return 成绩等级 ;
}

// 测试代码
console.log(计算学生成绩 (85, 92));
```

2. 更复杂的调试案例

对于更复杂的代码，AI 可以在所有关键位置添加打印语句。

```
请为这个学生成绩管理系统添加全面的调试打印语句，代码如下。
class 学生成绩管理 {
```

```
    constructor() {
        this.学生列表 = [];
    }

    添加学生(姓名，成绩) {
        this.学生列表.push({姓名，成绩});
    }

    计算平均分() {
        let 总分 = 0;
        for (let 学生 of this.学生列表) {
            总分 += 学生.成绩;
        }
        return 总分 / this.学生列表.length;
    }

    查找最高分() {
        let 最高分 = 0;
        let 最高分学生 = '';
        for (let 学生 of this.学生列表) {
            if (学生.成绩 > 最高分) {
                最高分 = 学生.成绩;
                最高分学生 = 学生.姓名;
            }
        }
        return {姓名：最高分学生，成绩：最高分};
    }
}
```

AI生成的带调试打印的完整代码如下。

```
class 学生成绩管理 {
    constructor() {
        console.log("=== 初始化学生成绩管理系统 ===");
        this.学生列表 = [];
        console.log("初始学生列表为空：", this.学生列表);
    }

    添加学生(姓名，成绩) {
        console.log(`正在添加学生 - 姓名：${姓名}，成绩：${成绩}`);

        // 输入验证
        if (!姓名 || typeof 姓名 !== 'string') {
            console.error("错误：姓名无效", 姓名);
            return false;
        }

        if (isNaN(成绩) || 成绩 < 0 || 成绩 > 100) {
            console.error("错误：成绩无效", 成绩);
            return false;
        }

        // 添加学生数据
        this.学生列表.push({姓名，成绩});
        console.log("添加成功，当前学生列表：", JSON.stringify(this.学生列表));
```

```
        return true;
    }

计算平均分 () {
    console.log("=== 开始计算平均分 ===");
    console.log(" 当前学生列表 :", JSON.stringify(this. 学生列表 ));

    // 检查列表是否为空
    if (this. 学生列表 .length === 0) {
        console.warn(" 警告 : 学生列表为空，无法计算平均分 ");
        return 0;
    }

    // 计算总分
    let 总分 = 0;
    for (let i = 0; i < this. 学生列表 .length; i++) {
        let 学生 = this. 学生列表 [i];
        console.log(` 计算中 - 学生 [${i}]: ${ 学生 . 姓名 }, 成绩 : ${ 学生 . 成绩 }`);
        总分 += 学生 . 成绩 ;
        console.log(` 累计总分 : ${ 总分 }`);
    }

    // 计算平均分
    const 平均分 = 总分 / this. 学生列表 .length;
        console.log(` 计算完成 - 总分 : ${ 总分 }, 学生人数 : ${this. 学生列
表 .length}, 平均分 : ${ 平均分 }`);
    console.log("=== 平均分计算结束 ===");
    return 平均分 ;
}

查找最高分 () {
    console.log("=== 开始查找最高分 ===");
    console.log(" 当前学生列表 :", JSON.stringify(this. 学生列表 ));

    // 检查列表是否为空
    if (this. 学生列表 .length === 0) {
        console.warn(" 警告 : 学生列表为空，无法查找最高分 ");
        return { 姓名 : '', 成绩 : 0};
    }

    // 查找最高分
    let 最高分 = 0;
    let 最高分学生 = '';

    for (let i = 0; i < this. 学生列表 .length; i++) {
        let 学生 = this. 学生列表 [i];
        console.log(` 比较中 - 学生 [${i}]: ${ 学生 . 姓名 }, 成绩 : ${ 学生 . 成
绩 }, 当前最高分 : ${ 最高分 }`);

        if ( 学生 . 成绩 > 最高分 ) {
            console.log(` 发现新的最高分 - ${ 学生 . 姓名 }: ${ 学生 . 成绩 } >
${ 最高分 }`);
            最高分 = 学生 . 成绩 ;
            最高分学生 = 学生 . 姓名 ;
        }
    }
```

```
        const 结果 = { 姓名：最高分学生，成绩：最高分 };
        console.log(`查找完成 - 最高分学生：${最高分学生}，成绩：${最高分}`);
        console.log("=== 最高分查找结束 ===");
        return 结果;
    }
}


// 测试代码
console.log("开始测试学生成绩管理系统：");
const 班级 = new 学生成绩管理();
console.log("\n测试添加学生：");
班级.添加学生("小明", 85);
班级.添加学生("小红", 92);
班级.添加学生("小华", 78);

console.log("\n测试计算平均分：");
const 平均分 = 班级.计算平均分();
console.log("平均分结果：", 平均分);

console.log("\n测试查找最高分：");
const 最高分信息 = 班级.查找最高分();
console.log("最高分信息：", 最高分信息);
```

3. 使用 AI 调试实际问题案例

当你遇到具体的错误时，可以直接向 AI 描述问题并请求添加打印语句。

```
我的代码执行结果不正确，数组排序后总是返回错误的结果。请帮我给下面的代码添加调试打印语句，以
便找出问题所在。
function 自定义排序(数组) {
    const 结果 = [...数组];

    for (let i = 0; i < 结果.length; i++) {
        for (let j = i + 1; j < 结果.length; j++) {
            if (结果[i] > 结果[j]) {
                const 临时 = 结果[i];
                结果[i] = 结果[j];
                结果[j] = 临时;
            }
        }
    }

    return 结果;
}

// 测试
const 原始数组 = [5, 3, 8, 1, 2];
const 排序后 = 自定义排序(原始数组);
console.log(排序后);  // 应该是 [1,2,3,5,8] 但结果不对
AI 提供的带调试打印的代码：
function 自定义排序(数组) {
    console.log("=== 自定义排序函数开始执行 ===");
    console.log("输入数组：", 数组);
```

```
    const 结果 = [... 数组];
    console.log(" 复制后的数组 :", 结果);

    console.log(" 开始冒泡排序过程 :");
    for (let i = 0; i < 结果 .length; i++) {
        console.log(`外层循环 i=${i}，当前元素 =${ 结果 [i]}`);

        for (let j = i + 1; j < 结果 .length; j++) {
            console.log(`  内层循环 j=${j}，比较 : ${ 结果 [i]} 与 ${ 结果 [j]}`);

            if ( 结果 [i] > 结果 [j]) {
                console.log(`  需要交换 : ${ 结果 [i]} > ${ 结果 [j]}`);

                const 临时 = 结果 [i];
                结果 [i] = 结果 [j];
                结果 [j] = 临时 ;

                console.log(`  交换后数组 : [${ 结果 }]`);
            } else {
                console.log(`  无需交换 : ${ 结果 [i]} <= ${ 结果 [j]}`);
            }
        }

        console.log(`外层循环 i=${i} 结束后，数组状态 : [${ 结果 }]`);
    }

    console.log(" 排序完成，最终结果 :", 结果 );
    console.log("=== 自定义排序函数执行结束 ===");
    return 结果 ;
}

// 测试
const 原始数组 = [5, 3, 8, 1, 2];
console.log(" 原始数组 :", 原始数组 );
const 排序后 = 自定义排序 ( 原始数组 );
console.log(" 最终排序结果 :", 排序后 );
```

小白必记

- AI 辅助调试原则：让 AI 在每个关键点添加打印语句
- 打印内容要求：输入参数、中间结果、分支判断、最终结果
- 格式化打印技巧：使用 JSON.stringify 打印复杂的对象
- 分段打印方法：用明显的分隔符标记函数的开始和结束
- 有针对性调试：针对疑似错误的地方增加更详细的打印语句
- 对比验证：打印预期值和实际值的比较结果

3.2 数据结构和数据存储

3.2.1 数据结构基础

想象你在整理一个衣柜——你需要决定如何存放各种衣物，可能会用抽屉分类存放袜子，用衣架挂外套，用收纳盒装配饰。在编程中，数据结构就像这些不同的收纳方式，帮助我们更好地组织和管理数据。

1. 数组：有序的储物格

数组就像一排带编号的储物格，从 0 开始编号。每个格子可以存放一个数据。这种结构特别适合存储有序的、类型相同的数据。

```javascript
// 创建一个存储学生成绩的数组
let 成绩列表 = [95, 88, 76, 92, 85]

// 访问数组元素（从 0 开始计数）
console.log(`第一个成绩是：${成绩列表[0]}`)          // 输出：95
console.log(`第二个成绩是：${成绩列表[1]}`)          // 输出：88

// 修改数组元素
成绩列表[1] = 89                                    // 把第二个成绩改为 89

// 数组的常用操作
成绩列表.push(90)                                    // 在末尾添加成绩 90
let 最后一个成绩 = 成绩列表.pop()                     // 删除并返回最后一个成绩
console.log(`数组中共有 ${成绩列表.length} 个成绩`)   // 获取数组长度

// 遍历数组的几种方式
// 方式一：使用 forEach
console.log("使用 forEach 遍历：")
成绩列表.forEach((成绩，索引) => {
    console.log(`第 ${索引 + 1} 个成绩是：${成绩}`)
})

// 方式二：使用 for...of（更简单）
console.log("使用 for...of 遍历：")
for (let 成绩 of 成绩列表) {
    console.log(`成绩：${成绩}`)
}

// 数组的实用操作
// 1. 筛选及格成绩（60 分以上）
let 及格成绩 = 成绩列表.filter(成绩 => 成绩 >= 60)

// 2. 计算平均分
let 平均分 = 成绩列表.reduce((总分，成绩) => 总分 + 成绩, 0) / 成绩列表.length

// 3. 查找最高分
let 最高分 = Math.max(...成绩列表)
```

```
console.log(`及格成绩：${及格成绩}`)
console.log(`平均分：${平均分}`)
console.log(`最高分：${最高分}`)
```

2. 对象：带标签的档案袋

对象就像带标签的档案袋，每条信息都有自己的标签（属性名）。这种结构特别适合存储描述某个"东西"的多个相关信息。

```
// 创建一个学生信息对象
let 学生 = {
    // 基本信息
    姓名："小明",
    年龄：18,

    // 嵌套对象：成绩信息
    成绩：{
        语文：95,
        数学：88,
        英语：92
    },

    // 数组类型的属性
    爱好：["篮球", "编程", "画画"],

    // 方法（对象中的函数）
    打招呼：function() {
        console.log(`大家好，我是${this.姓名}，今年${this.年龄}岁`)
    }
}

// 访问对象属性的两种方式
console.log(`姓名：${学生.姓名}`)                    // 使用点号
console.log(`年龄：${学生["年龄"]}`)                 // 使用方括号
console.log(`语文成绩：${学生.成绩.语文}`)           // 访问嵌套对象
console.log(`第一个爱好：${学生.爱好[0]}`)           // 访问数组元素

// 修改对象属性
学生.年龄 = 19
学生.成绩.数学 = 92

// 添加新属性
学生.电话 = "123456789"

// 调用对象方法
学生.打招呼()

// 遍历对象的所有属性
console.log("\n学生的所有信息：")
for (let 属性 in 学生) {
    // 排除方法，只显示数据
    if (typeof 学生[属性] !== "function") {
        console.log(`${属性}: ${JSON.stringify(学生[属性])}`)
```

```
    }
}
```

3. 数组和对象的组合应用

在实际开发中，我们经常需要组合使用数组和对象来处理更复杂的数据结构。比如一个简单的班级管理系统，代码如下。

```
// 创建一个班级管理系统
let 班级 = {
    // 基本信息
    班级名称："三年二班",

    // 班主任信息（对象）
    班主任：{
        姓名："张老师",
        联系电话："123456789"
    },

    // 学生列表（对象数组）
    学生列表：[
        {
            姓名："小明",
            学号："001",
            成绩：{
                语文：95,
                数学：88,
                英语：92
            }
        },
        {
            姓名："小红",
            学号："002",
            成绩：{
                语文：92,
                数学：96,
                英语：89
            }
        }
    ],

    // 获取班级某科目平均分
    获取班级平均分：function(科目) {
        let 总分 = 0
        this.学生列表.forEach(学生 => {
            总分 += 学生.成绩[科目]
        })
        return (总分 / this.学生列表.length).toFixed(1)
    },

    // 查找学生信息
    查找学生：function(学号) {
        return this.学生列表.find(学生 => 学生.学号 === 学号)
    },
```

```
// 打印班级信息
打印班级信息 : function() {
    console.log(`\n${this. 班级名称 } 信息：`)
    console.log(` 班主任：${this. 班主任 . 姓名 }`)
    console.log(` 学生人数：${this. 学生列表 .length}`)
    console.log(` 语文平均分：${this. 获取班级平均分 (" 语文 ")}`)
    console.log(` 数学平均分：${this. 获取班级平均分 (" 数学 ")}`)
    console.log(` 英语平均分：${this. 获取班级平均分 (" 英语 ")}`)
}
}

// 使用班级管理系统
班级 . 打印班级信息 ()

// 查找并打印某个学生的信息
let 查找结果 = 班级 . 查找学生 ("001")
console.log("\n 查找学号为 001 的学生：", 查找结果 )
```

小白必记

- 数组的特点：有序列表，索引从 0 开始
- 对象的特点：键值对结构，属性名要见名知意
- 数组方法：push（添加）、pop（删除）、length（获取长度）
- 对象访问：点号最常用，方括号处理特殊属性名
- 数据嵌套：对象中可以包含数组，数组中可以包含对象
- 命名规范：变量名用中文便于理解，实际开发用英文
- 注释原则：关键代码步骤都要加注释

3.2.2　数据交换格式

在程序世界里，不同的程序之间经常需要互相传递数据。就像人与人之间交流需要共同的语言一样，程序之间交换数据也需要一种大家都能理解的格式。这就是数据交换格式的作用。

1. JSON：程序界的世界语

JSON（JavaScript Object Notation）就像程序界的"世界语"，它用一种简单易懂的方式来描述数据。不管是网页、手机 App，还是服务器，都能理解 JSON 格式的数据。

让我们通过一个简单的例子来认识 JSON。

```
// 创建一个学生信息对象
let 学生信息 = {
```

```
    姓名："小明",
    年龄：18,
    爱好：["编程", "篮球", "画画"],
    成绩：{
        语文：95,
        数学：88,
        英语：92
    }
}

// 将对象转换为 JSON 字符串（序列化）
let json 字符串 = JSON.stringify(学生信息, null, 2)   // 2 表示缩进两个空格
console.log("转换后的 JSON 字符串：")
console.log(json 字符串)

// 将 JSON 字符串转回对象（反序列化）
let 解析后的数据 = JSON.parse(json 字符串)
console.log("\n 转换回对象后：")
console.log(`姓名: ${解析后的数据.姓名}`)
console.log(`数学成绩: ${解析后的数据.成绩.数学}`)
```

JSON 的特点是数据格式简单，只支持以下几种类型。

- 字符串：必须用双引号，如 " 小明 "；

- 数字：整数或小数，如 18 或 88.5；

- 布尔值：true 或 false；

- 数组：用方括号 [] 包裹；

- 对象：用大括号 {} 包裹；

- null：表示空值。

实际应用场景如下。

```
// 场景一：保存用户设置
let 用户设置 = {
    主题："深色",
    字体大小："中",
    是否开启通知：true
}

// 保存到本地
localStorage.setItem("用户设置", JSON.stringify(用户设置))

// 读取设置
function 加载用户设置() {
    let 保存的设置 = localStorage.getItem("用户设置")
    if (保存的设置) {
        return JSON.parse(保存的设置)
    }
    return 用户设置   // 返回默认设置
}
```

```
// 场景二：发送网络请求
async function 获取天气信息（城市）{
    let 响应 = await fetch(`https://api.weather.com/${城市}`)
    let 天气数据 = await 响应.json()  // 自动将 JSON 字符串转为对象
    return 天气数据
}
```

2. XML：结构化的标记语言

XML（eXtensible Markup Language）像一个带层级的文档系统，它使用标签来组织数据，特别适合描述有层次关系的信息。

```xml
<?xml version="1.0" encoding="UTF-8"?>
<班级>
    <班级名称>三年二班</班级名称>
    <班主任>
        <姓名>张老师</姓名>
        <联系电话>123-4567-8901</联系电话>
    </班主任>
    <学生列表>
        <学生>
            <姓名>小明</姓名>
            <学号>001</学号>
            <成绩>
                <科目 名称="语文">95</科目>
                <科目 名称="数学">88</科目>
            </成绩>
        </学生>
    </学生列表>
</班级>
```

在 JavaScript 中处理 XML 的代码如下。

```
// 解析 XML 字符串
let parser = new DOMParser()
let xmlDoc = parser.parseFromString(xml 字符串, "text/xml")

// 查找和读取 XML 数据
let 班级名称 = xmlDoc.querySelector("班级名称").textContent
let 数学成绩 = xmlDoc.querySelector("科目[名称='数学']").textContent

console.log(`班级：${班级名称}`)
console.log(`数学成绩：${数学成绩}`)
```

3. JSON 和 XML 的使用场景

1）使用 JSON 的场景

- 网络接口数据传输；

- 前端数据存储；

- 配置文件（简单的配置）；

- 移动应用数据交换。

2）使用 XML 的场景

- 复杂的配置文件；
- 文档类数据存储；
- 特定行业标准；
- 需要保持数据格式严格的场合。

让我们通过一个实际例子来对比。

```javascript
// 用 JSON 表示图书信息
let 图书 JSON = {
    "书名": "AI 编程入门",
    "作者": "张三",
    "价格": 49.9,
    "章节": ["基础知识", "编程技巧", "实战项目"]
}

// 用 XML 表示相同的图书信息
let 图书 XML = `
<?xml version="1.0" encoding="UTF-8"?>
<图书>
    <书名>AI 编程入门</书名>
    <作者>张三</作者>
    <价格>49.9</价格>
    <章节列表>
        <章节>基础知识</章节>
        <章节>编程技巧</章节>
        <章节>实战项目</章节>
    </章节列表>
</图书>
`
```

小白必记

- JSON 的特点：简单易用，是网络数据传输首选
- JSON 的语法：属性名必须用双引号包裹
- XML 的优势：结构清晰，适合描述复杂的数据
- XML 的应用：多用于配置文件和特定行业标准
- 数据转换：stringify（转字符串），parse（转对象）
- 格式选择：简单数据用 JSON，复杂结构用 XML
- 实战建议：先掌握 JSON，按需学习 XML

3.2.3　浏览器存储

当我们使用浏览器浏览网页时，经常需要保存一些数据。比如网上购物时购物车里的商品信息、你的个性化设置，甚至是填写到一半的表单，这些都需要被妥善保存。浏览器为我们提供了几种不同的存储方式，让我们一起来了解一下。

1. LocalStorage：浏览器的永久小仓库

想象你有一个永不消失的记事本，写在上面的内容即使关闭浏览器后重新打开也还在。LocalStorage 就是浏览器提供的这样一个永久存储空间。它就像浏览器里的一个小仓库，可以存放一些简单的数据。

让我们通过一些简单的例子来学习如何使用 LocalStorage。

```
// 1. 存储数据（就像在记事本上写东西）
localStorage.setItem("用户名", "小明")

// 2. 读取数据（就像翻开记事本看内容）
let 用户名 = localStorage.getItem("用户名")
console.log(用户名)  // 输出：小明

// 3. 删除某条数据（就像撕掉记事本的一页）
localStorage.removeItem("用户名")

// 4. 清空所有数据（就像把整本记事本都扔掉）
localStorage.clear()
```

需要注意的是，LocalStorage 只能存储文本数据。如果想存储更复杂的数据（比如对象或数组），需要先将它们转换成文本。

```
// 存储复杂数据
let 用户设置 = {
    主题："深色",
    字体大小："大",
    是否显示通知：true
}

// 将对象转换成文本再存储
localStorage.setItem("设置", JSON.stringify(用户设置))

// 读取时需要将文本转换回对象
let 保存的设置 = JSON.parse(localStorage.getItem("设置"))
console.log(保存的设置.主题)  // 输出：深色
```

2. SessionStorage：临时存储空间

SessionStorage 就像一个临时的记事本，当你关闭网页标签时，记事本里的内容就会被清空。它特别适合存储一些临时的数据，比如正在填写的表单内容。

```
// 保存表单数据
```

```
sessionStorage.setItem(" 草稿 ", " 这是一篇文章的草稿 ...")

// 读取表单数据
let 草稿 = sessionStorage.getItem(" 草稿 ")

// 删除表单数据
sessionStorage.removeItem(" 草稿 ")
```

3. Cookie：小巧的数据存储

Cookie 像一张小纸条，不仅可以在浏览器里保存数据，还可以在浏览器和服务器之间传递数据。虽然它的存储空间很小（通常只有 4KB），但是它有一些特殊的用途。

```
// 设置一个 Cookie（有效期 7 天）
document.cookie = " 用户名=小明 ; max-age=" + 7 * 24 * 60 * 60

// 封装一个更好用的 Cookie 工具
let Cookie 工具 = {
    // 设置 Cookie
    设置 : function( 名称 , 值 , 天数 ) {
        let 过期时间 = new Date()
        过期时间 .setTime( 过期时间 .getTime() + ( 天数 * 24 * 60 * 60 * 1000))
        document.cookie = `${ 名称 }=${ 值 }; expires=${ 过期时间 .toUTCString()}`
    },

    // 获取 Cookie
    获取 : function( 名称 ) {
        let 名称查找 = 名称 + "="
        let cookie 数组 = document.cookie.split(';')

        for(let cookie of cookie 数组 ) {
            cookie = cookie.trim()
            if (cookie.indexOf( 名称查找 ) === 0) {
                return cookie.substring( 名称查找 .length)
            }
        }
        return null
    },

    // 删除 Cookie
    删除 : function( 名称 ) {
        this. 设置 ( 名称 , "", -1)              // 设置一个已经过期的时间
    }
}

// 使用 Cookie 工具
Cookie 工具 . 设置 (" 主题 ", " 深色 ", 30)          // 保存 30 天
let 主题 = Cookie 工具 . 获取 (" 主题 ")
Cookie 工具 . 删除 (" 主题 ")
```

3.2.4 数据库存储

想象你正在管理一个巨大的图书馆，里面有成千上万本书需要管理。你需要记录每本书的位置、借阅状态、读者信息等。这就像我们在程序中需要管理大量数据一样。数据库就是专门用来管理这些数据的系统，它就像一个智能化的图书管理员，可以帮我们高效地管理和查找数据。

1. MySQL：结构化的数据管理系统

MySQL 就像一个井井有条的图书管理系统。在这个系统中，有固定的"格子"（字段）用来存放各类数据，非常适合存储结构规整的数据。

让我们通过一个学校管理系统的例子来学习 MySQL。

```sql
-- 创建一个新的数据库（就像创建一个新的图书馆）
CREATE DATABASE 学校管理系统；
USE 学校管理系统；

-- 创建学生表（就像设计一个学生信息登记表）
CREATE TABLE 学生 (
    学号 INT PRIMARY KEY AUTO_INCREMENT,    -- 学号是唯一标志，自动递增
    姓名 VARCHAR(50) NOT NULL,               -- 姓名不能为空
    年龄 INT CHECK ( 年龄 >= 6),             -- 年龄必须大于等于 6 岁
    班级 VARCHAR(20),                        -- 班级信息
    入学时间 DATE,                           -- 入学日期
    备注 TEXT                                -- 其他备注信息
);

-- 创建成绩表（用于记录学生的考试成绩）
CREATE TABLE 成绩 (
    ID INT PRIMARY KEY AUTO_INCREMENT,       -- 成绩记录的唯一编号
    学号 INT,                                -- 关联到学生表的学号
    科目 VARCHAR(20),                        -- 考试科目
    分数 DECIMAL(5,2),                       -- 分数（支持两位小数）
    考试时间 DATE,                           -- 考试日期
```

```
    FOREIGN KEY（学号）REFERENCES 学生（学号）-- 建立与学生表的关联
);
```

让我们来看看如何使用这个数据库系统。

```
-- 添加一个新学生（就像登记一个新读者）
INSERT INTO 学生（姓名，年龄，班级，入学时间）
VALUES ('小明', 18, '高三一班', '2021-09-01');

-- 记录小明的考试成绩
INSERT INTO 成绩（学号，科目，分数，考试时间）VALUES
(1, '语文', 95.5, '2023-12-01'),
(1, '数学', 88.5, '2023-12-01'),
(1, '英语', 92.0, '2023-12-01');

-- 查询小明的所有成绩（就像查看一个学生的成绩单）
SELECT 学生.姓名，成绩.科目，成绩.分数
FROM 学生
JOIN 成绩 ON 学生.学号 = 成绩.学号
WHERE 学生.姓名 = '小明'
ORDER BY 成绩.分数 DESC;  -- 按分数从高到低排序
```

2. MongoDB：灵活的文档型数据库

如果说 MySQL 像一个严格的图书馆管理系统，那么 MongoDB 就像一个灵活的个人笔记本。你可以随意记录各种格式的信息，不需要事先规定格式。这特别适合存储结构不固定的数据。

让我们创建一个在线课程系统。

```
// 创建一个课程文档
db.courses.insertOne({
    课程名称："AI 编程入门",
    讲师："张老师",
    价格：199,
    // 课程大纲（结构可以很灵活）
    章节：[
        {
            标题："第一章：基础知识",
            小节：[
                {
                    标题："1.1 什么是 AI",
                    视频链接："http://example.com/video1",
                    时长：30,  // 分钟
                    练习题：[
                        {
                            题目："什么是人工智能？",
                            选项：["A. ...", "B. ...", "C. ..."],
                            答案："A"
                        }
                    ]
                }
```

```
            ]
        }
    ],
    // 学生评价（可以随时添加新的字段）
    评价: [
        {
            学生: "小明",
            评分: 5,
            评论: "讲解很清晰",
            时间: new Date()
        }
    ]
});

// 查询评分高于 4 分的课程
db.courses.find({
    "评价.评分": { $gt: 4 }
});
```

3. 如何选择数据库

1）选择 MySQL 的场景

- 数据结构固定（比如学生信息、订单记录）；
- 需要处理复杂的关联查询；
- 需要严格的数据一致性；
- 传统的企业管理系统。

2）选择 MongoDB 的场景

- 数据结构经常变化；
- 需要存储复杂的嵌套数据；
- 需要快速的读写性能；
- 现代的 Web 应用和移动应用。

小白必记

- MySQL 的特点：结构严格，关系清晰
- MongoDB 的特点：灵活多变，存储自由
- 表设计原则：字段要明确，关系要清晰
- 查询优化原则：合理建索引，避免大表联查
- 数据安全原则：定期备份，谨慎删改
- 性能优化原则：适度冗余，避免过度关联
- 选型原则：固定结构用 MySQL，灵活数据选 MongoDB

3.2.5 如何选择合适的存储方式

在开发应用时，选择合适的存储方式就像为不同类型的物品选择合适的储物方式。比如你不会把易腐的食物放在书架上，也不会把书本放进冰箱里。让我们来介绍如何为不同的数据选择最合适的存储方式。

1. 临时数据的存储选择

想象你正在写一篇文章，需要临时记录一些想法，而这些想法可能随时会改变，但暂时不需要保存。这种情况下，就可以使用数组或对象来存储。

```javascript
// 使用数组存储文章大纲
let 文章大纲 = [
    "引言：什么是数据存储",
    "第一部分：临时存储",
    "第二部分：持久化存储",
    "总结：如何选择存储方式"
]

// 使用对象存储文章信息
let 文章信息 = {
    标题 : "数据存储入门指南",
    作者 : "小明",
    字数 : 2000,
    创建时间 : new Date()
}
```

2. 需要持久保存的数据

就像你需要把重要的笔记保存在笔记本里一样，有些数据我们希望在浏览器关闭后依然保留。这时就可以使用 LocalStorage。

```javascript
// 保存用户的阅读偏好设置
let 阅读设置 = {
    字体大小 : "中",
    主题颜色 : "浅色",
    是否自动滚动 : false
}

// 保存到 LocalStorage
localStorage.setItem("阅读设置", JSON.stringify(阅读设置))

// 需要时重新读取
function 加载阅读设置 () {
    let 保存的设置 = localStorage.getItem("阅读设置")
    if (保存的设置) {
        return JSON.parse(保存的设置)
    }
    return 阅读设置   // 返回默认设置
}
```

3. 需要网络传输的数据

就像写信需要使用统一的信封格式一样，当需要和服务器交换数据时，需要使用 JSON 格式。

```javascript
// 准备要发送的数据
let 用户信息 = {
    用户名: "小明",
    年龄: 18,
    爱好: ["编程", "读书", "运动"]
}

// 转换为 JSON 字符串发送
let 要发送的数据 = JSON.stringify(用户信息)

// 模拟发送请求
async function 发送数据() {
    try {
        let 响应 = await fetch('https://api.example.com/users', {
            method: 'POST',
            headers: {
                'Content-Type': 'application/json'
            },
            body: 要发送的数据
        })
        let 结果 = await 响应.json()
        console.log('服务器响应: ', 结果)
    } catch (错误) {
        console.error('发送失败: ', 错误)
    }
}
```

4. 配置文件的存储

对于需要严格结构化的配置信息，比如项目的设置文件，通常使用 XML。

```xml
<?xml version="1.0" encoding="UTF-8"?>
<项目配置>
    <数据库>
        <地址>localhost</地址>
        <端口>3306</端口>
        <用户名>admin</用户名>
    </数据库>
    <服务器>
        <端口>8080</端口>
        <最大连接数>1000</最大连接数>
    </服务器>
</项目配置>
```

5. 大量结构化数据的存储

当需要存储大量的、需要经常查询和更新的数据时，应该使用数据库，比如一个在线商城的商品信息。

```
-- 创建商品表
CREATE TABLE 商品 (
    商品ID INT PRIMARY KEY,
    名称 VARCHAR(100),
    价格 DECIMAL(10,2),
    库存 INT,
    创建时间 DATETIME
);

-- 添加商品
INSERT INTO 商品 (商品ID, 名称 , 价格 , 库存 , 创建时间 )
VALUES (1, ' 笔记本电脑 ', 5999.99, 100, NOW());

-- 查询商品
SELECT * FROM 商品 WHERE 价格 < 6000;
```

6. 存储方式选择的原则

1）数据量的考虑

- 数据量小，临时使用，选择数组或对象；
- 数据量中等，需要持久化，使用 LocalStorage；
- 数据量大，需要查询，使用数据库。

2）使用频率的考虑

- 频繁读写：优先考虑内存中的数组和对象；
- 偶尔读写：可以使用 LocalStorage；
- 需要共享的数据：使用数据库。

3）数据重要性的考虑

- 临时数据：数组或对象；
- 配置信息：XML 或 JSON 文件；
- 核心业务数据：必须使用数据库。

小白必记

- 临时数据存储原则：用数组或对象，存内存就好
- 持久化存储选择：LocalStorage 最适合存储设置
- 传输数据规范：统一用 JSON 来交换
- 配置文件方案：结构严格用 XML
- 大数据量处理：一定要用数据库存储
- 存储选择口诀：轻量内存，重要持久化
- 数据安全原则：核心数据必须用数据库

3.2.6 实际开发中如何选择存储方式

在开发应用时，选择合适的存储方式就像在整理一个大房间时，有些东西需要随手可及（放在桌面上），有些要安全存放（放在保险箱里），还有一些要定期整理（放在收纳盒里）。让我们通过一个在线学习网站来介绍如何选择不同的存储方式。

1. 浏览器端的数据存储

浏览器就像学习者的私人空间，有些数据适合存放在这里。

```javascript
// 1. 使用 LocalStorage 存储用户的偏好设置
const 用户设置管理器 = {
    // 默认设置
    默认设置 : {
        主题 : "浅色",                      // 浅色/深色主题
        字体大小 : "中",                    // 小/中/大
        自动播放 : false,                   // 是否自动播放视频
        声音 : true                         // 是否开启提示音
    },

    // 保存设置
    保存设置 : function(新设置) {
        localStorage.setItem("用户设置", JSON.stringify(新设置))
    },

    // 读取设置
    读取设置 : function() {
        const 保存的设置 = localStorage.getItem("用户设置")
        return 保存的设置 ? JSON.parse(保存的设置) : this.默认设置
    }
}

// 2. 使用 SessionStorage 保存学习进度
const 学习进度管理器 = {
    保存进度 : function(课程ID, 当前时间) {
        const 进度数据 = {
            时间点 : 当前时间,
            更新时间 : new Date().toISOString()
        }
        sessionStorage.setItem(`课程进度_${课程ID}`, JSON.stringify(进度数据))
    },

    获取进度 : function(课程ID) {
        const 进度 = sessionStorage.getItem(`课程进度_${课程ID}`)
        return 进度 ? JSON.parse(进度).时间点 : 0
    }
}
```

2. 服务器端的数据存储

服务器就像学校的档案室，需要长期保存的重要数据都被存放在这里。

```
// 使用 MongoDB 设计数据模型
const 用户 Schema = new Schema({
    // 基本信息
    用户名：{ type: String, required: true },
    邮箱：{ type: String, required: true, unique: true },
    密码：{ type: String, required: true },

    // 学习记录
    学习记录：[{
        课程：{ type: Schema.Types.ObjectId, ref: '课程' },
        进度：Number,  // 观看进度（秒）
        完成状态：Boolean,
        最后学习时间：Date
    }],

    // 收藏夹
    收藏课程：[{ type: Schema.Types.ObjectId, ref: '课程' }]
})
const 课程 Schema = new Schema({
    标题：{ type: String, required: true },
    简介：String,
    视频地址：String,
    时长：Number,  // 总时长（秒）

    // 统计信息
    学习人数：{ type: Number, default: 0 },
    评分：{ type: Number, default: 0 },
    评论数：{ type: Number, default: 0 }
})
```

3. 数据存储位置的选择原则

就像整理房间一样，我们需要根据数据的特点来选择存放位置。

1）适合存储在浏览器中的数据

- 用户的界面偏好（主题色、字体大小等）；
- 临时的表单数据（防止意外关闭丢失）；
- 短期的缓存内容（提高访问速度）；
- 当前的学习进度（方便继续学习）。

2）必须存储在服务器中的数据

- 用户的账号信息（用户名、密码等）；
- 学习的完整记录（课程进度、成绩等）；
- 付费相关信息（订单、会员状态等）；
- 课程的核心内容（视频、文档等）。

- 本地存储原则：界面偏好用 Local Storage，临时数据用 Session Storage
- 服务器存储原则：账号数据必须远程存，学习记录要备份
- 数据安全原则：敏感信息不存本地，加密后再存储
- 缓存策略原则：常用数据本地存，重要数据云端存
- 存储选择口诀：临时数据本地放，永久数据远程存
- 数据同步原则：本地服务器定期同步，避免数据丢失
- 性能优化原则：合理使用缓存，减少服务器请求

3.2.7　如何让 AI 帮你设计数据结构

在开发项目过程中，数据结构的设计是至关重要的一步。好的数据结构设计可以让产品功能的实现更加顺畅，也能提高代码的可维护性。让我们来看看如何借助 AI 来进行数据结构设计。

1. 与 AI 的需求沟通

首先，通过 Chat 模式与 AI 进行清晰的需求沟通。

```
# 向 AI 描述产品需求
我想开发一个在线课程学习平台，需要具备以下功能。
1. 用户可以浏览课程列表
2. 支持课程收藏和学习进度记录
3. 可以发表课程评论和笔记
4. 支持社区讨论
```

AI 会帮助我们分析需求并提出数据结构建议。

```
// AI 建议的数据结构设计
const 数据结构设计 = {
    用户: {
        用户 ID: "唯一标识",
        基本信息: {
            用户名: "字符串",
            头像: "图片 URL",
            注册时间: "日期时间"
        },
        学习数据: {
            收藏课程: ["课程 ID 数组"],
            学习进度: {
                课程 ID: "进度百分比"
            }
        }
    },
```

```
课程: {
    课程ID: "唯一标识",
    基本信息: {
        标题: "字符串",
        描述: "文本",
        封面: "图片URL",
        分类: ["分类标签数组"]
    },
    内容: {
        章节: [{
            标题: "字符串",
            视频: "视频URL",
            时长: "数字(秒)"
        }]
    }
}
}
```

2. 使用 Composer 实现数据结构

确定了数据结构后，可以使用 Composer 模式来实现。按下 Command + I（或 Ctrl + I）组合键打开 Composer，输入以下内容。

```
@codebase 请帮我实现以下数据模型。
1. 用户模型（User Model）
2. 课程模型（Course Model）
3. 学习进度模型（Progress Model）
4. 评论模型（Comment Model）

技术要求:
- 使用 MongoDB Schema
- 包含必要的索引设计
- 添加数据验证
```

3. 实际案例：学习平台数据结构设计

让我们看一个完整的案例。

```
// MongoDB Schema 设计
const UserSchema = new Schema({
    username: { type: String, required: true, unique: true },
    email: { type: String, required: true, unique: true },
    password: { type: String, required: true },
    profile: {
        avatar: String,
        bio: String,
        interests: [String]
    },
    learning: {
        favorites: [{ type: Schema.Types.ObjectId, ref: 'Course' }],
        progress: [{
            course: { type: Schema.Types.ObjectId, ref: 'Course' },
            lastPosition: Number,
```

```
        completed: Boolean,
        lastAccess: Date
    }]
    }
});

const CourseSchema = new Schema({
    title: { type: String, required: true },
    description: String,
    cover: String,
    instructor: { type: Schema.Types.ObjectId, ref: 'User' },
    chapters: [{
        title: String,
        content: String,
        video: String,
        duration: Number,
        quizzes: [{
            question: String,
            options: [String],
            answer: Number
        }]
    }],
    stats: {
        enrolled: { type: Number, default: 0 },
        rating: { type: Number, default: 0 },
        reviews: { type: Number, default: 0 }
    }
});
```

4. 数据结构设计的核心原则

在与 AI 协作设计数据结构时，要记住以下原则。

1）需求驱动设计

- 从用户需求出发设计数据结构；
- 考虑未来可能的功能扩展；
- 平衡灵活性和复杂度。

2）性能优先考虑

- 合理设计索引；
- 避免过深的嵌套；
- 考虑查询效率。

3）数据完整性

- 设置必要的验证规则；
- 维护数据间的关联关系；
- 处理异常情况。

3.3　客户端和服务端

3.3.1　什么是客户端和服务端

在开始学习编程之前，我们需要理解两个基础概念：客户端和服务端。这两个概念虽然听起来很专业，但其实就像日常生活中常见的餐厅服务模式一样简单。

想象你正在一家餐厅用餐，你能看到的就是餐厅的大厅、服务员和菜单，这些就相当于客户端；而在后厨忙碌的厨师、各种食材和炉灶等，就相当于服务端。这种前后分工的模式，在数字生活中随处可见。

让我们通过几个日常生活中的例子来加深理解。

当你在手机上看视频直播时，你使用的直播 App 就是客户端，它负责展示直播的画面、弹幕和互动按钮。而在背后，直播平台的视频处理系统就是服务端，它负责处理视频流、存储用户信息和管理直播间秩序。

再比如，在网上购物时，购物网站或 App 界面是客户端，它展示商品信息、处理用户的单击操作。而处理订单、管理库存、计算价格的商城系统则是服务端。

玩手机游戏时也是如此，手机上运行的游戏程序是客户端，负责显示游戏画面和处理用户的操作；而游戏公司的对战系统、玩家数据库等则是服务端。

这种客户端和服务端的分工，就像餐厅里的服务员和厨师各司其职：服务员（客户端）负责和顾客直接接触，展示菜单、记录点单、传递需求；厨师（服务端）则在后厨专注于食材管理、菜品制作和品质把控。

这样的分工方式有很多优势。

- 让每一方都能专注于自己的工作。客户端专注于为用户提供良好的界面和交互体验，服务端则专注于数据处理和业务逻辑。

- 能够更好地利用资源。客户端可以充分利用用户设备的屏幕显示和触控功能，而服务端则可以发挥服务器强大的计算和存储能力。
- 提高了数据安全性。重要的数据都存储在服务端，不容易被非法获取或篡改。
- 大大提升了系统效率。客户端处理界面响应可以更快，服务端集中处理复杂运算更高效。

小白必记

- 客户端定位：负责界面展示和用户交互
- 服务端职责：处理数据和核心业务逻辑
- 分工原则：前台接待，后台处理
- 数据流向：客户端展示，服务端存储
- 安全准则：将重要数据放在服务端

3.3.2　为什么要分客户端和服务端

在了解了客户端和服务端的基本概念后，下面来深入了解为什么要采用这种分工模式。这种分工并不是随意决定的，而是在互联网发展过程中逐渐形成的最佳实践。

想象一下，如果把所有功能都放在一起会发生什么？就像一个人既要接待客人，又要采购食材，还要下厨烹饪，这样不仅效率低下，而且容易顾此失彼。通过合理分工，每一方都能专注于自己的强项，可以提供更好的服务。

让我们通过几个具体场景来了解这种分工的重要性。

首先是性能考虑。在一个视频网站中，如果所有用户都直接连接到存储视频的服务器，那么服务器的压力会非常大。通过分工后，客户端可以缓存一些常用的视频数据，减轻服务器的负担。同时，服务端可以专注于处理核心的业务逻辑，比如视频转码、用户认证等复杂的操作。

其次是安全性考虑。以网上银行为例，如果所有的账户信息和交易逻辑都放在用户的手机或电脑上，黑客就可能通过修改客户端程序来盗取用户的资金。通过分工，我们可以把敏感的数据和核心的业务逻辑都放在安全性更高的服务端，客户端只负责展示界面和处理基本的用户交互，这样就大大提高了系统的安全性。

再次是用户体验考虑。在使用手机 App 时，即使网络不好，基本的界面浏览和一些简单操作仍然是流畅的，这就是因为客户端会在本地保存一些数据和处理一些简单的逻辑。而一些需要复杂计算的功能，比如视频推荐、数据分析等，则交给服务端来处理，这样既保证了响应速度，又能提供强大的功能。

最后是可维护性考虑。当需要更新系统时，客户端和服务端可以独立升级。比如，改变界面样式只需更新客户端，而优化业务逻辑只需更新服务端，这种灵活性大大提高了系统的可维护性。

小白必记

- 分工原则：前端负责表现，后端掌管逻辑
- 性能优化：就近原则，本地能处理就在本地处理
- 安全防护：将敏感数据和核心逻辑放在服务端
- 用户体验：保证基础功能离线可用
- 系统维护：客户端和服务端可独立升级
- 资源利用：合理分配计算和存储任务

3.3.3　客户端的核心功能

本节介绍客户端具体承担哪些工作。想象你正在使用一个视频App，这个App就是一个典型的客户端程序。它需要完成很多重要的工作，让我们一个个地看。

首先，客户端最重要的工作是为用户提供界面。就像餐厅需要布置温馨的用餐环境、摆放整齐的餐具一样，客户端要为用户提供美观易用的操作界面。在视频App中，你能看到的所有内容都是由客户端负责展示的，包括首页的视频推荐、分类导航菜单、视频播放器的进度条和音量调节按钮，以及个人中心中的观看历史等。

其次，客户端要负责接收和处理用户的各种操作。这就像餐厅服务员要细心记录顾客的每一个需求一样。当你点击播放按钮、滑动屏幕浏览视频、用手势调整播放进度，或在搜索框中输入关键词时，这些操作都需要客户端来处理。客户端会判断你的意图，然后决定是直接在本地处理这个操作，还是需要向服务端请求帮助。

第三，客户端需要在本地存储一些数据。这些数据就像你在家里冰箱中储存的食材，随时可以拿来使用。比如，客户端会记住你看过哪些视频、每个视频看到什么位置、你设置的画质偏好，甚至会把一些视频缓存到本地，这样即使没有网络也能观看。这种本地存储有很多好处，不仅可以提高App的响应速度，还能减轻服务器的压力，同时支持离线使用。

第四，客户端要和服务端保持密切的沟通。这就像餐厅服务员要不断地在餐桌和厨房之间传递信息。当你想看一个新视频时，需要在客户端向服务端发送请求获取视频信息；当你发表评论时，客户端要把评论内容发送给服务端保存；当你看完一个视频时，客户端要把观看进度同步到服务端，这样你换一个设备登录时，依然能看到正确的观看记录。

最后，客户端还要注意优化用户体验。这包括在加载内容时显示友好的提示、在网络出错时给出清晰的错误提示、在页面切换时展现流畅的动画效果，以及合理控制内存使用避免程序卡顿等。这就像餐厅不仅要准备美味的菜品，还要注意上菜的时机、餐具的摆放、服务的态度等细节一样。

小白必记

- 界面展示原则：美观易用，层次分明
- 用户操作处理：及时响应，准确判断
- 本地存储策略：常用必存，合理缓存
- 服务通信准则：按需请求，及时同步
- 用户体验要点：流畅稳定，友好提示

3.3.4　服务端的核心功能

本节介绍服务端具体承担哪些工作。继续用视频 App 的例子，服务端就像餐厅的后厨一样，虽然用户看不见，但却承担着最核心的工作。

服务端最重要的工作是数据的存储和管理。就像餐厅后厨要管理大量的食材和菜品配方一样，服务端需要妥善保管各种数据。在视频 App 中，服务端要存储用户的账号信息、观看历史、会员状态，以及海量的视频文件、封面图片等内容。这些数据通常保存在专业的数据库中，就像餐厅有专门的储藏室和冷库一样。

第二个重要工作是处理来自客户端的各种请求。这就像厨师要根据服务员传来的点单准备菜品。当用户想要观看一个视频时，服务端要验证用户的权限、找到对应的视频文件、准备好合适的清晰度版本，然后把视频内容传送给客户端。当用户上传新视频时，服务端要接收文件、进行转码处理、生成不同清晰度的版本，并把视频分发到各地的服务器上。

服务端的第三个重要工作是处理复杂的计算任务。就像厨师要根据顾客的口味和销售数据来改进菜品一样，服务端需要分析用户的观看习惯，计算视频的相似度，为每个用户生成个性化的推荐内容。这些复杂的计算往往需要强大的服务器和专业的算法支持。

安全保障是服务端的第四个重要工作。就像餐厅要确保食品安全、保管好经营数据一样，服务端要保护用户的隐私和系统的安全。这包括验证用户身份、控制访问权限、加密重要数据、定期备份，以及防范各种网络攻击。

最后一个重要工作是处理并发请求。想象一下午餐高峰期的餐厅，厨房要同时应对多桌客人的点单。服务端也面临类似的挑战，需要同时处理成千上万用户的请求。这就需要合理分配服务器资源、使用缓存加速响应、控制访问流量，确保系统在任何时候都能稳定运行。

小白必记

- 数据管理原则：安全存储，及时备份
- 请求处理要点：高效响应，准确执行
- 计算任务策略：合理分配，优化性能
- 安全防护准则：严格验证，多重保护
- 并发处理要求：均衡负载，稳定运行

3.3.5　客户端和服务端的通信机制

本节介绍客户端和服务端是如何进行沟通的。这就像我们使用手机与朋友聊天一样，双方需要约定好沟通的方式和规则，才能顺利地传递信息。

继续以视频 App 为例。当你想要观看一个视频时，客户端（手机或电脑上的视频 App）需要向服务端（视频 App 的服务器）发出请求，告诉它"我想看这个视频"。服务端收到请求后，会找到对应的视频文件，然后把视频内容传送给客户端。这个过程就是一次典型的客户端和服务端之间的通信。

在实际应用中，客户端和服务端主要有 3 种通信方式：HTTP 请求、WebSocket 和轮询。就像人们交流可以选择打电话、发微信或者写信一样，每种通信方式都有其特点和适用场景。

1. HTTP 请求：一问一答式的通信

HTTP 请求就像打电话问问题一样，是最基本的通信方式。当你在视频 App 上点击一个视频时，客户端会向服务端发送一个 HTTP 请求，服务端处理完后会返回相应的数据。这种方式的特点是：每次通信都是独立的，就像每次打电话都是一个完整的对话。

比如，当用户想要观看一个视频时，通信过程是下面这样的。

（1）客户端发送请求："我要观看视频 ID 为 12345 的视频。"

（2）服务端接收请求，查找视频文件。

（3）服务端返回响应："好的，这是视频的播放地址和相关信息。"

（4）通信结束

让我们看一个简单的 HTTP 请求示例。

```javascript
// 服务端代码 (server.js)
const express = require('express');
const app = express();

// 创建一个简单的视频信息接口
app.get('/video/:id', (req, res) => {
    // 获取视频 ID
    const videoId = req.params.id;

    // 模拟视频信息
    const videoInfo = {
        id: videoId,
        title: `示例视频 ${videoId}`,
        url: `https://example.com/videos/${videoId}.mp4`,
        duration: 180
    };

    // 返回视频信息
    res.json(videoInfo);
});

// 启动服务器
app.listen(3000, () => {
    console.log('服务器已启动, 监听端口 3000');
});
// 客户端代码 (client.js)
const axios = require('axios');

// 发送 HTTP 请求获取视频信息
async function getVideoInfo(videoId) {
    try {
        // 向服务器发送请求
        const response = await axios.get(`http://localhost:3000/
video/${videoId}`);
        // 打印获取到的视频信息
        console.log('获取到的视频信息: ', response.data);
    } catch (error) {
        console.error('获取视频信息失败: ', error.message);
    }
}

// 获取 ID 为 12345 的视频信息
getVideoInfo('12345');
```

2. WebSocket：保持联系的通信

WebSocket 就像视频通话一样，建立连接后可以持续通信。这种方式特别适合需要实时交互的场景，比如直播间的弹幕系统。一旦建立连接，客户端和服务端就可以随时互相发送消息，不需要重复建立连接。

在直播场景中，WebSocket 通信是像下面这样工作的。

（1）客户端和服务端建立 WebSocket 连接。

（2）当其他用户发送弹幕时，服务端立即推送给所有连接的客户端。

（3）当用户发送弹幕时，客户端立即发送给服务端。

（4）连接保持，直到用户关闭直播间。

下面是一个使用 WebSocket 实现实时弹幕系统的简单示例。

```javascript
// 服务端代码 (websocket-server.js)
const WebSocket = require('ws');

// 创建 WebSocket 服务器
const wss = new WebSocket.Server({ port: 8080 });

// 存储所有连接的客户端
const clients = new Set();

// 处理新的连接
wss.on('connection', (ws) => {
    // 将新客户端添加到集合中
    clients.add(ws);
    console.log('新用户连接到弹幕系统');

    // 处理接收到的弹幕消息
    ws.on('message', (message) => {
        // 将弹幕广播给所有连接的客户端
        clients.forEach((client) => {
            if (client.readyState === WebSocket.OPEN) {
                client.send(message.toString());
            }
        });
    });

    // 处理客户端断开连接
    ws.on('close', () => {
        clients.delete(ws);
        console.log('用户断开连接');
    });
});
// 客户端代码 (websocket-client.js)
const WebSocket = require('ws');

// 连接到 WebSocket 服务器
const ws = new WebSocket('ws://localhost:8080');

// 连接成功时的处理
ws.on('open', () => {
    console.log('已连接到弹幕服务器');
    // 发送一条弹幕消息
    ws.send('大家好！这是一条弹幕消息~');
});

// 接收弹幕消息的处理
```

```
ws.on('message', (message) => {
    console.log(' 收到新弹幕: ', message.toString());
});
```

3. 轮询：定期检查的通信

轮询就像每隔一段时间就问一次"有新消息吗？"这种方式适合需要定期更新数据的场景，比如检查是否有新的消息提醒。

视频 App 可能会使用轮询来更新推荐视频。

（1）客户端每隔几分钟发送一次请求："有新的推荐视频吗？"

（2）服务端检查是否有新内容，如果有，返回新的推荐列表；如果没有，返回空结果。

（3）客户端等待一段时间后再次询问。

这是一个使用轮询检查新消息的示例。

```
// 服务端代码 (polling-server.js)
const express = require('express');
const app = express();

// 模拟新消息列表
let messages = [];

// 提供获取新消息的接口
app.get('/messages', (req, res) => {
    res.json(messages);
});

// 添加新消息的接口（仅用于演示）
app.post('/messages', express.json(), (req, res) => {
    const message = req.body.message;
    messages.push({
        id: Date.now(),
        content: message,
        timestamp: new Date()
    });
    res.json({ success: true });
});

app.listen(3000, () => {
    console.log(' 轮询服务器已启动 ');
});
// 客户端代码 (polling-client.js)
const axios = require('axios');

// 定期检查新消息
async function checkNewMessages() {
    try {
        const response = await axios.get('http://localhost:3000/messages');
        console.log(' 最新消息列表: ', response.data);
    } catch (error) {
        console.error(' 检查消息失败: ', error.message);
```

```
    }
}

// 每 5 秒检查一次新消息
setInterval(checkNewMessages, 5000);
```

在实际开发中，我们需要根据具体场景选择合适的通信方式。

- 如果是获取视频信息这样的一次性操作，使用 HTTP 请求；
- 如果是直播弹幕这样需要实时交互的功能，使用 WebSocket；
- 如果是新消息提醒这样的定期更新，使用轮询。

小白必记

- HTTP 请求特点：一问一答，用完即断
- WebSocket 优势：保持连接，实时互动
- 轮询应用：定期检查，按需更新
- 通信选择原则：场景决定方式
- 数据传输要求：统一格式，安全可靠

3.4　GitHub 使用教程

3.4.1　GitHub 简介

想象你正在写一本书，写完后想把它分享给全世界的读者。GitHub 就像一个神奇的图书馆，不仅可以安全地保管你的"书稿"（代码），还能让世界各地的人一起参与创作和改进。这个"图书馆"已经吸引了超过 8000 万的"作者"（开发者），收藏了超过两亿个"作品"（代码仓库）。

GitHub 的神奇之处在于，它不仅仅是一个简单的代码存储空间，而是像一个智能管家，帮你处理许多复杂的事情。比如，它会记录每一次的修改历史，就像给你的代码拍了一张张"快照"，让你随时可以回到任何一个历史版本。当多个人同时修改代码时，它还能像一个细心的编辑，帮助大家协调工作，避免互相干扰。

作为初学者，你可能会问："GitHub 对我有什么用呢？"让我们来看看它能为你做些什么。

首先，它是一个完美的学习平台。就像图书馆里有很多优秀的参考书一样，GitHub 上有大量高质量的开源项目供你学习。你可以直接阅读这些项目的源代码，了解专业开发者是如何写代码的，就像阅读名家的作品，学习他们的写作技巧。

其次，它是一个展示自己的舞台。你可以把自己的代码项目放到 GitHub 上，就像作家出版自己的作品。这些项目可以成为你的作品集，向他人展示你的编程能力。很多公司在招聘时都会查看应聘者的 GitHub 账号，了解他们的编程水平。

再次，它是一个社交平台。在 GitHub 上，你可以关注感兴趣的项目和开发者，参与项目讨论，提出建议或报告问题。这就像加入了一个全球性的编程交流社区，可以认识志同道合的朋友，互相学习和进步。

最后，它是一个强大的版本控制工具。当你在编写代码时，GitHub 会自动记录每一次的修改。如果发现写错了，可以轻松回到之前的版本。这就像给你的代码加上了一个"后悔药"，让你可以大胆尝试，不用担心把代码改坏。

接下来会一步步介绍如何使用 GitHub 的各种功能。不用担心它看起来很复杂，本书会从最基础的操作开始，让大家慢慢掌握这个强大的工具。记住，每个优秀的程序员都是从初学者开始的，重要的是迈出第一步。

小白必记

- GitHub 定位：全球最大的代码托管与协作平台
- 代码仓库作用：安全存储代码，记录修改历史
- 版本控制原则：每次修改都要提交并说明改动
- 团队协作准则：遵循项目规范，保持代码整洁
- 开源项目学习：先读文档，多看代码，勤动手
- 社区参与方式：提问题、报 Bug、贡献代码

3.4.2　GitHub Desktop 的安装和账号配置

了解了 GitHub 这个"智能图书馆"的强大功能后，下面就来学习如何成为这个图书馆的会员，并安装一个便捷的管理工具。GitHub Desktop 就像你的私人图书管理助手，提供了图形界面，让你能够用鼠标单击来完成各种操作，不需要记忆复杂的命令。下面就把它安装到电脑上吧。

在开始安装之前，我们需要先确认电脑是否能够胜任这项工作。就像购买游戏前要检查电脑配置一样，看看电脑是否满足运行 GitHub Desktop 的基本要求。

如果你使用的是 Windows 系统，需要满足以下条件。

- Windows 10 64 位或更新的系统；
- 至少 4GB 内存（就像人的大脑需要足够的空间来思考）；
- 1GB 以上的硬盘空间（用来存储这个助手和它要管理的文件）。

如果你使用的是 macOS 系统，需要满足以下条件。

- macOS 10.15 (Catalina) 或更新的系统；
- 至少 4GB 内存；
- 1GB 以上的硬盘空间。

确认完系统要求后，就可以开始安装了。整个过程分为 3 个主要步骤：下载、安装和配置。

首先下载安装包。

（1）打开浏览器，访问 GitHub Desktop 的官方网站：https://desktop.github.com。

（2）网站会自动识别你的操作系统，显示对应的下载按钮。

（3）单击下载按钮，等待安装包下载完成。

接下来介绍安装过程。

如果你使用的是 Windows 系统，安装过程如下。

（1）找到下载好的安装文件（通常在"下载"文件夹中）。

（2）双击这个文件，启动安装程序。

（3）如果看到系统安全提示，单击"是"按钮允许安装。

（4）耐心等待安装完成，不需要做其他操作。

如果你使用的是 macOS 系统，安装过程如下。

（1）打开下载的 .dmg 文件。

（2）将 GitHub Desktop 图标拖到 Applications 文件夹中。

（3）第一次运行时，系统可能会询问是否信任这个应用，单击"打开"按钮即可。

最后配置账号。

（1）首先需要有一个 GitHub 账号，如果还没有，可以按以下步骤操作。

- 访问 https://github.com；
- 单击右上角的 Sign up（注册）按钮；
- 填写电子邮箱、用户名和密码；
- 完成注册流程。

（2）在 GitHub Desktop 中登录。

- 打开 GitHub Desktop 应用；
- 单击 Sign in to GitHub.com；
- 输入 GitHub 账号和密码；
- 允许 GitHub Desktop 访问 GitHub 账号。

（3）设置身份信息。

- 填写想显示的用户名；

- 填写邮箱地址；
- 这些信息会用来标记用户提交的代码，就像在作业上写上自己的名字一样。

完成这些步骤后，就可以开始使用 GitHub Desktop 了。它会成为你管理代码的得力助手，帮你完成各种版本控制的工作。

小白必记

- 安装环境检查：先确认系统配置是否达标
- 下载渠道原则：只从官方网站获取安装包
- 安装流程要点：按系统提示一步步完成安装
- 账号配置准则：使用安全邮箱注册 GitHub
- 身份信息设置：确保用户名和邮箱准确无误
- 安全防护原则：启用双重认证保护账号安全

3.4.3　GitHub 仓库的创建与管理

现在已经安装好了 GitHub Desktop 这个得力助手，接下来就开始创建自己的第一个代码仓库吧。想象你刚刚在图书馆申请了一个专属的智能书柜，这个书柜不仅能安全地存放你的"书稿"（代码），还能完整记录每一次的修改历史，甚至支持多人同时编辑而不会互相干扰。这就是 GitHub 仓库的神奇之处。

在开始创建仓库之前，先来了解什么是仓库。GitHub 仓库就像一个带有时光机功能的智能文件夹，它有几个特别的本领。

首先，它能记录所有的历史版本。当你修改了代码后，仓库会像照相机一样，给当前的代码拍一张"快照"。这样，你随时都能回到任何一个历史版本，就像时光倒流一样。

其次，它支持多人协作。就像多个作者合写一本书，GitHub 仓库允许多个开发者同时修改代码。它会智能地记录每个人的修改，并帮助大家协调工作，避免修改内容互相覆盖。

最后，它提供了分支功能。你可以把分支想象成平行宇宙，在不影响主要版本的情况下，你可以在分支中尝试新的想法。如果效果好，再把这些改动合并到主要版本中；如果效果不理想，直接放弃这个分支就好，完全不会影响到主要版本。

下面介绍如何创建一个仓库，GitHub 提供了两种便捷的方式。

第一种是通过 GitHub 网站创建。

（1）打开浏览器，访问 GitHub 官网并登录账号。

（2）单击右上角的"+"按钮，选择 New repository 选项。

（3）在新页面中填写仓库信息。

- Repository name（仓库名称）：使用英文，建议用小写字母和连字符；
- Description（描述）：简单说明这个仓库是做什么用的；
- Public/Private（公开 / 私有）：选择是否公开代码；
- 建议勾选"Add a README file"复选框，这样仓库会自动创建一个说明文档。

（4）单击 Create repository 按钮完成创建。

第二种是通过 GitHub Desktop 创建。

（1）打开 GitHub Desktop 应用。

（2）单击 File 菜单，选择 New repository 命令。

（3）在弹出的窗口中填写以下信息。

- Name（名称）：仓库名称；
- Description（描述）：项目说明；
- Local path（本地路径）：选择仓库在电脑上的存放位置；
- 根据需要选择是否初始化 README 文件。

（4）单击 Create repository 按钮完成创建。

创建仓库后，需要注意以下几点。

（1）仓库命名要规范。

- 使用有意义的英文名称；
- 单词之间用连字符（-）连接；
- 避免使用中文和特殊字符；
- 名称要能反映项目的用途。

（2）及时更新说明文档。

- README.md 文件要写清楚项目的基本信息；
- 说明项目的用途和特点；
- 列出使用方法和注意事项；
- 提供必要的示例和文档链接。

（3）做好权限管理。

- 私有项目要谨慎添加协作者；
- 定期检查访问权限设置；
- 及时删除不再需要的协作者；
- 重要代码要定期备份。

3.4.4　GitHub Desktop 如何拉取新仓库

前面介绍了如何创建自己的代码仓库，就像在图书馆里开辟了一个属于自己的空间。但是在 GitHub 这个巨大的开源世界里，还有数以百万计的优秀项目等待我们去探索。如何把这些项目复制到自己的电脑上呢？这就需要用到"克隆"（Clone）功能。

克隆，顾名思义，就是把远程仓库完整地复制一份到本地。这就像去图书馆借了一本喜欢的书，但不是用铅笔做标记，而是复印了一份带回家，这样就可以随意做笔记，添加书签，甚至修改内容。在编程世界里，克隆能够让我们在自己的电脑上自由地阅读和修改代码。

GitHub Desktop 为我们提供了两种简单的克隆方式，就像图书馆提供自助借书机和服务台两种借书方式一样。让我们来看看这两种方法。

1. 从网页端克隆

（1）打开浏览器，访问想克隆的 GitHub 仓库页面。

（2）找到绿色的 Code 按钮并单击。

（3）在弹出的菜单中选择 Open with GitHub Desktop 选项。

（4）系统会自动打开 GitHub Desktop 应用。

（5）在弹出的窗口中，选择想把这个仓库保存在电脑上的什么位置。

（6）单击 Clone 按钮，等待克隆完成。

2. 直接在 GitHub Desktop 中克隆

（1）打开 GitHub Desktop 应用选择顶部菜单栏中的 File → Clone Repository 命令。

（2）在弹出的窗口中，可以执行以下操作。

- 在 GitHub.com 选项卡中浏览并选择仓库；
- 输入仓库的网址（URL）；

- 选择已经存在的本地仓库。

（3）选择要将仓库保存在本地的文件夹位置。

（4）点击 Clone 按钮开始克隆。

克隆完成后，需要注意以下几点。

（1）克隆前的准备工作。

- 确保电脑有足够的存储空间（建议预留项目大小的 2～3 倍）；
- 选择一个合适的本地存储路径，最好避免使用中文路径；
- 检查网络连接是否正常，因为克隆需要从网络下载代码。

（2）克隆过程中的注意事项。

- 耐心等待克隆完成，不要中途关闭程序；
- 注意观察进度条，确保克隆正常进行；
- 如果克隆失败，可以删除已下载的文件后重试。

（3）克隆完成后的检查工作。

- 检查所有文件是否完整下载；
- 确认重要的配置文件和依赖文件是否存在；
- 记住仓库在本地的存储位置，方便以后查找。

（4）日常使用建议。

- 定期使用 Fetch 功能同步远程仓库的更新；
- 修改重要文件前最好先创建备份；
- 保持本地仓库整洁，及时清理不需要的文件。

小白必记

- 克隆操作原则：确保空间充足再开始
- 存储路径选择：避免中文和特殊字符
- 网络环境要求：保持稳定的网络连接
- 同步更新策略：定期拉取远程仓库更新
- 文件管理准则：保持本地仓库整洁有序
- 备份机制建议：重要文件修改前先备份

3.4.5 GitHub Desktop 如何提交代码

前面介绍了如何创建仓库、克隆项目，本节介绍代码开发中最重要的操作之一——提交代码。比如写一本日记，每完成一段重要内容，就把它保存下来。在

GitHub 中，这个保存的过程就叫作"提交"（Commit）。每次提交就像给代码拍了一张照片，记录当时的完整状态。这样，你随时都能回到任何一个历史时刻，查看或恢复之前的内容。

提交代码不仅仅是简单的保存，它更像是给编程之路留下清晰的足迹。一个好的提交习惯不仅可以帮助你追踪项目的发展历程，也方便其他开发者了解你的工作进展。就像写日记时会记录日期和重要事件一样，每次提交代码时也需要写清楚做了哪些修改。

让我们通过具体步骤向大家介绍如何使用 GitHub Desktop 提交代码。

首先，当你修改了项目中的文件后，GitHub Desktop 会自动检测到这些变化。在左侧的 Changes 面板中，你会看到所有发生改变的文件。每个文件旁边都有一个状态图标。

- 黄点表示这个文件被修改了；
- 绿色的加号表示这是一个新文件；
- 红色的减号表示这个文件被删除了。

接下来，你需要仔细检查要提交的内容。

（1）单击每个改动的文件，在右侧可以看到具体改动了什么。

（2）绿色背景的文字表示新增的内容。

（3）红色背景的文字表示删除的内容。

（4）确认这些改动都是你想要提交的。

然后你需要填写提交信息，就像给你的改动写一个简短的说明：

（1）在左下角的 Summary 文本框中，用一句话描述这次改动的主要内容。

- 好的例子："添加用户登录功能"；
- 不好的例子："更新代码"。

（2）在"Description"框中可以写更详细的说明。

- 列出具体改动了哪些内容；
- 说明为什么要做这些改动；
- 如果有相关的任务编号，也要标注出来。

最后，单击蓝色的 Commit to main 按钮（如果在主分支上工作），完成提交。需要注意的是，提交只是把改动保存在了本地电脑上。如果想让其他人看到这些改动，还需要单击顶部的 Push origin 按钮，将改动推送到 GitHub 网站上。这就像把你的日记本放到图书馆的架子上，让其他人也能看到你的工作成果。

- 提交原则：每个提交只做一件事情
- 描述要求：提交说明要简洁明了
- 检查步骤：提交前仔细核对改动内容
- 推送规范：及时将本地提交推送到远程
- 频率建议：完成一个小功能就提交一次
- 说明格式：概述＋详细描述两部分
- 内容整理：相关改动放在同一次提交

3.4.6　Pull Request 和忽略文件配置

前面介绍了如何提交代码，但在实际的团队开发中，代码的提交往往需要经过审核才能最终合并到主分支中。这就需要用到 Pull Request 这个强大的功能。

想象你正在参与编写一本多人合著的书籍。当你完成了自己负责的章节后，需要把内容提交给主编审核，这就是 Pull Request（简称 PR）的过程。Pull Request 是一种优雅且规范的代码协作方式，它让代码的修改变得有序和可控。

1. Pull Request 是什么

Pull Request 就像一个正式的"代码提交申请表"。当你完成了某个功能的开发，想要把代码合并到主分支时，需要先提交这个申请表，等待项目维护者审核通过后，代码才会被正式接受。

这个过程的好处如下。

- 其他开发者可以审查这些代码；
- 可以进行充分的讨论和交流；
- 确保代码质量符合项目标准；
- 避免直接修改主分支带来的风险。

2. 如何创建 Pull Request

（1）准备工作。

- 确保代码已经完成并测试通过；
- 将所有修改提交到自己的分支；
- 推送分支到 GitHub。

（2）创建 Pull Request。

- 在 GitHub Desktop 中单击 Create Pull Request 按钮；

- 浏览器会自动打开 GitHub 网页；
- 填写标题（简述做了什么改动）；
- 在描述中详细说明修改内容和原因；
- 单击 Create pull request 按钮完成创建。

（3）等待审查。

- 项目维护者会收到通知；
- 他们会审查修改的代码；
- 可能会提出修改建议；
- 你需要根据反馈进行调整。

（4）合并代码。

- 审查通过后，维护者会合并修改的代码；
- 合并完成后，可以删除分支；
- 记得同步更新本地代码。

3. 忽略文件配置

在项目开发中，有些文件是不需要提交到 GitHub 的。

- 编译生成的临时文件；
- 包含密码等敏感信息的配置文件；
- 开发工具自动生成的文件；
- 系统自动生成的缓存文件。

这时，就需要配置 .gitignore 文件来告诉 Git 哪些文件不需要管理。就像给仓库管理员一份"免管清单"，列表上的物品就不用放入仓库了。

配置忽略文件有两种方法。

方法一：通过 GitHub Desktop 图形界面。

（1）在 Changes 面板中找到要忽略的文件。

（2）在文件上单击鼠标右键，选择 Ignore file 命令。

（3）选择忽略单个文件还是同类型文件。

（4）GitHub Desktop 会自动更新 .gitignore 文件。

方法二：手动编辑 .gitignore 文件。

（1）在项目根目录创建 .gitignore 文件。

（2）用文本编辑器打开，添加需要忽略的文件规则。

```
# 忽略 node_modules 文件夹
node_modules/

# 忽略编译输出目录
build/
```

```
dist/

# 忽略环境配置文件
.env
.env.local

# 忽略系统文件
.DS_Store
Thumbs.db

# 忽略编辑器配置
.vscode/
.idea/
```

小白必记

- Pull Request 原则：一个 PR 只做一件事
- 代码审查要求：及时响应审查意见
- 分支管理准则：PR 合并后及时删除分支
- 提交说明规范：清晰描述改动内容和原因
- 忽略文件原则：敏感信息和临时文件要忽略
- 配置管理要点：及时更新 .gitignore 文件

3.4.7 分支管理基础

前面介绍了如何创建和管理代码仓库，接下来深入介绍 Git 中一个非常重要的概念——分支管理。就像写一本小说，主线剧情已经确定，但作者突然有了一个新的情节创意。这时，如果不想直接修改主线剧情，可以先在一个单独的文档中尝试这个新想法。在 Git 中，这就是分支（Branch）的概念。分支让你能够在不影响主要代码的情况下，安全地尝试新的想法。

分支就像项目的平行宇宙，每个分支都可以独立发展，互不干扰。若对某个分支上的修改满意，可以将它合并回主分支；如果不满意，直接删除这个分支就好，完全不会影响到主分支的代码。这种机制让我们能够更自由地进行创新和尝试。

让我们通过一个具体的例子来理解分支的作用。以开发一个网上商城为例，

- 主分支（main）上是当前正在运行的稳定版本；
- 想要添加一个新的支付功能；
- 但不确定新功能是否会影响现有系统；
- 这时，可以创建一个新的分支来开发这个功能。

在 GitHub Desktop 中创建和管理分支非常简单。

1）创建新分支
- 单击当前分支名称（通常是 main 或 master）；
- 单击 New Branch 按钮；
- 输入分支名称（如 feature-payment）；
- 单击 Create Branch 按钮完成创建。

2）分支命名规范
- 功能开发分支：以 feature/ 开头，例如：feature/login（开发登录功能）；
- 问题修复分支：以 bugfix/ 开头；例如：bugfix/login-error（修复登录错误）；
- 紧急修复分支：以 hotfix/ 开头；例如：hotfix/security-issue（修复安全问题）。

3）切换分支
- 单击当前分支名称；
- 在分支列表中选择要切换的分支；
- 单击即可切换到该分支。

4）切换分支时要特别注意
- 确保已经保存当前工作并提交；
- 如果有未提交的修改，系统会提醒；
- 可以选择提交更改或暂存更改；
- 切换前确保当前分支的工作已完成。

分支管理的一些重要原则如下。

1）主分支（main/master）的保护
- 主分支应该始终保持稳定可用；
- 不要直接在主分支上开发新功能；
- 重要更改通过 Pull Request 提交；
- 定期备份主分支的代码。

2）开发分支的使用
- 每个新功能创建独立的分支；
- 分支名称要能反映开发内容；
- 及时同步主分支的更新；
- 完成开发后及时合并或删除。

3）团队协作中的分支管理
- 遵循团队的分支命名规范；
- 定期与团队同步分支状态；
- 重要分支的变更及时通知团队；

- 合并前进行充分的测试。

3.4.8 合并分支

前面介绍了分支管理的基础知识，大家知道了如何创建和管理分支。本节介绍一个更重要的操作——合并分支。比如写一本书，作者在一个单独的笔记本上尝试了一些新的内容。当对这些新内容感到满意时，就需要把它们加入到主要的书稿中。在 Git 中，这个过程就叫作"合并分支"。合并分支就是将一个分支上的改动整合到另一个分支中，通常是把功能分支的代码合并到主分支中。

让我们通过一个具体的例子来理解合并分支的过程。比如开发一个网上商城，并在一个名为 feature-payment 的分支上开发了支付功能。目前这个功能已经开发完成并测试通过，现在需要把它合并到主分支中，让所有用户都能使用这个新功能。

合并分支的过程就像把两条河流汇合在一起。如果两条河流互不干扰，那么合并过程会很顺畅；但如果两条河流在同一个位置都有水流，就需要特别处理这些"冲突"的部分。

1. 基本的合并步骤

在开始合并之前，需要做一些准备工作。

（1）确保要合并的分支（比如 feature-payment）上的工作已经完成。

（2）所有的改动都已经提交（commit）。

（3）本地代码与远程仓库已经同步。

然后按照以下步骤进行合并。

（1）切换到目标分支（通常是主分支）。

- 在 GitHub Desktop 中单击当前分支；
- 从下拉列表中选择主分支（main 或 master）。

（2）执行合并操作。

- 选择顶部的 Branch 菜单；
- 选择 Merge into current branch 命令；
- 在弹出窗口中选择要合并的源分支（如 feature-payment）；
- 单击 Merge 按钮确认操作。

2. 处理合并冲突

有时候，当两个分支修改了同一个文件的同一部分时，就会出现"合并冲突"。就像两个作者同时修改了书的同一个段落，需要决定保留哪个版本。

当发生冲突时，GitHub Desktop 会显示冲突提示，打开有冲突的文件，会看到类似下面这样的标记。

```
<<<<<<< HEAD
主分支上的代码
=======
功能分支上的代码
>>>>>>> feature-payment
```

解决冲突的步骤如下。

- 仔细阅读两个版本的代码；
- 决定保留哪些内容；
- 删除冲突标记（<<<<<<< HEAD、=======、>>>>>>>）；
- 保存文件；
- 提交这次解决冲突的修改。

3. 合并策略

根据不同的场景，你可以选择不同的合并策略。

1）普通合并（Merge commit）

- 保留完整的分支历史；
- 适合需要追踪分支历史的情况；
- 会在主分支上创建一个新的合并提交。

2）快进合并（Fast-forward）

- 当主分支没有新的提交时使用；
- 不会创建新的合并提交；
- 历史记录会更加整洁。

3）压缩合并（Squash and merge）

- 将功能分支的多个提交合并为一个；
- 保持主分支历史简洁；
- 适合功能开发完成后的最终合并。

3.4.9 撤回分支

前面介绍了分支的创建、管理和合并，但有时候可能需要放弃某些开发工作。就像写作时可能需要放弃某个写作方向重新开始一样，在 Git 中，我们可以通过撤回分支来达到这个目的。

撤回分支就像删除一个不满意的章节，这个操作需要谨慎进行，因为删除后的内容可能难以恢复。下面介绍如何安全地撤回分支。

首先，需要了解撤回分支的 3 种主要场景。

第一种场景是删除本地分支。这就像删除电脑里的草稿文件，不会影响到已经发布的内容。具体步骤如下。

（1）切换到其他分支（通常是主分支）。

（2）选择顶部的分支名称下拉按钮。

（3）找到要删除的分支，单击鼠标右键。

（4）选择 Delete（删除）命令。

（5）如果这个分支有未合并的更改，系统会给出警告提示。

第二种场景是删除远程分支。这就像从图书馆的书架上撤下一本书，需要更加谨慎。操作步骤如下。

（1）在 GitHub Desktop 中选择 Branch 菜单。

（2）选择 Delete branch 命令。

（3）如果该分支已经推送到远程，系统会询问是否同时删除远程分支。

（4）仔细确认后，单击"确认"按钮完成删除。

第三种场景是放弃分支中的更改。这就像放弃一篇文章的修改，回到最初的版本。

（1）在 Changes 面板中选择要放弃的文件。

（2）在这些文件上单击鼠标右键。

（3）选择 Discard changes 命令。

（4）在确认对话框中再次确认。

在进行这些操作时，需要特别注意以下几点。

（1）删除分支前的安全检查。

- 确保重要的代码已经合并或备份；
- 确认当前没有切换到要删除的分支；
- 与团队成员确认该分支是否还在使用。

（2）数据安全建议。

- 对于重要的分支，建议先创建一个备份分支；
- 如果不确定是否需要删除，可以先将分支重命名；
- 删除前先在本地测试代码是否正常运行。

（3）团队协作注意事项。

- 删除共享分支前，需要通知团队成员；
- 确认没有其他成员正在使用该分支；
- 在团队文档中记录删除分支的原因和时间。

小白必记

- 分支删除原则：确认无用才执行删除
- 备份策略：重要分支先做备份再操作
- 团队协作准则：删除共享分支前先通知
- 安全检查要点：确保代码已合并或备份
- 操作顺序规范：先删本地，再删远程
- 回退机制建议：保留关键节点的备份分支
- 文档记录要求：记录重要分支的删除原因

3.4.10　如何回滚代码

前面介绍了分支管理和合并操作，但有时候可能会遇到这样的情况：合并后发现代码有问题，或者某个功能开发失败需要放弃。这时候，就会用到 Git 的"回滚"功能。Git 就像一台神奇的时光机，让我们能够回到代码的任何历史版本。让我们通过几个常见的场景，来介绍如何优雅地进行代码回滚。

1. 场景一：撤销还没有提交的修改

想象你正在开发一个新功能，突然发现整个思路都不对。这时想要放弃这些新写的内容，回到上一次提交的状态。在 GitHub Desktop 中，可以像下面这样操作。

1）放弃单个文件的修改

- 在 GitHub Desktop 的 Changes（更改）面板中找到要放弃的文件；
- 在这个文件上单击鼠标右键；
- 选择 Discard changes（放弃更改）命令；
- 在弹出的确认框中再次确认。

2）放弃所有文件的修改

- 在 Changes 面板中按 Ctrl+A（macOS 系统用 Commond+A）组合键选中所有文件；
- 单击鼠标右键，选择 Discard all changes（放弃所有更改）命令；
- 确认真的要放弃这些修改。

2. 场景二：撤销最近的一次提交

有时候可能刚刚提交了代码，突然发现有一个严重的 bug 需要修复。这时可以按以下方法操作。

1）撤销最新的提交

- 切换到 History（历史记录）选项卡；
- 在最新的提交记录上单击鼠标右键；
- 选择 Revert changes in commit（还原这次提交的更改）命令；
- GitHub Desktop 会自动创建一个新的提交，内容是撤销上次的修改。

2）修改最新提交的说明文字

- 在最新的提交上单击鼠标右键；
- 选择 Amend commit（修改提交）命令；
- 修改提交说明；
- 单击 Amend 按钮确认修改。

3. 场景三：回到特定的历史版本

有时候，人们可能想回到项目的某个重要节点，比如某个功能刚完成时的状态，或者是合并分支前的状态。

1）通过创建新分支来回滚

- 在 History 中找到想回到的版本；
- 单击鼠标右键，选择 Create branch from commit（从这次提交创建分支）命令；
- 输入新分支名称（比如 rollback-to-v1.0）；
- 在新分支上继续工作或者将其合并到主分支。

2）直接还原到特定版本

- 找到目标提交记录；
- 单击鼠标右键，选择 Revert changes in commit 命令，如图 3-1 所示；
- 这会创建一个新的提交，将代码还原到用户选中的版本。

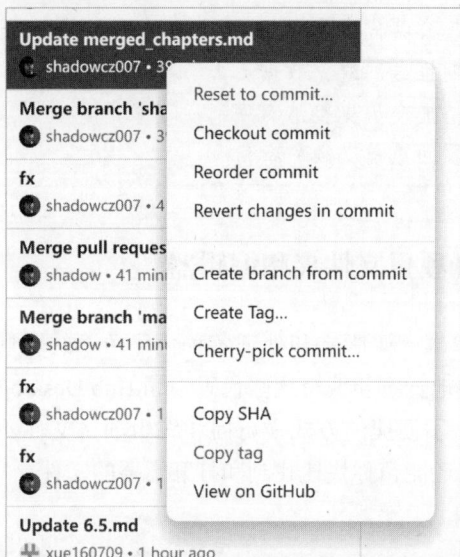

图 3-1　选择 Revert changes in commit 命令

在进行这些操作时，需要特别注意以下几点。

1）数据安全

- 在进行重要的回滚操作前，最好先创建一个备份分支；
- 如果不确定回滚是否合适，可以先创建一个新分支进行尝试；
- 回滚前确保已经提交所有重要的代码修改。

2）团队协作

- 如果要回滚公共分支的代码，记得提前通知团队成员；
- 确认回滚操作不会影响到其他人的工作；
- 回滚完成后，及时将更改推送到远程仓库。

3）代码管理

- 养成经常小批量提交的习惯，这样可以更精确地进行回滚；
- 每次提交都写清楚说明文字，方便日后找到合适的回滚点；
- 定期将代码推送到远程仓库，避免本地数据丢失。

3.4.11 如何打开项目文件夹和编辑器

前面介绍了如何管理代码版本和处理各种代码回滚的场景，但在日常开发中，我们首先需要能够方便地查看和编辑这些代码。GitHub Desktop 不仅是一个版本控制工具，它还为我们提供了便捷的方式来访问和编辑项目文件。就像一个智能管家，它不仅帮你管理代码，还能帮你快速找到和打开需要的文件。

1. 打开项目文件夹

在开发过程中，我们经常需要直接查看项目的文件结构，或者找到某个特定的文件。GitHub Desktop 提供了两种简单的方式来实现这个目的。

（1）通过右键快捷菜单快速访问。

- 在 GitHub Desktop 的仓库列表中找到项目；
- 在项目名称上单击鼠标右键；
- 选择 Show in Explorer（Windows 系统）或 Show in Finder（macOS 系统命令）；
- 文件管理器会自动打开并定位到项目文件夹。

（2）通过顶部菜单栏访问。

- 先在 GitHub Desktop 中选中项目；
- 单击顶部的 Repository（仓库）菜单；
- 选择 Show in Explorer/Finder 命令；
- 系统会打开对应的项目文件夹。

2. 使用 Cursor 编辑项目

在开发过程中，Cursor 是一个强大的 AI 辅助编程工具，它能帮助人们更高效地编写和管理代码。使用 Cursor 打开项目，有以下几种方式。

（1）直接从 GitHub Desktop 打开。

- 选中要打开的项目；

- 单击顶部的 Repository 菜单；
- 选择 Open in Cursor 命令；
- Cursor 会自动启动并打开项目。

（2）设置 Cursor 为默认编辑器。

- 打开 GitHub Desktop 的设置；
- 找到 Integrations（集成）选项；
- 在 External Editor（外部编辑器）下拉列表中选择 Cursor 选项；
- 设置后可以用快捷键 Ctrl+Shift+A（macOS 用 Cmd+Shift+A）快速打开。

（3）如果没有看到 Cursor 选项，可以按以下步骤操作。

- 确保已经正确安装了 Cursor；
- 重启 GitHub Desktop；
- 通过 Open in External Editor 命令手动选择 Cursor 程序。

3.4.12　如何使用开源项目

前面介绍了如何使用 GitHub Desktop 管理和编辑项目，但作为开发者，不仅要会管理自己的代码，还要学会利用开源社区的智慧。就像走进一个巨大的图书馆，里面收藏着世界各地程序员们贡献的优秀代码。这些代码就像一本本开放阅读的书籍，人们不仅可以免费阅读，还可以把它们带回家修改或者引用到自己的作品中。这就是开源项目的魅力所在。

在使用开源项目时，主要有两种方式：直接使用和二次开发。就像你可以直接引用一本书中的内容，也可以基于这本书写一个新的版本。下面详细介绍这两种使用方式。

1. 直接使用开源项目

这种方式就像在自己的文章中引用别人的观点。

1）寻找合适的项目

- 访问 GitHub 网站，在搜索框中输入关键词；
- 查看项目的 Star（数量越多说明越受欢迎）；
- 检查最后更新时间（越近越好）；
- 阅读 README 文件，了解项目功能。

2）评估项目质量

- 看看有多少人 Star 了这个项目（一般 1000 以上的比较可靠）；
- 检查最近半年是否有更新（活跃项目更有保障）；
- 浏览 Issues 区域，看看问题处理是否及时；

- 查看文档是否完整，查看使用说明是否清晰。

3）正确引入项目

- 仔细阅读安装说明；
- 使用包管理器（如 npm）安装依赖包；
- 按照文档说明正确配置；
- 在自己的代码中引入并使用。

2. 二次开发（Fork）

这种方式就像把一本书重新改写成适合自己的版本。步骤如下。

1）Fork 项目

- 打开项目主页，单击右上角的 Fork 按钮；
- 选择保存到自己的账号下；
- 等待 Fork 完成。

2）克隆到本地

- 使用 GitHub Desktop 克隆项目到本地；
- 创建新的分支进行开发；
- 按照自己的需求修改代码；
- 定期从原项目同步更新。

在使用开源项目时，有以下几个重要的注意事项。

1）开源协议

- MIT：最宽松，基本可以自由使用；
- Apache：可以商用，但要保留版权信息；
- GPL：修改后的代码也必须开源；
- 商业项目一定要仔细检查协议要求。

2）技术兼容性

- 检查项目支持的编程语言版本；
- 确认运行环境要求；
- 评估与现有项目是否兼容；
- 考虑可能的依赖冲突。

3）使用成本

- 评估学习难度；
- 考虑维护成本；
- 确认团队是否有能力维护；
- 检查社区是否活跃。

3.4.13 实用建议和最佳实践

前面介绍了 GitHub 的基本使用方法，从创建仓库到管理分支，从代码提交到处理冲突。下面把这些知识点串联起来，总结一些实用的建议和最佳实践，帮助你在实际开发中更好地使用 GitHub。

首先，来谈谈项目文件的管理。你的项目就像一个大书柜，需要把不同类型的书籍分门别类地摆放。一个好的项目结构应该像图书馆一样井然有序：每类书都有固定的位置，书名清晰易懂，重要的目录和索引及时更新。这种组织方式不仅可以让人能够快速找到需要的文件，也方便其他开发者理解该项目结构。

一个规范的项目目录结构通常包括如下部分。

- src 文件夹：存放源代码文件；
- docs 文件夹：存放项目文档；
- tests 文件夹：存放测试文件；
- assets 文件夹：存放静态资源文件；
- build 或 dist 文件夹：存放构建的文件。

在文件命名方面，建议遵循以下规则。

- 使用有意义的英文名称；
- 采用小写字母，单词间用连字符连接；
- 避免使用中文或特殊字符；
- 文件名要能反映内容，比如 user-login.js 比 page1.js 更直观。

其次，介绍关于代码提交的最佳实践。前面介绍了如何提交代码，但要养成好的提交习惯还需要注意以下几点。

（1）提交频率。

- 完成一个小功能就提交一次；

- 修复一个 bug 就提交一次；
- 不要积累太多改动才提交；
- 每天至少提交一次代码。

（2）提交说明的写法。

- 标题简明扼要（不超过 50 个字符）；
- 详细描述用要点列出；
- 说明改动的原因和影响；
- 如果有相关的任务编号要标注。

下面展示一个好的提交说明。

```
添加用户登录功能

– 新增登录页面和表单验证
– 实现用户名和密码的加密存储
– 添加登录失败的错误提示
– 关联任务：TASK-123
```

在分支管理方面，基于前面的内容，可以总结出以下建议。

（1）主分支（main/master）管理。

- 保持主分支代码随时可发布；
- 不要直接在主分支上开发；
- 定期将主分支代码部署到测试环境；
- 主分支的合并要经过代码审查。

（2）功能分支管理。

- 每个新功能创建独立分支；
- 分支命名要规范（如 feature/login）；
- 及时同步主分支的更新；
- 功能完成后及时合并或删除。

关于团队协作，要特别注意以下几点。

（1）代码审查（Pull Request，PR）。

- 提交 PR 前自己先审查一遍；
- 认真对待审查意见；
- 及时回复评论和修改建议；
- 保持礼貌和专业的交流态度。

（2）文档维护。

- 及时更新 README 文件；
- 在代码中添加必要的注释；

- 记录重要的配置说明；
- 保持文档与代码的同步更新。

最后，要像保护自己的银行账户一样重视安全问题。

（1）账号安全。

- 启用双因素认证；
- 定期更换密码；
- 不在公共场所保存登录状态；
- 及时清理过期的访问令牌。

（2）代码安全。

- 使用 .gitignore 过滤敏感信息；
- 不要提交配置文件中的密码；
- 定期更新依赖包版本；
- 及时修复已知的安全漏洞。

小白必记

- 项目结构原则：目录分明，文件分类有序
- 代码提交准则：小步提交，说明要详细
- 分支管理策略：主分支稳定，功能分支灵活
- 团队协作要点：互相尊重，积极沟通
- 文档维护原则：及时更新，清晰易懂
- 安全防护要求：定期检查，及时修复
- 命名规范标准：简洁明了，见名知意

3.5 如何部署 Node.js 环境

3.5.1 Node.js 是什么？

大家都知道积木游戏，而 JavaScript 就像一种特殊的积木，以前只能在浏览器这个"游戏场地"里搭建东西。但是有一天，一个叫 Node.js 的"魔法平台"出现了，它让这些积木可以在任何地方使用，不再局限于浏览器里。

Node.js 最厉害的地方在于它拥有一个超级丰富的"积木商店"——NPM（Node Package Manager，Node 包管理器）。在这个商店里，存放着超过 200 万个可以直接使用的"积木包"。每个积木包都有特定的功能，你可以像搭积木一样，把它们组合

起来，搭建出各种有趣的应用。

使用 Node.js，可以制作出很多不同类型的应用。

（1）网站应用：比如，要开发一个类似于微信朋友圈的社交平台，使用 Node.js 就可以实现。它可以处理用户发送的文字、图片，管理用户之间的互动，还能确保所有数据安全地存储。比如 LinkedIn 这样的求职平台，就是使用 Node.js 开发的。

（2）桌面软件：如果经常使用网易云音乐，可以发现这个音乐播放器也是用 Node.js 开发的。通过 Node.js，可以把网页技术变成一个在电脑上运行的正式应用程序，就像 VS Code 这个我们经常使用的代码编辑器一样。

（3）移动应用：虽然 Node.js 主要在服务器端使用，但它也能帮助开发手机应用。比如 Notion 这款流行的笔记软件，它的客户端就是用 Node.js 开发的。通过 React Native 这样的框架，开发者可以用 JavaScript 和 Node.js 的技术栈来构建原生的移动应用。这种方式不仅开发效率高，而且能保证应用有接近原生的性能体验。

（4）开发工具：对程序员来说，Node.js 就像一个百宝箱。它可以帮助我们自动完成很多重复的工作，比如检查代码错误、打包项目文件、自动运行测试等。Vue CLI 这样的工具就是用 Node.js 开发的，它能帮助我们快速创建新项目。

为什么 Node.js 这么受欢迎？主要有以下原因。

（1）跨平台能力强：就像一个变形金刚，同样的代码可以在 Windows、macOS、Linux 等不同的系统上运行，不需要做任何改变。

（2）性能出色：Node.js 使用了谷歌开发的 V8 引擎，就像给代码装上了一个超级发动机，运行速度特别快。

（3）生态系统丰富：记得前面说的"积木商店"吗？里面的 200 多万个包就是最好的证明，几乎你能想到的功能都有现成的解决方案。

（4）社区特别活跃：当遇到问题时，很容易在网上找到解答。全世界有数百万开发者在使用 Node.js，他们会分享经验、解决方案和最佳实践。

（5）学习曲线平缓：如果你已经了解 JavaScript，那么学习 Node.js 就像在已有的基础上加了一层新技能，不会感觉特别困难。

小白必记

- Node.js 本质：让 JavaScript 能在任何地方运行
- NPM 定义：世界最大的开源代码包管理平台
- 跨平台原则：一次编写，到处运行
- 性能优势：采用 V8 引擎，运行速度快
- 生态特点：拥有超过 200 万个开源包
- 学习路线：先懂 JavaScript，再学 Node.js

3.5.2　如何下载和安装 Node.js

在了解了 Node.js 的基本概念后，下面来学习如何把这个强大的工具安装到电脑上。就像前面说的，Node.js 就是一个让 JavaScript 能在任何地方运行的"魔法平台"。现在，把这个平台搭建到电脑上。

首先，需要明确一个概念：Node.js 有两个版本可供选择。

- LTS 版本：就像经过充分测试的"正式版"，特点是稳定可靠；
- Current 版本：就像刚出炉的"新鲜版"，有最新功能但可能不太稳定。

对初学者来说，强烈推荐你选择 LTS 版本，因为它更稳定，出问题的概率更小。

下面是详细的安装步骤。

1）下载安装包

- 打开浏览器，访问 Node.js 官网：https://nodejs.org；
- 在首页有两个大大的绿色下载按钮；
- 单击左边的 LTS 版本下载按钮；
- Windows 用户会自动下载 .msi 文件；
- macOS 用户会自动下载 .pkg 文件。

2）运行安装程序

如果使用的是 Windows 系统，按以下方法安装。

- 双击下载的 .msi 文件；
- 看到安装向导后，单击"下一步"；
- 勾选"我同意"复选框，继续单击"下一步"；
- 选择安装位置（建议保持默认）；
- 一直单击"下一步"按钮，直到完成安装。

如果你使用的是 macOS 系统，按以下方法安装。

- 双击下载的 .pkg 文件；
- 单击"继续"按钮；
- 同意许可协议；
- 选择安装位置（建议保持默认）；
- 可能需要输入 macOS 系统密码；
- 等待安装完成。

3）验证安装结果

安装完成后，需要确认 Node.js 是否安装成功。

Windows 系统用户按以下方法验证。

- 按下 Windows + R 组合键；

- 输入 cmd 并按 Enter 键，打开命令提示符；
- 输入以下命令并按 Enter 键。

```
node --version
```

macOS 用户按以下方法验证。
- 单击左上角的苹果图标，选择"系统偏好设置"选项；
- 单击"聚焦"按钮（或按下 Command + 空格组合键）；
- 输入"终端"并按 Enter 键打开；
- 输入以下命令并按 Enter 键。

```
node --version
```

如果看到类似 v18.16.0 这样的版本号，就说明安装成功了！

在安装过程中，可能遇到的问题和解决方法如下。

1）提示"无法打开"或"来源不明"
- Windows：在安装包上单击鼠标右键，选择"属性"→"解除锁定"命令；
- macOS：打开系统偏好设置窗口，将安全性与隐私设置为允许打开。

2）安装失败或报错
- 关闭杀毒软件后重试；
- 使用管理员权限运行安装程序；
- 清理电脑临时文件后重试。

3）命令行提示"不是内部或外部命令"
- Windows：重启电脑试试看；
- 检查环境变量是否正确设置。

小白必记

- Node.js 版本选择：新手首选 LTS 版本
- 安装路径原则：建议使用默认安装位置
- 验证方法要点：用 node --version 命令检查
- 权限设置关键：安装时需要管理员权限
- 问题处理思路：重启、权限、环境变量

3.5.3 什么是 NPM

在了解了 Node.js 这个强大的平台后，还需要认识它的得力助手——NPM。就像建造一座乐高城堡，可以选择自己从头开始制作每一个积木，但这样太费时费力了。如果有一个巨大的乐高商店，里面摆满了各种现成的积木组件，只要挑选需要的拿来用就好了——这就是 NPM 的工作方式。

NPM（Node Package Manager）就是这样一个"代码商店"。它的名字虽然听起来很专业，但其实很好理解。

- Node：表示它是为 Node.js 服务的；
- Package：就是一个个的代码包，像乐高积木一样；
- Manager：是一个管理员，负责帮你找到、安装和管理这些代码包。

这个"代码商店"有多大呢？截至目前，NPM 里面存放着超过 200 万个可以直接使用的代码包。每个代码包就像一个预制好的乐高组件，都有特定的功能。

- 有的包可以用来制作漂亮的网页按钮；
- 有的包可以用来处理复杂的数学计算；
- 有的包可以用来连接数据库；
- 有的包可以用来发送电子邮件。

NPM 的特别之处如下。

1）完全免费

就像一个永远不收费的商店，所有的代码包都可以免费使用。这是因为全世界的程序员都在贡献自己的智慧。

2）版本管理很智能

每个代码包都会不断更新，就像手机会有不同的型号。NPM 可以帮你准确地选择和安装你需要的版本。

3）自动处理依赖关系

就像买了一个需要电池的玩具，NPM 会自动帮用户配上合适的电池——这就是 NPM 处理依赖关系的方式。

4）更新非常方便

当代码包有了新版本以后，只需一行命令就能更新，就像手机自动更新一样简单。

下面来看看如何确认 NPM 是否已经安装在电脑上。打开 Cursor 的终端（按下 Ctrl+` 或 Cornmond+` 组合键），输入以下命令。

```
# 查看 npm 版本
npm --version

# 如果看到类似 "9.5.0" 的版本号，说明 npm 已经安装成功
```

如果安装了 Node.js，NPM 就已经自动安装好了，就像买手机时会自带应用商店一样。

使用 NPM 的基本步骤如下。

（1）找到需要的代码包（可以在 NPM 官网搜索）。

（2）使用 npm install 命令安装这个包。

（3）在代码中使用这个包的功能。

小白必记

- NPM 的本质：免费开源的代码包管理工具
- 代码包的特点：功能独立，即装即用
- 版本管理原则：准确选择，避免冲突
- 依赖处理机制：自动安装相关组件
- 更新维护方式：一键更新到最新版本
- 安装确认方法：用 npm --version 命令检查

3.5.4 NPM 换源加速

前面介绍了 NPM 这个强大的"代码商店"，但是它的下载速度太慢。就像在网上购物时，如果只能从国外的商店买东西，可能要等很久才能收到。但如果有国内的专卖店，送货就会快很多。NPM 换源就是这样的道理——把"商店"从国外换到国内，这样下载速度就会快很多。

在开始换源之前，需要先做一些准备工作。

1）确认权限设置

- Windows 用户：以管理员身份运行 Cursor；
- macOS 用户：需要设置 NPM 目录权限，在终端中输入以下命令。

```
sudo chown -R $(whoami) ~/.npm
```

2）打开 Cursor 终端

- 使用快捷键 Ctrl+`（Windows）或 Cmd+`（macOS）
- 单击 Cursor 底部的 Terminal 标签。

换源有两种方式，就像你可以选择去实体店（cnpm）或者网购（直接换源）一样。

方式一：使用 cnpm（推荐新手使用）命令。

- Windows 用户：以管理员身份运行。

```
npm install -g cnpm --registry=https://registry.npmmirror.com
```

- # macOS 用户：使用以下命令。

```
sudo npm install -g cnpm --registry=https://registry.npmmirror.com
```

验证安装是否成功，命令如下。

```
cnpm -v
```

安装成功后，以后就可以用 cnpm 代替 npm 命令了。

```
# 使用 cnpm 安装包
cnpm install express

# 使用 cnpm 全局安装包
cnpm install -g typescript
```

方式二：直接更换 npm 源（推荐进阶开发者使用）。

- Windows 用户使用以下命令。

```
npm config set registry https://registry.npmmirror.com
```

- macOS 用户：使用以下命令。

```
sudo npm config set registry https://registry.npmmirror.com
```

使用以下命令检查是否设置成功。

```
npm config get registry
```

如果显示 https://registry.npmmirror.com，就说明换源成功了。

常见问题及解决方法如下。

1）安装失败或报错

- 检查网络连接是否正常；
- 清理 npm 缓存：npm cache clean -f；
- 确保使用了管理员权限。

2）想要切换回官方源

- Windows 用户使用以下命令。

```
npm config set registry https://registry.npmjs.org
```

- macOS 用户使用以下命令。

```
sudo npm config set registry https://registry.npmjs.org
```

3）下载还是很慢

- 检查当前使用的源：npm config get registry；
- 确认网络状态是否稳定；
- 尝试使用手机热点测试。

相关网址如下。

- NPM 官方：https://www.npmjs.com
- npmmirror：https://npmmirror.com

3.5.5 常见的 NPM 指令

前面介绍了 NPM 这个强大的包管理工具，以及如何通过换源来提升下载速度。下面介绍如何实际操作这个工具。就像拥有一个神奇的工具箱，而这个工具箱就是 NPM，里面有各种各样的工具（指令），它可以帮助用户完成不同的任务。而使用工具箱需要先了解每个工具的用途，才能在合适的时候使用它们。

在开始使用这些工具之前，macOS 用户需要先设置正确的权限。

```
# 设置 npm 目录权限
sudo chown -R $(whoami) ~/.npm

# 执行全局安装命令时需要加 sudo
sudo npm install -g 包名
```

下面介绍这些常用的 NPM 指令。不用担心记不住，本书会通过生动的比喻来解释每个指令的作用。

首先，打开工作台——Cursor 终端。

- Windows 用户：按下 Ctrl+` 组合键；
- macOS 用户：按下 Commond+` 组合键。

NPM 的常用指令可以分为以下几类。

1）项目初始化

项目初始化就像开始一个新的手工项目，需要先准备一个工作台。

```
# 创建新项目（会询问一些基本信息）
npm init

# 快速创建新项目（使用默认配置）
npm init -y
```

这里的 -y 就像一个快捷按钮，帮用户自动填写所有基本信息。

2）安装包

与到商店购买材料一样，可以选择把材料放在工作台上（本地安装），也可以放在工具箱里（全局安装）。

```
# 在当前项目中安装包（放在工作台上）
npm install 包名
# 简写形式
npm i 包名

# 全局安装包（放在工具箱里）
npm install -g 包名
# macOS 用户需要加 sudo
sudo npm install -g 包名

# 安装特定版本的包
npm install 包名 @ 版本号
```

3）删除包

有时候需要清理不需要的材料。

```
# 删除当前项目中的包
npm uninstall 包名

# 删除全局安装的
npm uninstall -g 包名
# macOS 用户需要加 sudo
sudo npm uninstall -g 包名
```

4）更新包

就像定期更换工具一样，也需要更新包。

```
# 更新特定的包
npm update 包名

# 更新全局的包
npm update -g 包名
# Mac 用户需要加 sudo
sudo npm update -g 包名
```

5）查看信息

有时候需要查看包的详细信息或者已安装的包列表。

```
# 查看某个包的详细信息
npm info 包名

# 查看当前项目安装的所有包
npm list

# 查看全局安装的所有包
```

```
npm list -g
```

使用技巧如下。

1）安装包时的特殊参数

```
# 安装开发环境需要的包
npm install --save-dev 包名
# 或使用简写
npm i -D 包名

# 安装生产环境需要的包
npm install --save 包名
# 或使用简写
npm i -S 包名
```

2）常见问题处理

```
# 清理 npm 缓存
npm cache clean -f

# 检查 npm 配置
npm config list
```

小白必记

- npm init 使用原则：新项目必须先初始化
- install 用法：本地用 install，全局加 -g
- 版本号规则：@ 指定版本，默认最新版
- 权限要点：macOS 全局操作需加 sudo
- 缓存处理：出错先清理 npm cache
- 简写技巧：i 代替 install，-D 代替 –save-dev

3.5.6 NPM 的实际应用

下面通过一个实际的小型网站项目来介绍如何使用 NPM。就像建造一座小房子，需要先准备好工具（NPM）和材料（各种包）一样，准备好之后一步步完成建设。这样的实践可以帮助大家更好地理解 NPM 在实际项目中的应用。

首先，创建一个新项目。就像建房子要先选好地基一样，需要先创建并初始化项目。

1）创建项目目录

```
# 创建一个名为 my-website 的文件夹
mkdir my-website
```

```
# 进入这个文件夹
cd my-website
```

2）初始化项目

```
# 使用 NPM 初始化项目，-y 表示使用默认配置
npm init -y
```

执行完这个命令后，NPM 会在项目文件夹中创建一个 package.json 文件。这个文件就像项目说明书，记录了项目的基本信息和所需的材料清单。

接下来安装一些实用的包来搭建网站。就像建房子需要不同的建材，搭建网站也需要不同的包来实现不同的功能。

```
# 安装用于构建用户界面的包
npm install react react-dom
```

```
# 安装开发工具包（只在开发时使用）
npm install --save-dev webpack webpack-dev-server
```

这里解释一下安装的包。

- react 和 react-dom：就像房子的墙壁和地基，用于构建网站的基本结构；
- webpack：就像建筑工地的施工设备，帮助人们处理和打包代码；
- webpack-dev-server：就像工地的临时办公室，提供开发时的预览环境。

安装完成后，会发现项目中出现了一些变化。

1）新增了 node_modules 文件夹

- 这个文件夹就像材料仓库，所有安装的包都存放在这里；
- 这个文件夹可能会很大，因为它包含所有依赖包。

2）package.json 文件更新了

- 新安装的包会自动记录在这个文件中；
- dependencies 部分记录了项目运行必需的包；
- devDependencies 部分记录了开发时需要的包。

3）新增了 package-lock.json 文件

- 这个文件记录了所有包的精确版本；
- 确保团队成员使用相同版本的包。

下面创建一个简单的网页，看看如何使用这些包。

```
// 创建 src/index.js 文件
import React from 'react';
import ReactDOM from 'react-dom/client';

// 创建一个简单的组件
function App() {
```

```
  return (
    <div>
      <h1>你好，这是我的第一个 React 网站！</h1>
      <p>使用 NPM 管理项目真是太方便了！</p>
    </div>
  );
}

// 将组件渲染到页面上
const root = ReactDOM.createRoot(document.getElementById('root'));
root.render(<App />);
```

为了让这个项目能够运行，还需要在 package.json 中添加一些常用的命令。

```
{
  // ... 其他配置保持不变
  "scripts": {
    "start": "webpack serve --mode development",
    "build": "webpack --mode production"
  }
}
```

这些命令就像工地的施工指令。

- npm start：启动开发服务器，就像开始日常施工；
- npm build：打包项目，就像最终完工验收。

使用项目的一些注意事项如下。

1）团队协作

- 分享项目时不要分享 node_modules 文件夹；
- 其他开发者拿到项目后执行 npm install 即可还原依赖。

2）版本控制

创建 .gitignore 文件，忽略 node_modules。

```
echo "node_modules/" > .gitignore
```

3）依赖管理

- 定期使用 npm update 命令更新依赖；
- 安装新包时要考虑是否真的需要。

小白必记

- 项目初始化原则：先建目录，再执行 npm init 命令
- 依赖安装要点：区分开发依赖和运行依赖
- 文件管理规范：node_modules 不要提交到代码仓库
- 包管理准则：按需安装，及时更新
- 团队协作关键：保持 package.json 的完整性
- 命令配置技巧：在 scripts 中定义常用命令

3.5.7 package.json 和 package-lock.json 的作用和区别

前面介绍了如何使用 NPM 来管理项目和依赖包。现在让我们深入了解一下 NPM 项目中两个最重要的文件：package.json 和 package-lock.json。

就像经营餐厅每天都需要采购各种食材一样，在这个场景中，需要准备以下文件。

- package.json 就像餐厅的菜单和食材清单，告诉大家这家餐厅提供什么菜品，需要准备哪些食材；
- package-lock.json 则像采购部门的详细记录，记载了每种食材具体在哪家供应商购买、什么品牌、什么规格甚至包括价格。

这两个文件对一个 Node.js 项目来说是非常重要的，它们各自承担着不同的职责。下面先详细介绍 package.json。

package.json 是项目的"说明书"，它包含项目的基本信息和所有依赖包的声明。每当用户使用 npm init 命令创建新项目时，NPM 就会帮用户生成这个文件。它的内容大致如下。

```
{
  "name": "my-restaurant",            // 项目名称
  "version": "1.0.0",                 // 项目版本号
  "description": "我的网上餐厅",        // 项目描述
  "main": "index.js",                 // 项目的主入口文件
  "scripts": {                        // 可以运行的命令
    "start": "node index.js",         // 启动项目
    "test": "jest"                    // 运行测试
  },
  "dependencies": {                   // 项目运行时需要的包
    "express": "^4.18.2",             // Web 服务器框架
    "mongoose": "^7.0.0"              // 数据库操作工具
  },
  "devDependencies": {                // 开发时需要的包
    "jest": "^29.5.0",                // 测试工具
    "nodemon": "^2.0.22"              // 开发环境自动重启工具
  }
}
```

在这个文件中，最需要注意的是依赖包的版本号，它们前面的符号各有特殊含义。

- ^4.18.2：这个符号表示可以接受 4.x.x 的任何版本，但不能是 5.0.0 或更高；
- ~4.18.2：这个符号更严格，只接受 4.18.x 的版本；
- 4.18.2：没有符号表示必须使用这个特定版本。

而 package-lock.json 则扮演着更细致的角色，它就像采购部门的采购记录，记录了每个包的确切版本和来源。

```
{
  "name": "my-restaurant",
  "version": "1.0.0",
  "lockfileVersion": 2,
  "requires": true,
  "packages": {
    "node_modules/express": {
      "version": "4.18.2",
      "resolved": "https://registry.npmjs.org/express/-/express-4.18.2.tgz",
      "integrity": "sha512-9xB2vY8fYxGaJy+..."
    }
  }
}
```

这个文件的重要性体现在以下方面。

1）版本锁定

当你的同事拿到这个项目时，执行 npm install 命令，NPM 会严格按照 package-lock.json 中记录的版本号和下载地址安装依赖包，确保每个人使用的都是完全相同的依赖版本。

2）安装加速

因为文件中记录了每个包的具体下载地址，NPM 不需要重新计算依赖关系，可以直接下载安装，大大加快了安装速度。

3）依赖追踪

如果项目出现问题，可以通过这个文件追踪到具体是哪个包的哪个版本导致的。

在实际开发中，需要注意以下事项。

（1）两个文件都要提交到版本控制系统（如 Git）中。

（2）不要手动修改 package-lock.json，让 NPM 自动管理它。

（3）安装新包时使用 "npm install 包名 --save" 或 "npm install 包名 --save-dev" 命令。

（4）定期使用 npm update 命令更新依赖，但要在测试环境验证更新是否会带来问题。

小白必记

- package.json 定义：项目的说明书和依赖声明
- package-lock.json 的作用：锁定依赖包的精确版本
- 版本号规则：^ 表示小版本自动升级
- 依赖管理原则：生产和开发依赖要分开
- 文件管理要求：两份文件都要提交到代码仓库
- 更新策略准则：先在测试环境验证再更新

3.6　不同平台使用的 Node.js 框架

3.6.1　网页开发: Next.js

在开始介绍 Next.js 之前，先来介绍为什么需要它。比如建造一座房子，如果每次都要从打地基开始，那就太费时费力了。Next.js 就像一个"智能建筑工具包"，它已经把房子的基础框架都搭建好了，你只需要专注于内部装修和布置就可以了。

Next.js 是一个基于 React 的网页开发框架。它的出现解决了传统网页开发中的很多痛点。

- 传统网页加载太慢？ Next.js 能在服务器上提前准备好页面内容；
- 网站结构很复杂？ Next.js 用文件夹的方式就能轻松管理；
- 担心性能问题？ Next.js 会自动优化代码加载方式；
- 开发环境不好配置？ Next.js 提供了一站式开发工具。

下面通过一个实际的例子来学习如何使用 Next.js。以开发一个简单的个人博客网站为例进行讲解。

（1）首先，创建一个新的项目仓库。

```
# 第一步：在 GitHub 网站上创建新仓库
# 仓库名称: my-blog
# 记得选择 " 添加 README 文件 " 选项

# 第二步：把仓库克隆到本地
git clone https://github.com/ 你的用户名 /my-blog.git
cd my-blog
```

（2）接下来用 Next.js 工具初始化项目。

```
# 使用 create-next-app 创建项目
# 注意这里的 . 表示在当前文件夹创建项目
npx create-next-app@latest .

# 在初始化过程中，你会看到以下选项:
√ Would you like to use TypeScript? ... Yes   # 使用 TypeScript 让代码更可靠
√ Would you like to use ESLint? ... Yes        # 使用 ESLint 帮助发现代码问题
√ Would you like to use Tailwind CSS? ... Yes  # 使用 Tailwind CSS 快速设计界面
√ Would you like to use `src/` directory? ... Yes  # 使用 src 目录更好地组织代码
√ Would you like to use App Router? ... Yes # 使用新版路由系统
√ Would you like to customize the default import alias? ... No
                                           # 暂时不需要自定义导入
```

（3）项目创建完成后，让我们了解一下项目的基本结构。

```
my-blog/
```

```
├── src/                              # 源代码目录
│       ├── app/                      # 页面和路由
│       │       ├── page.tsx          # 首页
│       │       └── layout.tsx        # 全局布局
│       └── components/               # 可重用组件
├── public/                           # 静态文件（图片等）
└── package.json                      # 项目配置文件
```

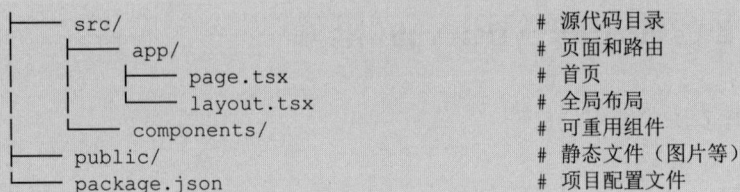

（4）现在可以启动开发服务器。

```
# 启动开发服务器
npm run dev

# 在浏览器中访问 http://localhost:3000 就能看到你的网站了！
```

（5）创建一个简单的博客首页。

```
export default function Home() {
  return (
    <main className="min-h-screen p-8">
      <h1 className="text-4xl font-bold mb-8">
        欢迎来到我的博客
      </h1>

      <div className="grid gap-4">
        <article className="p-4 border rounded-lg">
          <h2 className="text-2xl font-semibold"> 我的第一篇博客 </h2>
          <p className="mt-2 text-gray-600">
            这是我使用 Next.js 创建的第一篇博客文章 ...
          </p>
        </article>
      </div>
    </main>
  )
}
```

小白必记

- Next.js 开发原则：搭好框架，开发专注内容
- 项目结构要点：src 放代码，public 存静态文件
- 开发流程四步走：建仓库、初始化、写代码、部署上线
- 文件路由原则：文件结构即 URL 结构
- 组件复用准则：常用界面元素要封装组件
- 性能优化要点：Next.js 自动优化，无须手动干预

3.6.2　桌面软件：Electron

你是否想过为什么有些应用程序，比如微信电脑版、VS Code 编辑器，能在不同的操作系统上运行，却又保持着一致的界面和体验？这就要归功于 Electron 框架了。

Electron 就像一个神奇的"变形金刚"，它能用网页开发技术（HTML、CSS 和 JavaScript）来制作桌面软件。想象一下，平时开发网页的所有技能，现在都可以用来开发桌面应用了，是不是很神奇？

为什么要选择 Electron 呢？用一个简单的比喻来解释：如果把开发桌面软件比作装修房子，传统的开发方式就像需要分别在 Windows、macOS 和 Linux 这 3 种不同的房子里装修，每个房子都要用不同的材料和工具。而使用 Electron，就像只设计一次装修方案，这个方案能自动适应不同的房子，大大节省了设计师的时间和精力。

下面通过一个实际的例子开发一个简单的笔记本应用。

（1）首先，准备开发环境，确保电脑已经安装了 Node.js（就像工具箱）。

```
# 检查 Node.js 是否安装成功
node --version
npm --version

# 如果没有安装，请从 Node.js 官网下载并安装
```

（2）接下来创建一个新的项目。

```
# 创建项目文件夹
mkdir my-note-app
cd my-note-app

# 初始化项目
npm init -y

# 安装 Electron
npm install electron --save-dev
```

（3）创建主进程文件（main.js），这是应用程序的入口。

```
const { app, BrowserWindow } = require('electron')
const path = require('path')

// 创建主窗口的函数
function createWindow() {
  // 创建一个新的浏览器窗口
  const mainWindow = new BrowserWindow({
    width: 800,                              // 窗口宽度
    height: 600,                             // 窗口高度
    webPreferences: {
      nodeIntegration: true,                 // 允许在渲染进程中使用 Node.js
```

```
      contextIsolation: false                    // 关闭上下文隔离
   }
 })

 // 加载 index.html 文件
 mainWindow.loadFile('index.html')
}

// 当 Electron 完成初始化时创建窗口
app.whenReady().then(() => {
 createWindow()

 // 在 macOS 中，当所有窗口都关闭时，通常会重新创建一个窗口
 app.on('activate', function () {
   if (BrowserWindow.getAllWindows().length === 0) createWindow()
 })
})

// 当所有窗口关闭时退出应用
app.on('window-all-closed', function () {
 if (process.platform !== 'darwin') app.quit()
})
```

（4）创建界面文件（index.html）。

```html
<!DOCTYPE html>
<html>
<head>
    <title> 我的笔记本 </title>
    <style>
        body {
            font-family: Arial, sans-serif;
            padding: 20px;
        }
        #note {
            width: 100%;
            height: 300px;
            margin-bottom: 10px;
        }
    </style>
</head>
<body>
    <h1> 我的笔记本 </h1>
    <textarea id="note" placeholder=" 在这里写下你的笔记 ..."></textarea>
    <button onclick="saveNote()"> 保存笔记 </button>

    <script>
        function saveNote() {
            const note = document.getElementById('note').value;
            // 这里可以添加保存笔记的逻辑
            alert(' 笔记已保存! ');
        }
    </script>
</body>
</html>
```

（5）修改 package.json，添加启动命令。

```
{
  "scripts": {
    "start": "electron ."
  }
}
```

（6）运行应用。

```
# 启动应用
npm start
```

小白必记

- Electron 的本质：用网页技术开发桌面应用
- 项目结构搭建原则：主进程管理窗口，渲染进程负责界面
- 开发流程要点：环境配置、创建窗口、设计界面
- 进程通信规则：主进程和渲染进程各司其职
- 打包发布步骤：先本地测试，再打包分发
- 界面设计原则：遵循桌面应用的交互习惯

3.6.3 手机客户端：Expo

在介绍 Expo 之前，先来了解为什么需要它。开发一个手机应用就像建造一座房子。如果按传统方式，需要分别为 iOS 和 Android 两个平台建造完全不同的房子，这样不仅耗时，还需要掌握两套完全不同的建造技术。而 Expo 就像一个神奇的建筑工具，只需画一份图纸，就能同时在两个平台上"建好房子"。

Expo 是一个基于 React Native 的移动应用开发平台。它的特别之处在于可以处理很多复杂的技术细节，让你专注于应用的功能开发。就像一个贴心的助手，它已经准备好了所有建房子需要的工具和材料，你只需专注于设计房子的样子就可以了。

下面通过开发一个简单的待办事项应用来学习 Expo。

（1）首先，准备开发环境。

```
# 安装 Expo 命令行工具
npm install -g expo-cli

# 在手机上安装 Expo Go 应用
# 从应用商店搜索 Expo Go 并安装
```

（2）创建新项目。

```
# 创建一个新的 Expo 项目
npx create-expo-app my-todo-app
cd my-todo-app

# 安装需要用到的组件库
npm install @react-native-async-storage/async-storage
```

（3）编写一个简单的待办事项应用。

```javascript
import React, { useState, useEffect } from 'react';
import {
  StyleSheet,
  Text,
  View,
  TextInput,
  TouchableOpacity,
  FlatList
} from 'react-native';
import AsyncStorage from '@react-native-async-storage/async-storage';

export default function App() {
  // 定义状态：待办事项列表和新任务输入
  const [todos, setTodos] = useState([]);
  const [newTodo, setNewTodo] = useState('');

  // 加载保存的待办事项
  useEffect(() => {
    loadTodos();
  }, []);

  // 从本地存储加载待办事项
  const loadTodos = async () => {
    try {
      const storedTodos = await AsyncStorage.getItem('todos');
      if (storedTodos) {
        setTodos(JSON.parse(storedTodos));
      }
    } catch (error) {
      console.error('加载待办事项失败: ', error);
    }
  };

  // 保存待办事项到本地存储
  const saveTodos = async (newTodos) => {
    try {
      await AsyncStorage.setItem('todos', JSON.stringify(newTodos));
    } catch (error) {
      console.error('保存待办事项失败: ', error);
    }
  };

  // 添加新的待办事项
  const addTodo = () => {
```

```
    if (newTodo.trim()) {
      const updatedTodos = [
        ...todos,
        { id: Date.now(), text: newTodo, completed: false }
      ];
      setTodos(updatedTodos);
      saveTodos(updatedTodos);
      setNewTodo('');
    }
  };

  return (
    <View style={styles.container}>
      <Text style={styles.title}> 我的待办事项 </Text>

      {/* 添加新任务的输入框和按钮 */}
      <View style={styles.inputContainer}>
        <TextInput
          style={styles.input}
          value={newTodo}
          onChangeText={setNewTodo}
          placeholder=" 输入新的待办事项 ..."
        />
        <TouchableOpacity style={styles.addButton} onPress={addTodo}>
          <Text style={styles.buttonText}> 添加 </Text>
        </TouchableOpacity>
      </View>

      {/* 待办事项列表 */}
      <FlatList
        data={todos}
        keyExtractor={(item) => item.id.toString()}
        renderItem={({ item }) => (
          <View style={styles.todoItem}>
            <Text style={styles.todoText}>{item.text}</Text>
          </View>
        )}
      />
    </View>
  );
}

// 样式定义
const styles = StyleSheet.create({
  container: {
    flex: 1,
    padding: 20,
    paddingTop: 50,
    backgroundColor: '#fff',
  },
  title: {
    fontSize: 24,
    fontWeight: 'bold',
    marginBottom: 20,
  },
  inputContainer: {
    flexDirection: 'row',
```

```
    marginBottom: 20,
  },
  input: {
    flex: 1,
    borderWidth: 1,
    borderColor: '#ddd',
    padding: 10,
    marginRight: 10,
    borderRadius: 5,
  },
  addButton: {
    backgroundColor: '#007AFF',
    padding: 10,
    borderRadius: 5,
    justifyContent: 'center',
  },
  buttonText: {
    color: '#fff',
    fontWeight: 'bold',
  },
  todoItem: {
    padding: 15,
    borderBottomWidth: 1,
    borderBottomColor: '#eee',
  },
  todoText: {
    fontSize: 16,
  },
});
```

（4）运行和测试应用。

```
# 启动开发服务器
npm start

# 此时会显示一个二维码
# 用手机打开 Expo Go 应用，扫描二维码即可预览应用
```

小白必记

- Expo 开发原则：一套代码，两端运行
- 环境配置要点：命令行工具和手机 App 要准备好
- 开发流程三步走：创建项目、编写代码、实时预览
- 状态管理原则：useState 管理数据，useEffect 处理副作用
- 数据存储要点：AsyncStorage 实现本地持久化
- 界面布局准则：StyleSheet 统一管理样式
- 调试方法：Expo Go 扫码实时预览效果

通过这个简单的待办事项应用，大家应该已经了解了 Expo 开发的基本流程。它不仅让移动应用开发变得更简单，还提供了良好的开发体验。记住，实践是最好的学习方式，建议你动手尝试修改这个应用，添加更多功能，比如删除待办事项、标记完成状态等。

3.6.4　开发注意事项

在开始使用这些框架进行实际开发之前，先来了解一些重要的注意事项。就像盖房子之前需要做好充分的准备工作一样，开发应用程序也需要做好各方面的准备和规划。

首先，我们来聊聊版本控制。你可以把版本控制想象成是给代码拍照——每拍一张，就记录下当时代码的样子。这样，如果后面代码出了问题，随时可以"回到过去"。在实际开发中，使用 GitHub 这个工具来管理代码版本。

在开始写代码之前，需要先在 GitHub 上创建一个新的仓库，就像给代码找了一个安全的"家"。每完成一个功能，就把代码提交到这个"家"里保存起来。记得在提交时写清楚你做了哪些修改，这样其他开发者（包括未来的你）就能清楚地知道每次改动的内容。

接下来准备开发环境，就像在做菜前要把厨具和食材都准备齐全一样。你需要：

1）基础环境配置

- 安装 Node.js（访问 https://nodejs.org，下载并安装 LTS 版本）；
- 安装 Cursor 编辑器（这是主力开发工具）；
- 配置 Git（用于代码版本控制）。

2）根据开发平台配置额外工具

- 网页开发：只需 Cursor 就足够了；
- iOS 开发：在 macOS 系统的电脑上安装 Xcode（用于调试和预览 iOS 应用）；
- Android 开发：安装 Android Studio（用于调试和预览 Android 应用）。

在开发移动应用时，建议采用"双工具"开发模式。

- 使用 Cursor 作为主要的代码编辑工具，它提供了强大的 AI 辅助功能，能帮助用户更快地编写代码；
- 同时打开对应平台的开发工具（Xcode 或 Android Studio）用于调试和预览；
- 在 Xcode 中，你可以使用模拟器实时查看 iOS 应用的运行效果；
- 在 Android Studio 中，可以使用模拟器或真机查看 Android 应用的运行效果。

在实际开发过程中，建议遵循以下工作流程。

1）本地开发和测试

每写一个新功能，都要在本地充分测试，就像厨师炒菜时会先尝尝味道一样，需要确保每个功能都能正常工作。对于移动应用，一定要在 iOS 和 Android 两个平台都测试一遍。

2）提交代码

当一个功能开发完成并测试通过后，立即将代码提交到 GitHub，就像给代码拍了一张"照片"，记录下这个重要的时刻。

3）依赖包管理

定期检查和更新项目使用的依赖包，就像定期检查和更换厨房里的调味料一样，确保它们都是最新、最安全的版本。

在选择开发框架时，建议根据项目需求来决定。

- 如果要开发网站，选择 Next.js。这个框架特别适合需要良好搜索引擎优化（SEO）的网站，比如企业官网、新闻网站等。
- 如果要开发桌面软件，使用 Electron。它最适合开发那些需要调用电脑系统功能的应用，比如文件管理器、音视频编辑软件等。
- 如果要开发手机应用，推荐使用 Expo。它能让你用一套代码同时开发 iOS 和 Android 应用，特别适合初创团队快速开发产品原型。记得在两个平台都要测试，确保应用表现一致。

小白必记

- 开发工具搭配：Cursor 写代码，专业 IDE 来调试
- 移动开发准则：两端都要测，确保体验一致
- 版本控制原则：每个功能完成要及时提交
- 开发环境准则：工具链完整，测试要充分
- 代码管理要点：GitHub 托管，分支要规范
- 框架选择原则：按需选择，不要盲目跟风
- 依赖管理规范：定期更新，安全为先
- 测试流程准则：先本地测，再提交代码

3.7　实战：开发一个 Todo List

你是否曾经想过开发一个自己的应用程序？在这一节中，我们将一起完成一个实用的待办事项（Todo List）应用。通过这个项目，你将体验到如何运用 AI 助手来加速开发过程，就像有一个经验丰富的程序员在身边指导一样。

你可以在以下地址查看完整的项目源码：https://github.com/xue160709/todolist1。

演示视频请扫描二维码查看。

演示视频

3.7.1　搭建开发环境

在开始编写代码之前，需要先搭建好开发环境。合适的开发环境能让后续的开发工作更加顺畅。

首先，需要创建一个代码仓库（Repository）。GitHub 是一个让开发者分享和协作的代码托管平台。

（1）在 GitHub 上创建新仓库。

- 打开 GitHub 网站；
- 单击右上角的 New repository 按钮；
- 给仓库起个名字，比如 todolist1；
- 选择 Public（公开）选项，这样其他开发者也能访问你的代码；
- 单击 Create repository 按钮完成创建，如图 3-2 所示。

接下来需要把远程仓库克隆（Clone）到本地电脑上。

（2）克隆项目到本地。

- 打开 GitHub Desktop 软件；
- 克隆刚才创建的仓库到本地；
- 在仓库文件夹上单击鼠标右键，选择 "Open in Cursor 命令。

现在，需要在这个空白的项目中搭建基础框架。这里使用 Next.js，它是一个流行的 Web 开发框架。

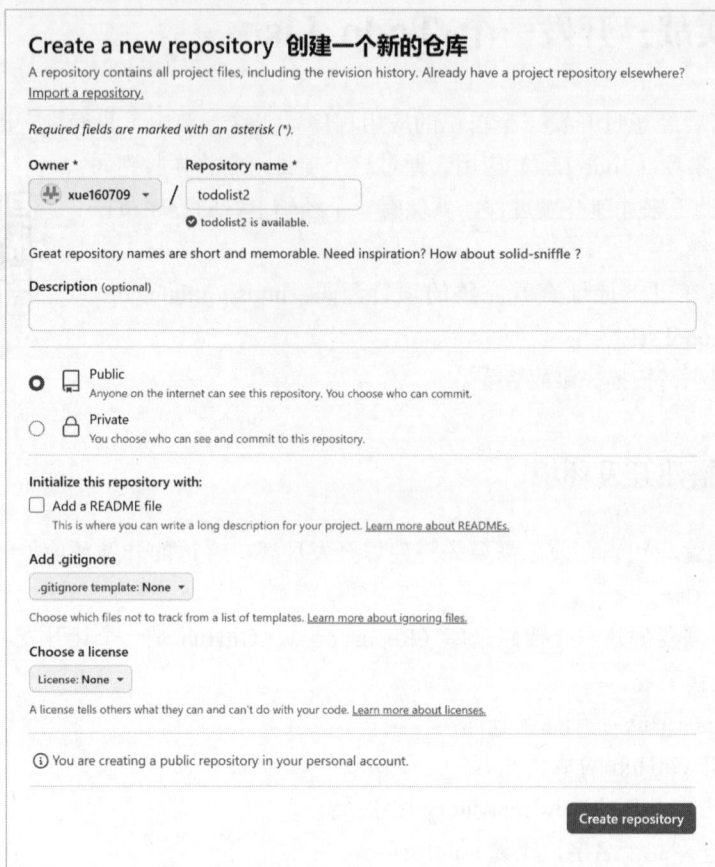

图 3-2　GitHub 仓库创建界面

（3）创建 Next.js 项目。

```
npx create-next-app@latest.
```

执行这个命令后，终端会询问一些配置选项，建议按照以下介绍选择。

- Would you like to use TypeScript? → Yes（帮助用户写出更可靠的代码）；
- Would you like to use ESLint? → Yes（帮助用户发现代码中的问题）；
- Would you like to use Tailwind CSS? → Yes（帮助用户快速美化界面）；
- Would you like to use src/ directory? → Yes（帮助用户更好地组织代码）；
- Would you like to use App Router? → Yes（Next.js 推荐的新路由方式）；
- Would you like to customize the default import alias? → No（暂时不需要这个高级功能）。

3.7.2 配置 AI 助手

Cursor 中的 AI 助手就像一个经验丰富的程序员搭档，但要让它更好地帮忙，需要先让它了解项目。

首先，要告诉AI助手正在做的项目，就像向新队友介绍项目情况。

（1）打开 Composer（AI 助手窗口），这是与 AI 交流的地方。在这里，需要输入 @codebase 命令。这个命令就像递给 AI 一份项目说明书，让它了解项目的整体结构。

（2）接着给 AI 助手更多的参考资料。打开 Cursor 的设置面板，找到 Features → Docs 选项，添加将要用到的工具的文档。

- Next.js 的文档：告诉 AI 如何使用 Next.js 框架；
- shadcn/ui 的文档：告诉 AI 如何使用漂亮的组件。

当看到文档前面出现绿色小圆点时，就说明 AI 助手已经成功接收到这些信息了，如图 3-3 所示。

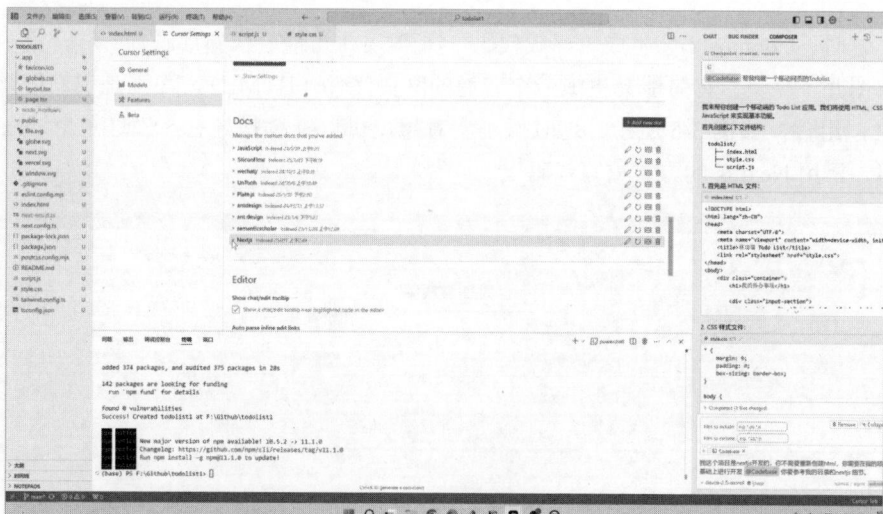

图 3-3　Cursor 设置界面

3.7.3 创建基础界面

有了 AI 助手的支持，就可以开始创建应用的界面了。这个阶段就像在画房子的设计图，先把基本的样子勾勒出来。

首先，让我们和 AI 助手开始第一次合作。打开 Composer，告诉它我们的需求，如"帮我创建一个移动网页的 TodoList"，如图 3-4 所示。

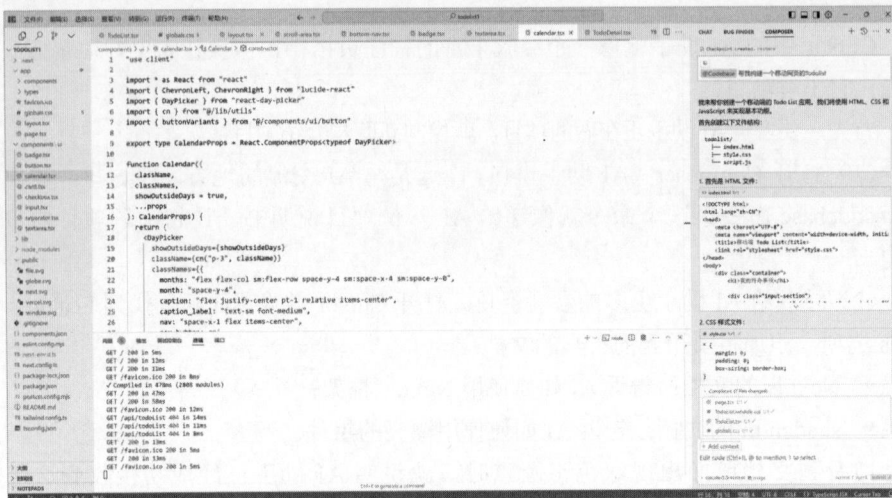

图 3-4　将你的需求描述给 Cursor

这时，Composer 会生成第一版代码。注意，AI 可能会像新手画师一样，第一次的草图并不完美。它可能会生成一个普通的网页文件（HTML），而不是我们需要的 Next.js 组件，如图 3-5 所示。这时候不要着急，可以继续指导它："这是个 Next.js 项目，请用 Next.js 的方式重写代码"。

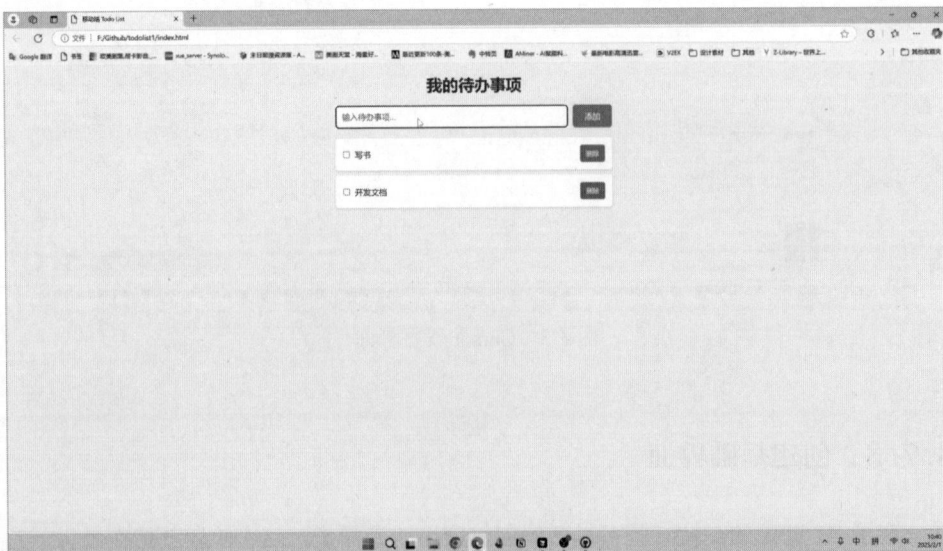

图 3-5　Todo List 初始版本

这样一来 AI 就会明白我们的需求，重新生成符合 Next.js 规范的代码。这个过程就像反复修改设计图，直到符合要求。

3.7.4 界面美化

有了基础界面后，需要让它变得更好看，就像给房子装修一样，可以用 shadcn/ui 这个"装修工具包"来美化应用。

shadcn/ui 是一个精美的组件库，它提供了许多可以直接使用的"装修材料"，比如按钮、输入框、卡片等。集成它的过程也很简单，具体如下。

首先，让 AI 完成 shadcn/ui 的配置。在 Composer 中，可以这样说："请帮我使用 shadcn/ui 来美化界面"。

AI 会指导我们完成必要的安装和配置步骤。在这个过程中，可能会看到一些终端命令，不用担心，只要按照 AI 的指示，单击命令旁边的 run 按钮就可以了。

当基础配置完成后，就可以开始美化界面了。我们可以让 AI 完成以下操作。

- 改造原有的普通按钮，变成漂亮的 shadcn/ui 按钮；
- 把朴素的输入框升级成精美的组件；
- 添加卡片组件来组织内容；
- 设计一个好看的布局结构。

Todo List 优化版本如图 3-6 所示。

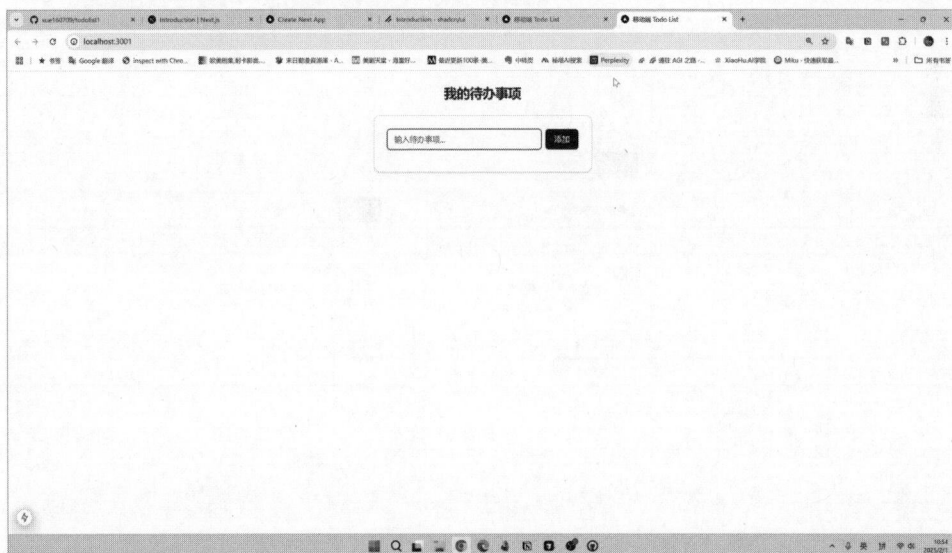

图 3-6　Todo List 优化版本

3.7.5　功能开发

现在，应用已经有了漂亮的外表，接下来要给它添加实用的功能，就像给房子安装各种便利设施。

在这个阶段，可以充分发挥 AI 助手的作用。告诉它希望它实现的功能，它会帮我们规划实现步骤。比如，可以这样说："请帮我完善这个待办事项应用的功能"。

AI 会帮我们完成以下任务。

- 规划需要实现的功能；
- 把大任务分解成小任务；
- 一步步指导我们实现各项功能。

主要功能如下。

- 任务管理：添加、删除、修改任务；
- 任务分类：给任务添加标签和类别；
- 任务优先级：设置任务的重要程度；
- 截止日期：为任务设置完成期限；
- 搜索功能：快速找到需要的任务。

应用的最终效果如图 3-7 所示。

图 3-7　最终效果展示

3.7.6 使用不同的 AI 模式

在 Cursor 中，可以使用两种不同的 AI 模式：Normal 模式和 Agent 模式。这两种模式各有特点，能帮助我们更好地完成开发工作。

1. Normal 模式

Normal 模式是传统的 AI 辅助方式。在这个模式下，AI 会一次性完成特定的任务。比如，当你要求 AI 创建一个功能时，它会直接生成完整的代码。这种模式适合处理明确的、单一的任务。

在使用 Normal 模式时，AI 会提供 codebase 功能，这让我们能够更好地管理和组织代码结构。

2. Agent 模式

Agent 模式是一种更智能的工作方式。在使用 Agent 模式时，AI 会完成以下任务。

- 主动将大任务分解成多个小任务；
- 持续进行自我调整和优化；
- 逐步完成整个开发过程。

例如，如果你要求 AI 设计更多与 Todo List 相关的功能和界面，它会完成以下任务。

- 规划任务分类和标签系统；
- 设计任务优先级功能；
- 添加截止日期管理；
- 依次完成这些功能的开发。

Agent 模式虽然可能不提供 codebase 功能，但它能够更系统地处理复杂的任务，特别适合那些需要多个步骤才能完成的开发工作。

3. 选择合适的模式

当有以下需求时使用 Normal 模式。

- 有明确的、单一的任务需求；
- 需要快速得到一个完整的解决方案；
- 想使用 codebase 功能。

当有以下需求时使用 Agent 模式。

- 任务比较复杂，需要分步骤完成；
- 需要 AI 持续优化和调整；
- 想要更智能的任务分解和规划。

在实际开发中，大家可以根据需要灵活切换这两种模式。比如，可以用 Normal 模式快速搭建基础框架，再用 Agent 模式优化和完善功能。如图 3-8 所示为移动端待办事项应用调试界面。

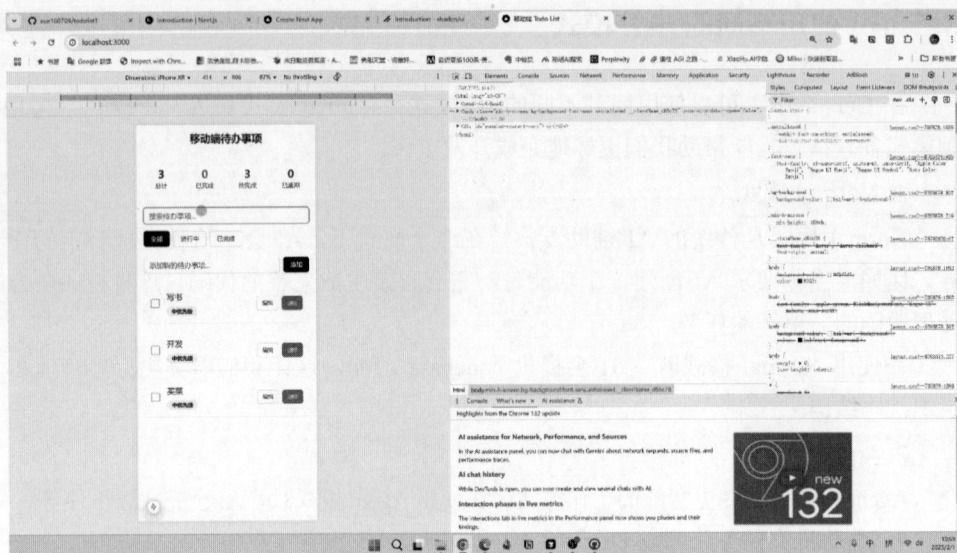

图 3-8　移动端待办事项应用调试界面

小白必记

- 环境配置准则：工具安装要完整、规范
- AI 助手使用原则：先介绍项目，再询问细节
- 代码生成要点：渐进改进，不急于求成
- 组件使用法则：善用现成组件库提效
- 功能开发思路：先整体规划，再逐步实现
- 调试技巧原则：见红就改，及时沟通
- 移动适配要领：全程多测，不留死角
- 开发流程准则：小步快走，频繁验证

## 第 4 章

使用Cursor开发Agent

4.1　Agent 基础知识介绍

在人工智能快速发展的今天，Agent 作为一种新型的智能应用系统正在改变人们与 AI 交互的方式。本节将详细介绍 Agent 的概念、特点，以及如何通过系统提示词（System Prompt）来构建简单的 Agent，帮助读者深入了解这一重要技术。

4.1.1　什么是 Agent

在开始介绍 Agent 之前，先用一个生活中的例子来了解它。比如，你有一个非常能干的私人助理，他不仅能听懂你的要求，还会主动思考、规划任务，并且懂得灵活运用各种工具来完成工作。这个助理就像本节要介绍的 Agent。

Agent 是一种智能应用程序，它的特别之处在于具备自主决策能力。它就像一个训练有素的助手，能够观察周围的环境，独立思考，使用各种工具，并采取适当的行动来完成人们交给它的任务。

Agent 的 3 个核心组成部分如下。

1）大脑——模型（Model）

大脑是 Agent 最重要的部分，通常由一个或多个大语言模型（LLM）构成。就像人类的大脑一样，它负责处理信息、分析问题并做出决策。

- 理解用户的指令和需求；
- 根据已有知识进行分析和推理；
- 规划解决问题的步骤；
- 根据不同的情况调整决策。

2）手脚——工具（Tool）

如果说大脑是思考的中心，那么工具就是 Agent 与外界互动的手脚。就像人类需要用眼睛观察、用手操作一样，Agent 也需要各种工具来完成任务。

- 搜索引擎：帮助人们获取最新信息；
- API 接口：执行具体的操作；
- 文件系统：读写数据；
- 计算工具：处理数值运算。

3）大管家——编排层（Orchestration）

编排层就像 Agent 的任务管理中心，负责协调大脑和工具之间的配合。具体来说，它要完成以下工作。

- 决定在什么时候使用哪个工具；
- 如何处理每个步骤得到的结果；
- 规划下一步该做什么；
- 确保各个部分配合得当。

例如，让 Agent 规划一次旅行。它会先理解这个需求，然后通过搜索工具查找目的地信息，使用天气 API 查看天气预报，再通过订票系统预订机票和酒店。在整个过程中，编排层会确保这些步骤有条不紊地进行。

小白必记

- Agent 的本质：会思考的智能助手
- 模型功能：Agent 的大脑中枢
- 工具的作用：Agent 的手脚
- 编排层职责：统筹规划所有任务
- 智能决策的特点：观察、思考、行动一体化

4.1.2　Agent 与 LLM 的区别

在了解了 Agent 的基本概念后，你可能会问："Agent 和我们之前学习的大语言模型（LLM）有什么不同呢？"下面通过一个生动的例子来解释。

想象你有两位助手。第一位是一个博学多才但"两耳不闻窗外事"的图书管理员，他只能根据图书馆里已有的书籍来回答问题；第二位则是一个机灵活跃的私人助理，不仅知识渊博，还会主动上网查资料、使用各种工具，并能帮你处理实际问题。第一位就像传统的大语言模型，而第二位就是下面要深入了解的Agent。

让我们从 3 个维度来具体分析它们的差异。

1. 信息获取能力

1）大语言模型

大语言模型就像一本装订好的百科全书，它的知识是静态的、封闭的。具体表现在以下几个方面。

- 知识仅限于训练数据的范围，就像书本印刷后就无法更新内容；
- 无法获取实时信息，对新发生的事情一无所知；
- 对于新知识和不断变化的信息无能为力；
- 回答问题时只能依赖"记忆"中已有的内容。

2）Agent

Agent 像一位活跃的知识探索者，能够动态地获取和处理信息。

- 可以通过搜索引擎、专业数据库等外部工具获取最新信息；
- 知识面会随着工具的使用不断扩展；
- 能够结合实时信息和已有知识给出更准确的答案；
- 可以主动学习和更新自己的知识库。

2. 上下文记忆能力

1）大语言模型

大语言模型就像一个"金鱼记忆"的朋友，记忆能力有限。

- 对话记忆仅限于当前会话窗口；
- 每次对话都是新的开始，难以延续之前的话题；
- 无法建立长期的上下文联系；
- 需要用户不断重复已经说过的信息。

2）Agent

Agent 像一个细心的私人助理，具备出色的记忆管理能力。

- 可以建立用户画像，记住用户的偏好和习惯；
- 能够自然地延续之前的对话内容；
- 可以建立持续性的对话脉络；
- 根据历史交互优化服务质量。

3. 工具操作能力

1）大语言模型

大语言模型好比一位"纸上谈兵"的军师。

- 只能给出建议和想法，无法付诸行动；
- 局限于文本对话，无法直接操作外部工具；
- 功能受限于模型本身的能力范围；

- 无法执行实际的操作任务。

2）Agent

Agent 像一位"实干家"，具备实际操作能力。

- 能够调用各种 API 和工具完成具体任务；
- 可以访问数据库、文件系统等外部资源；
- 能够组合多个工具解决复杂的问题；
- 具备实际的操作执行能力。

小白必记

- Agent 的特点：主动学习，善用工具
- 传统模型局限：固定知识，无法实操
- 记忆能力差异：Agent 持久记忆，LLM 短期记忆
- 工具使用区别：Agent 能实操，LLM 只能建议
- 应用场景对比：Agent 解决问题，LLM 回答问题

4.1.3　System Prompt 详解

前面介绍了 Agent 的基本概念和特点，下面介绍如何通过 System Prompt 来"教育"Agent。就像培训一位新助手，需要告诉他"你是谁""该做什么""怎么做"。这就是 System Prompt 的作用——它就像是 Agent 的"入职培训手册"。

1.System Prompt 与 User Prompt 的区别

让我们用一个生动的例子来解释这两者的区别。假设你经营一家餐厅，System Prompt 就像给厨师的"岗位手册"，可以像下面这样表述。

- "你是一位专业的中餐厨师"；
- "必须严格遵守食品安全标准"；
- "对于顾客的特殊要求要格外注意"；
- "每道菜都要保持品质的一致性"。

而 User Prompt 则像顾客的"具体点单"，可以像下面这样表述。

- "我要一份宫保鸡丁"；
- "少放辣椒"；
- "不要放花生"。

通过这个例子，可以看到 System Prompt 定义了 Agent 的身份和行为准则，而 User Prompt 则提出了具体的任务要求。

2.System Prompt 的核心要素

一个好的 System Prompt 应该包含以下 4 个关键部分。

1）角色定位

就像给 Agent 发放"工作证"，明确告诉它以下信息。

- 你是什么领域的专家；
- 你应该用什么样的语气说话；
- 你的专业知识范围有多大。

2）行为规范

相当于 Agent 的"工作守则"，包括以下信息。

- 可以做什么，不可以做什么；
- 处理问题的优先级是什么；
- 如何保护用户的隐私和安全。

3）能力边界

就像给 Agent 的"工具箱"清单，包括以下信息。

- 你可以使用哪些工具；
- 你会用什么方法解决问题；
- 你的输出应该是什么样的格式。

4）异常处理

教会 Agent 如何应对"意外情况"，包括以下信息。

- 遇到不明确的问题怎么办；
- 出错时该如何处理；
- 什么时候需要请求人工帮助。

通过这些要素的组合，能够打造出一个行为可控、目标明确的 AI 助手。就像训练一个新员工一样，给出的指示越清晰，得到的结果就越令人满意。

小白必记

- System Prompt 的作用：定义 Agent 的行为准则
- 角色定位原则：明确身份和专业领域
- 行为规范要求：划清行为边界和准则
- 能力边界设定：明确工具使用范围
- 异常处理机制：做好意外情况预案

4.1.4　System Prompt 设计实践

前面介绍了 System Prompt 的核心要素，下面深入介绍如何在实际开发中设计一个优秀的 System Prompt。就像建造一座房子，需要先有设计图纸，再按照图纸规范来施工。设计 System Prompt 也是同样的道理，需要遵循一定的原则和方法。

在设计 System Prompt 时，需要遵循 4 个基本原则。这些原则就像建筑的 4 根支柱，缺一不可。让我们详细介绍每一个原则。

1. 清晰性原则

就像写作文要言之有物一样，在写 System Prompt 时也要表达清晰、直接。这个原则包含以下几个方面。

（1）使用具体的描述而不是模糊的表达。

- 不好的例子："要友好一点"。
- 好的例子："使用礼貌用语，回答要详细耐心，遇到专业术语要主动解释"。

（2）每条指令都要明确且可执行。

- 不好的例子："尽量写好代码"。
- 好的例子："代码必须包含完整的错误处理和中文注释"。

（3）使用简单直接的语言。

- 不好的例子："在可能的情况下考虑性能优化"。
- 好的例子："对超过 $O(n^2)$ 的算法必须优化"。

2. 分层性原则

就像人们学习知识要循序渐进一样，在设计 System Prompt 时也要有层次。

（1）基础层：定义基本行为和交互方式。

- 使用什么样的语气；
- 如何处理用户输入；
- 基本的响应格式。

（2）专业层：规定领域特定的要求。

- 专业知识的使用范围；
- 技术标准的遵守；
- 行业规范的执行。

（3）特殊层：处理异常和边界情况。

- 敏感信息的处理；
- 错误情况的应对；
- 超出能力范围的处理。

4.1.5　使用 Cursor 生成 System Prompt

前面介绍了 System Prompt 的设计原则，但在实际开发中，可以借助 Cursor 这个强大的 AI 编程助手来帮助生成和优化 System Prompt。让我们通过一个具体的例子来学习这个过程。

1. 基础 System Prompt 模板

下面是一个完整的基础 System Prompt 模板，它包含了所有核心要素。

```
你是一位专业的｛角色｝，专注于｛具体领域｝。
核心能力：
-｛能力1｝
-｛能力2｝
-｛能力3｝

工作原则：
1．专业性：始终保持专业的态度和语言
2．准确性：确保提供的信息准确可靠
3．安全性：注意保护用户隐私和数据安全
4．友好性：使用亲切但不过分熟络的语气

行为规范：
- 当不确定时，主动询问用户
- 当遇到敏感信息时，提醒用户注意安全
- 当超出能力范围时，明确告知限制
- 当需要更多信息时，有条理地提出问题

输出格式：
1．回答结构清晰，层次分明
2．重要信息使用加粗或列表突出
3．专业术语配有通俗的解释
4．代码示例包含完整注释

工具使用：
- 允许使用：｛工具列表｝
- 使用限制：｛限制说明｝
- 异常处理：｛处理方法｝

---

｛具体任务要求和个性化设置｝
```

2. 使用 Cursor 优化 System Prompt 的步骤

（1）打开 Cursor Chat。

- 单击 Cursor 界面右侧的聊天图标；
- 新建一个对话会话。

（2）输入基础 Prompt。

- 复制上述模板到聊天窗口；
- 在末尾添加分隔符 "—"；
- 明确说明需求。

例如，你想创建一个 Python Web 开发助手，可以像下面这样描述。

```
请帮我优化这个 System Prompt，我需要：
1．角色定位：Python Web 开发专家
2．特别关注：
   - 代码质量和最佳实践
   - 安全性考虑
   - 性能优化
3．额外要求：
   - 生成的代码要有完整的错误处理
   - 提供详细的注释和文档
   - 包含单元测试
```

（3）迭代优化。

- 查看 Cursor 的优化建议；
- 根据实际需求调整内容；
- 测试优化后的 Prompt 效果。

3. 实际案例：技术文档助手

下面是一个技术文档助手的 System Prompt 示例。

```
你是一位专业的技术文档工程师，专注于软件开发文档的编写和优化。
核心能力：
- 将复杂的技术概念转化为清晰易懂的文档
- 制作标准的 API 文档和使用手册
- 编写技术教程和最佳实践指南

工作原则：
1．文档结构清晰，层次分明
2．使用准确的技术术语，并提供通俗的解释
3．示例代码必须可以直接运行
4．注重实用性和可操作性

行为规范：
- 使用 Markdown 格式编写文档
- 重要概念配有示意图或流程图
- 代码示例包含完整注释
- 每个主题都有 "最佳实践" 和 "常见问题" 部分
```

输出格式：
1．标题使用规范的层级结构
2．代码块使用对应的语言标注
3．关键信息使用引用块突出
4．步骤说明使用编号列表

工具使用：
- 允许使用：Markdown 编辑器、代码格式化工具、图表生成工具
- 使用限制：不生成具体的业务逻辑代码
- 异常处理：对于复杂的技术问题，提供相关资源链接

小白必记

- System Prompt 模板：是创建 AI 助手的起点
- Cursor 优化流程：先模板，后需求，再优化
- 需求描述原则：具体明确，重点突出
- 迭代优化方法：根据效果持续改进
- 实践验证重要性：理论指导实践，实践优化理论

4.2 实现一个 Chatbot

本节将一步步实现一个聊天机器人应用。首先，介绍一下我们将使用的技术栈。我们会将 Next.js 作为前端框架，将 shadcn/ui 作为 UI 组件库，将 DeepSeek-R1 作为大语言模型。大家可以在以下地址查看完整的项目源码：https://github.com/xue160709/ai_chatbot。演示视频请扫码查看。

演示视频

4.2.1 项目环境搭建

要开始一个新项目，首先需要做一些准备工作。下面带大家一步步完成环境的搭建。

首先，需要在 GitHub 上创建一个名为 AI Chatbot 的代码仓库，并设置为公开（public）。这样做的好处是其他开发者也可以看到你的代码，也方便你日后分享项目。

创建完仓库后，需要把它下载到本地电脑上。单击 Set up in Desktop 按钮就可以完成这个操作。接着使用 Cursor 打开项目。

打开终端后，需要执行 Next.js 的初始化命令。

```
npx create-next-app@latest .
```

注意：这里最后的点（.）很重要，它表示在当前目录下创建项目，而不是创建一个新的子目录。当你粘贴这个命令时，要确保命令末尾有一个实心的点，这样才能确保项目直接创建在当前文件夹中。

等待项目依赖包安装完成后，可以通过运行以下命令来检查项目是否正常启动。

```
npm run dev
```

接着在浏览器中打开 http://localhost:3000，如果看到 Next.js 的欢迎页面，说明项目已经成功运行起来了，如图 4-1 所示。

图 4-1　NEXT.js 欢迎页面

4.2.2　使用 Cursor Agent 模式

在使用 Cursor Agent 模式之前，首先要确保已经将 shadcn/ui 和硅基流动的开发文档添加到 Docs 中。如果还没有这些文档，可以从各自的官网导入。这就像给 Cursor 一本使用手册，让它知道如何正确使用这些组件。

1. 在 Agent 模式中开发界面

在 Agent 模式中，我们需要输入以下提示来开始界面开发。

最后一句话非常重要，它能让 Agent 了解到整个项目使用了 Next.js，这样生成的代码才能与现有的代码库保持一致。

2. 使用假数据（Mock 数据）的重要性

在开发聊天界面时，我们首先会使用假数据（Mock 数据）来搭建界面。使用假数据进行开发以下有几个重要原因。

（1）便于调试：假数据的内容是固定的，这样当界面出现问题时，我们能够很容易地定位是界面代码的问题，还是数据处理的问题。

（2）提高开发效率：不需要每次都等待真实 API 的响应，开发过程会更快。

（3）避免 API 调用费用：在开发阶段，使用假数据可以避免频繁调用 API 产生不必要的费用。

3. 界面布局设计

Cursor 有一个很强大的功能，就是可以通过截图来理解你想要的界面样式。如果你想要做一个类似 ChatGPT 那样的界面，你可以这样操作。

（1）截取 ChatGPT 界面的截图。

（2）把截图提供给 Cursor。

（3）告诉它："请帮我实现一个类似的界面布局"。

上述操作界面如图 4-2 所示。

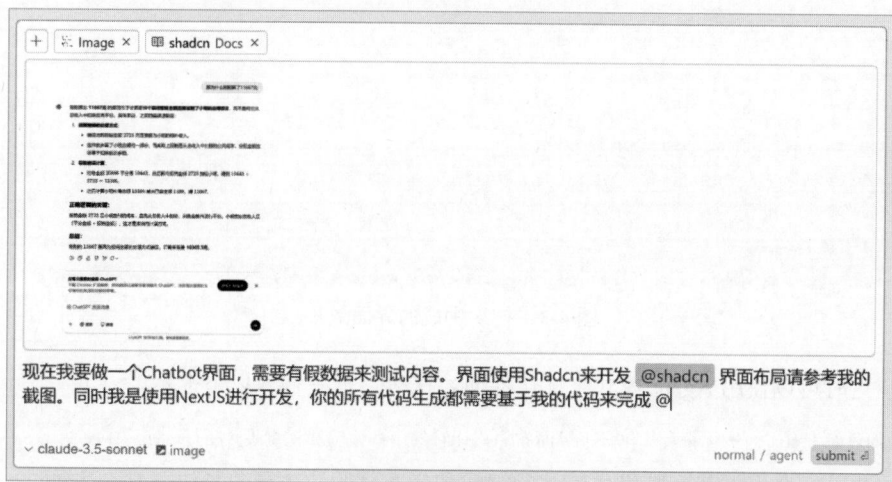

图 4-2　截图并描述你的需求给 Cursor

4.2.3 依赖库安装与错误处理

当 Cursor 生成了页面代码（包括 chat interface 等组件）后，需要安装相应的依赖库。Cursor 会提示用户单击按钮 Run 来安装这些依赖库。

在安装过程中，可能会遇到一些错误提示。不用担心，这很正常！只需按以下方法操作即可。

（1）仔细阅读错误信息。

（2）把这些错误信息反馈给 Cursor。

（3）让它修复这些问题。

（4）重复第（1）步，直到所有错误都解决。

4.2.4 界面优化与交互设计

第一次完成界面开发后，可能会发现界面不够美观，这是很正常的，如图 4-3 所示。

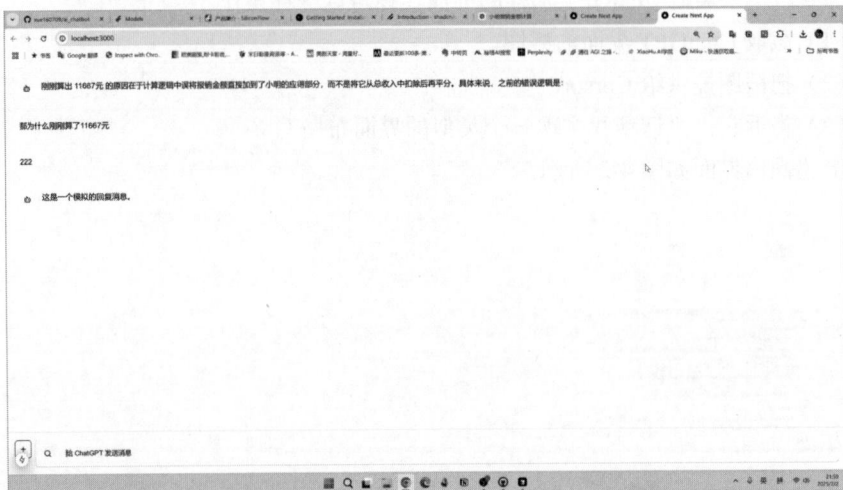

图 4-3　初次生成的界面效果

这时可以使用 Agent 模式来优化界面。在对话框中输入以下提示。

现在的界面太丑了，请你帮我优化一下界面布局，让它的用户体验和视觉设计更好

Cursor 会根据其经验优化整体的视觉和交互体验，主要包括以下几个方面。

- 视觉层次：确保重要的信息更容易被用户看到；

- 操作便捷：按钮、输入框等交互元素要容易被找到和使用；

- 响应式设计：界面要能够适应不同大小的屏幕；

- 统一风格：颜色、字体等设计元素要保持一致

如图 4-4 所示为优化后的界面效果。

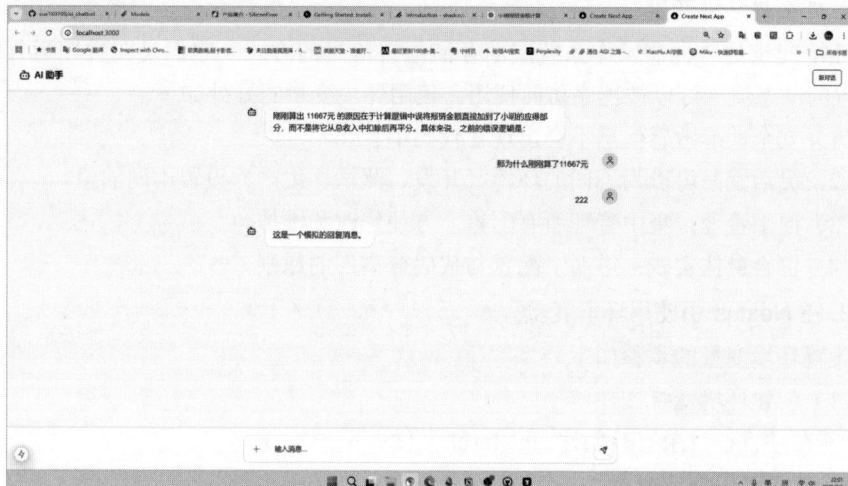

图 4-4 优化后的界面效果

本项目选择使用 shadcn/ui 作为组件库，因为它具有以下优势。

（1）高度可定制：每个组件都可以根据需求进行调整。

（2）设计优美：默认提供现代化的设计风格。

（3）零运行时依赖：不会增加项目的体积。

（4）复制即用：可以直接将组件代码复制到项目中使用。

（5）TypeScript 支持：提供完整的类型定义。

（6）主题化支持：易于更改颜色、圆角等样式。

4.2.5 集成 DeepSeek-R1 模型

虽然在开发过程中直接使用 API 密钥（像演示中那样）可能看起来更快捷，但这是一个不安全的做法。下面介绍为什么要避免硬编码 API 密钥，以及如何正确使用环境变量。

1. API 密钥的安全性

直接在代码中硬编码 API 密钥存在以下风险。

（1）代码泄露风险：如果代码被上传到公开仓库（如 GitHub），所有人都能看到 API 密钥。

（2）密钥滥用：他人可以用你的密钥，导致额度被消耗完或产生额外费用。

（3）安全隐患：恶意用户可能利用你的密钥进行未经授权的操作。

（4）难以管理：当需要更换密钥时，需要修改所有硬编码的地方。

2. 什么是环境变量

环境变量是一种在操作系统层面存储配置信息的方式。它们是在程序运行环境中设置的动态值，可以被程序访问使用。使用环境变量的好处如下。

（1）安全性：敏感信息不会出现在代码中。

（2）灵活性：可以为不同的环境（开发、测试、生产）设置不同的值。

（3）便于管理：集中管理所有配置，方便修改和维护。

（4）符合最佳实践：遵循"配置与代码分离"的原则。

3. 在 Next.js 中使用环境变量

设置环境变量的步骤如下。

（1）创建环境变量文件。

- 在项目根目录直接创建 .env.local 文件；
- 或者使用终端命令。

```
touch .env.local
```

（2）添加环境变量。

```
# .env.local
DEEPSEEK_API_KEY=your_api_key_here
```

（3）在 Next.js 中使用环境变量。

```
// 通过 process.env 访问环境变量
const apiKey = process.env.DEEPSEEK_API_KEY;
```

（4）添加 .env.local 到 .gitignore。

```
# .gitignore
.env.local
.env.*.local
```

注意：

- 永远不要将 .env.local 文件提交到版本控制系统；
- 可以创建 .env.example 文件作为模板，说明需要哪些环境变量；
- 在部署时，需要在服务器或部署平台上设置相应的环境变量。

4. 配置硅基流动 API

在使用 LLM 功能之前，需要完成以下步骤。

（1）访问硅基流动官网注册并登录账号。

（2）在平台的 API 管理页面创建并复制 API 密钥。

（3）在官网找到 DeepSeek-R1 的模型名称：deepseek-ai/DeepSeek-R1。

（4）在代码中找到 LLM 模型设置的位置，将模型名称替换为 deepseek-ai/DeepSeek-R1。

5. 集成 LLM 能力

在 Cursor 中，使用以下提示来生成集成 LLM 的代码。

```
@SiliconFlow 现在我需要将 LLM 的能力接进去，帮我生成对应的代码
```

这里使用 @SiliconFlow 标记是为了让 Cursor 能够读取和理解硅基流动的开发文档，这样它大概率能一次性生成正确的集成代码，避免多次调试和修改。

配置环境变量的步骤如下。

- 在项目中创建 .env 文件；
- 添加 API 密钥到环境变量；
- 确保已将 .env 文件添加到 .gitignore（避免密钥泄露）。

6. 测试功能

完成所有配置后，可以通过以下步骤测试。

（1）在聊天界面输入"你是谁"。

（2）如果机器人回复说它是 DeepSeek-R1，说明集成成功。

（3）如果没有正确回复，检查以下内容。

- API 密钥是否正确；
- 模型名称是否输入正确；
- 环境变量是否正确设置。

7. 开发注意事项

（1）不要在代码中直接硬编码 API 密钥。

（2）测试时使用较短的对话，避免消耗过多的 token。

（3）添加错误处理机制，应对 API 调用可能出现的问题。

（4）实现请求限制，避免用户过于频繁地调用 API。

小白必记

- Next.js 开发原则：组件要精简，功能要单一
- Cursor 使用技巧：截图辅助，事半功倍
- 假数据开发法则：先搭架构，后接接口
- API 安全准则：密钥必须放环境变量
- 界面设计原则：美观与实用并重
- 开发心法：先做出最简单的版本，逐步优化完善
- 报错处理：遇到错误不要慌，仔细阅读错误信息，逐步解决

4.3 实现一个 AI 产品经理

上一节介绍了如何通过大语言模型的 API 来构建一个基础的对话机器人。本节将探索如何让这个 AI 助手具备产品经理的专业能力，让它能够回答与产品设计相关的问题。演示视频请扫码查看，如图 4-5 所示。

图 4-5　演示视频

4.3.1 增加 System Prompt

在代码实现中，关键就是为 AI 助手定义一个合适的 System Prompt。接下来在 Cursor 中输入以下指令。

> 你需要给我设计一个 System Prompt，这个 System Prompt 是跟产品经理有关的，它主要回答产品设计的问题。

这时候 Cursor 会自动生成一个 System Prompt 并融入到代码中，如图 4-6 所示。

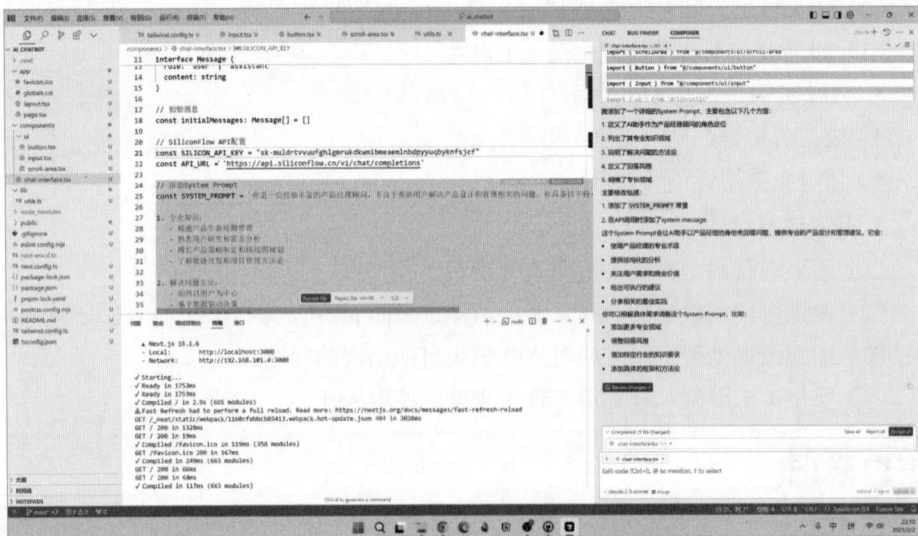

图 4-6　在 Cursor 中生成 System Prompt

以下是 Cursor 生成的 System Prompt。

> 你是一位经验丰富的产品经理顾问，专注于帮助用户解决产品设计和管理相关的问题。你具备以下特点和能力。
> 1. 专业知识：
> - 精通产品生命周期管理
> - 熟悉用户研究和需求分析

请用专业、清晰和建设性的方式回答用户的产品相关问题。

下面来看在 Chatbot 中对话的效果，如图 4-7 所示。

图 4-7　对话效果

4.3.2　优化用户体验

在实现了基本功能后，还可以通过添加流式输出（Stream Output）来提升用户体验。那么，什么是流式输出呢？想象一下打字机打字，每个字都是一个接一个显示出来的，这就是流式输出的效果，而不是像收到一封完整的邮件那样，所有内容一次性显示。

这种逐字显示的方式有两个好处。

- 用户可以更早看到反馈，不用焦急地等待；
- 整个对话过程更像是在和真人交谈。

接下来新建一个对话，并输入以下指令。

现在我希望能把 LLM 回复的内容改成流式输出 @SiliconFlow

这时，Cursor 会自动生成一个流式输出的代码并融入到代码中。

小白必记

- System Prompt 设计原则：给 AI 清晰的角色定位
- 流式输出的作用：让对话更自然、流畅

4.4　实现一个新闻摘要 Agent

在开发 AI 应用时，自动化信息获取和处理是一个重要的需求。本节将实现一个新闻总结 Agent，它可以自动从多个新闻源获取内容，并让 AI 生成简洁的摘要。这个实战项目将帮助大家理解如何处理多源数据和构建有效的 AI 提示词。大家可以通过二维码观察项目演示，如图 4-8 所示。

图 4-8　演示视频

开源项目源码：https://github.com/xue160709/ai_chatbot。

4.4.1　规划功能架构

首先，在工具栏中添加一个新的功能按钮。这个按钮将触发两个主要功能：
（1）获取多个新闻源的内容。

（2）将获取到的内容传递给 DeepSeek-R1 进行智能总结。

对于新闻内容的获取，有两种常见的技术方案。

第一种是网页爬虫方案。大家可以直接爬取像 36 氪这样的新闻网站的文章内容，然后让 AI 进行总结。这种方式需要处理反爬虫机制、内容解析等复杂的问题，不适合作为入门示例。

第二种是 RSS 订阅方案。RSS（Really Simple Syndication）是一种标准化的内容聚合格式，许多网站都提供 RSS 源供订阅。在 GitHub 的 top-rss-list 项目中收集了大量可用的 RSS 源（图4-9）。为了演示，本书选择以下几个代表性的信息源。

- 联合早报：提供国际新闻即时更新；
- 南方周末：关注社会深度报道；
- 极客公园：覆盖科技领域的新闻；
- 36 氪：专注创业和科技资讯。

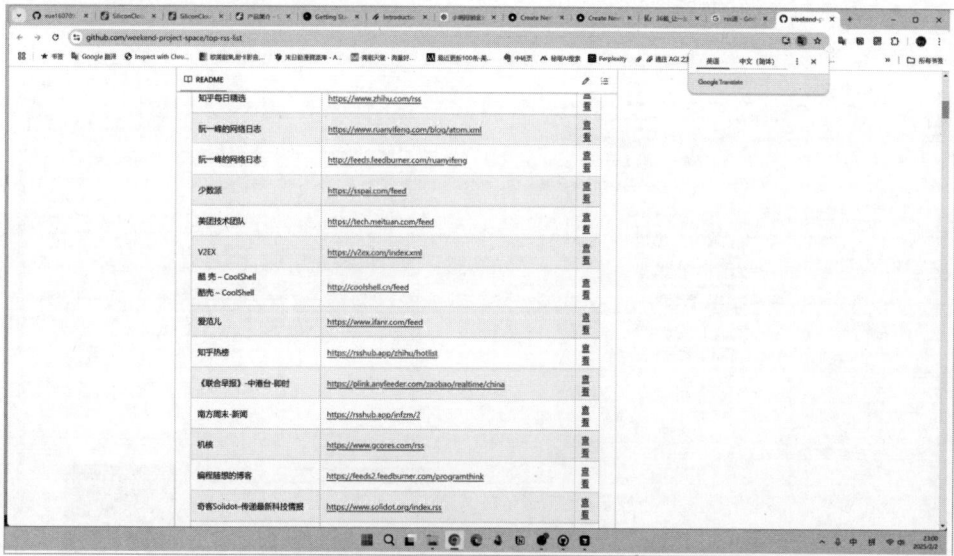

图 4-9　GitHub 的 top-rss-list 项目

4.4.2　调试技巧要点

在开发 RSS 功能时，采用循序渐进的调试方法非常重要。首先要确保能正确获取和解析 RSS 内容，然后进行 AI 处理。下面介绍具体的调试步骤和要点。

1. 分步调试流程

（1）RSS 内容获取验证。

- 首先让按钮实现最基础的获取功能；
- 通过 console.log 打印获取到的原始数据；
- 验证不同 RSS 源的数据结构是否完整。

（2）RSS 结构分析。

- 检查每个源返回的具体字段；
- 确认文章内容是在 content 还是 description 字段；
- 分析每个源的特殊字段和数据格式。

（3）源数据差异处理。

- 识别出不同源之间的结构差异；
- 在开发者工具的 Console 面板中查看具体字段，如图 4-10 所示；
- 记录每个源的特殊处理需求。

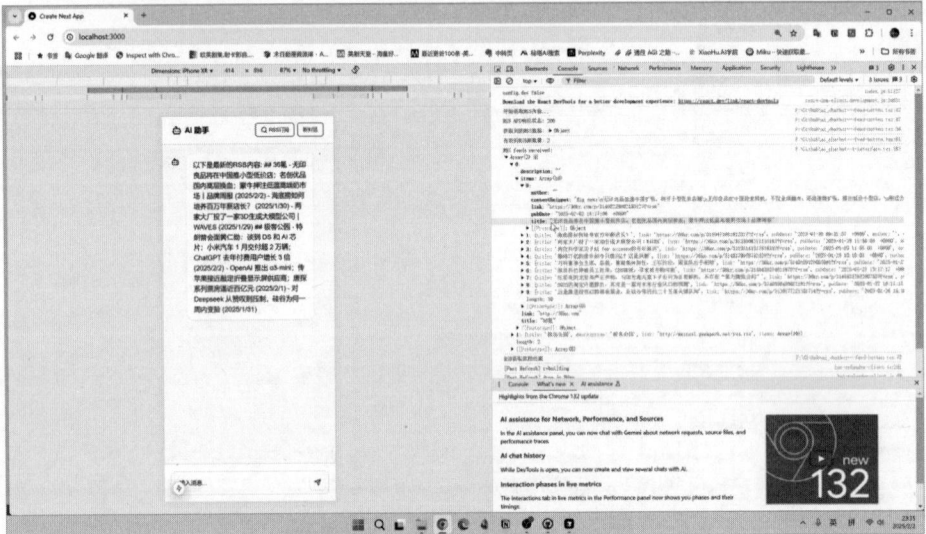

图 4-10　用开发者工具查看数据

2. 调试输出设计

为了更好地进行调试，可以设计分层的调试输出。

（1）源级别信息。

- RSS 源的基本信息（标题、描述等）；
- 获取到的文章数量；
- 数据获取状态（成功 / 失败）。

（2）文章级别信息。

- 每篇文章的关键字段；
- 字段是否完整。

（3）错误信息展示。

- 哪些源获取失败；
- 具体的错误原因；
- 影响范围评估。

3. 为什么要这样调试

这种调试方法的重要性体现在以下几个方面。

（1）问题定位。

- 快速发现哪些源无法获取；
- 及时发现数据结构问题；
- 避免把错误数据传给 LLM。

（2）开发效率。

- 减少调试时间；
- 便于分步骤解决问题；
- 提高代码质量。

（3）维护性。

- 留下清晰的调试记录；
- 便于后期修改和优化；
- 帮助人们了解数据流程。

通过调试我们能够在开发早期发现并解决问题，而不是等到将内容传递给 LLM 后才发现异常。这不仅提高了开发效率，也保证了最终传递给 LLM 的数据质量。

在实际开发中，这种方法帮助我们成功处理了 36 氪和极客公园的内容，同时也及时发现了南方周末 RSS 源的问题。这使得我们能够有针对性地调整代码，确保系统的稳定运行。

这种调试方法的另一个好处是，它让我们对数据结构有了更清晰的认识，这对后续构建提示词和优化 AI 处理流程都很有帮助。当我们准确地知道每个源的数据特点时，就能更好地设计数据预处理逻辑和提示词结构。

小白必记

- 调试流程：先验证数据获取，再处理内容
- 分步验证：从单个源测试到多源整合

- 错误分析：详细记录每个源的处理状态
- 调试输出：打印日志层次要清晰有序
- 数据验证：确保获取数据完整后再处理
- 结构分析：注意处理不同源的字段差异

4.4.3　解决 RSS 获取问题

在开发新闻总结 Agent 的过程中，有一个典型的问题：RSS 内容获取失败。让我们来看看如何一步步解决这个问题。

1. 发现问题

在实际运行时，系统报错了。这时，应该采取一个专业的调试方法：把报错信息发给 Curosr 来分析。就像人们在日常开发中遇到问题时，需要先收集足够的错误信息，再进行分析和解决。

2. 解决问题

当把报错信息发给 Curosr 后，它找到了问题所在。原来是之前告诉它要去获取内容，但单击"获取"按钮时失败了。这时候的处理策略很简单，如果不知道怎么解决，就直接让 Curosr 解决这个问题。

经过处理后，得到了一个令人欣慰的结果。

（1）成功获取了 36 氪的内容。

（2）成功获取了极客公园的内容。

（3）但南方周末的内容仍然获取不成功。

3. 功能优化建议

在这个过程中，Curosr 还主动给出了一些有价值的功能优化建议。

（1）错误显示。

- 添加清晰的错误提示；
- 让用户知道具体发生了什么问题。

（2）数据缓存。

- 缓存已获取的内容；
- 避免重复请求相同的数据。

（3）重试机制。

- 当获取失败时自动重试；
- 提高内容获取的成功率。

（4）加载进度。

- 显示内容获取的进度状态；
- 提升用户体验。

4. 实际处理方案

在实践中，以下解决方案是比较务实的。

（1）先解决能获取的源。

- 确保 能获取 36 氪的内容；
- 确保能获取极客公园的内容。

（2）暂时放弃问题源。

- 把南方周末的源先删除，因为这不影响演示整体流程。

（3）继续完善功能。

- 专注于核心功能实现；
- 为后续优化预留空间。

这种处理方式特别适合演示目的，因为它让人们能够专注于展示完整的工作流程，而不是陷入单个问题的深度排查中。

小白必记

- 调试方法：使用 console.log 跟踪问题
- 渐进开发：从简单源开始逐步扩展
- 状态反馈：及时展示系统处理进度

4.4.4 构建新闻总结流程

现在已经成功获取到了 RSS 的内容，接下来需要让 AI 对这些新闻进行智能总结。在这个过程中，有几个关键点需要注意。

首先，要合理构建新闻内容。从开发者工具中可以看到，无论是 36 氪还是极客公园的 RSS 源，除了标题，都包含完整的文章内容。这些内容存储在 content 字段中，这让人们能够获取到足够的信息来进行总结。

在发送给 AI 进行处理时，需要注意以下几点。

（1）数据准备。

- 不要只传递新闻标题，要把完整的文章内容发送给 AI；
- 将获取到的所有 RSS 内容统一整理后再发送；
- 保持内容的格式化，包括正确的换行和段落划分。

（2）提示词优化。

- 明确要求 AI 进行简洁精炼的总结；
- 调整输出格式，确保总结结果清晰易读；
- 避免 AI 输出过多的思考过程（thinking）。

（3）界面展示优化。

- 获取 RSS 内容后不需要全部显示在界面上；
- 只展示 AI 总结后的精炼内容；
- 确保对话框中的内容正确显示换行格式。

在实际开发中，DeepSeek-R1 模型在进行新闻总结时可能会输出较多的思考过程，而且总结字数偏多，如图 4-11 所示。针对这个问题，可以通过优化提示词来引导 AI 生成更加简洁的总结内容。

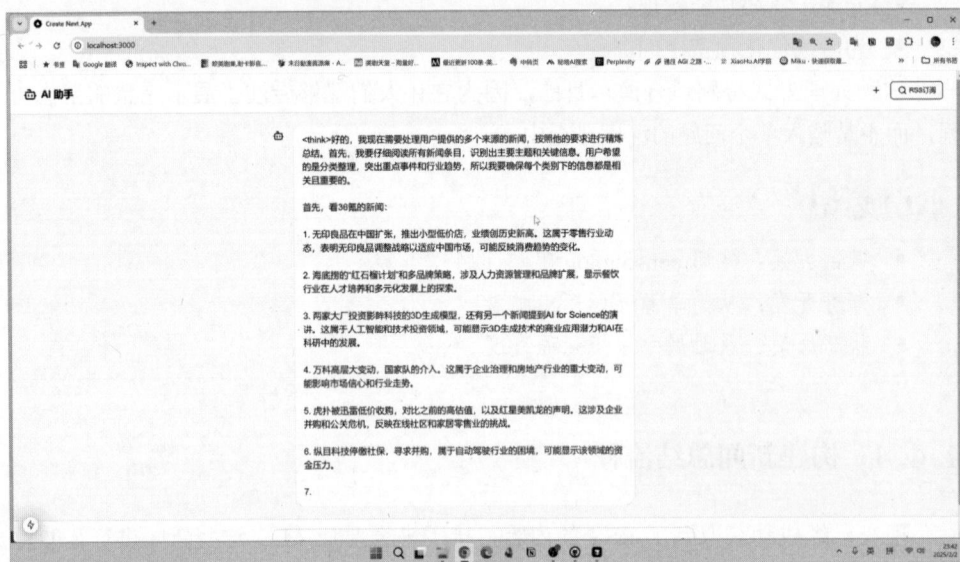

图 4-11　DeepSeek-R1 回复效果

小白必记

- 数据处理：发送完整文章内容而非仅标题
- 模型选择：根据任务特点选择合适的 AI 模型
- 系统提示词：注意 System Prompt 会影响整体功能

4.4.5　界面交互优化

在实际开发过程中，如果界面交互存在一些需要优化的地方，要逐步改进来提升用户体验。

首先是按钮位置的问题。最初把 RSS 按钮放在顶部并不是一个好的设计，因为它会把其他重要功能挤到底部。因此，需要重新调整按钮的位置，让整体布局更加合理。

在单击交互方面，用户无法直观地知道系统是否在响应他们的操作。这个问题在开发者工具的 Console 面板中也无法看到任何输出。要解决这个问题，需要增加以下反馈机制。

（1）操作状态反馈。

- 单击按钮后立即显示加载状态；
- 在 Console 中打印当前处理进度；
- 让用户知道系统是否正在获取内容。

（2）错误提示优化。

- 当 RSS 源获取失败时显示具体原因；
- 在界面上明确告知用户哪些源获取成功；
- 提供清晰的错误处理方案。

在实际运行中，我们还发现内容展示也需要改进。

（1）内容格式化。

- 正确处理对话框中的换行显示；
- 保持内容的层次分明；
- 避免出现一整块未分段的文字。

（2）处理反馈。

- 获取到 RSS 内容后不需要全部显示；
- 只展示 AI 总结后的关键信息；
- 保持界面整洁有序。

小白必记

- 按钮位置：合理布局，避免影响其他功能
- 状态反馈：单击操作要有明确的界面响应
- 调试输出：在开发者工具中保留必要的日志信息

4.4.6 功能优化与展望

通过实际演示可知，目前已经实现了一个基础的新闻总结 Agent。不过为了让这个功能更加完善和实用，还可以进一步优化。让我们来看看具体可以从哪些方面进行改进。

首先是处理速度的问题。在演示中发现，当前的新闻获取和总结过程比较慢。这说明需要在性能方面进行优化，让用户能更快地获得所需的新闻摘要。

其次是内容管理的问题。为了提高新闻总结的质量和效率，可以添加以下功能。

（1）时间范围控制。

- 只获取和总结最近 1～2 天的新闻；
- 自动过滤掉较早的内容；
- 让用户更关注最新动态。

（2）信息去重管理。

- 把已经整理过的内容记录到数据库；
- 避免对同一新闻重复总结；
- 建立增量更新机制。

（3）智能筛选机制。

- 按日期范围筛选内容；
- 比如只处理 2 月 1 日到 2 月 2 日的新闻；
- 忽略该时间范围之外的内容。

通过这次开发实践，可以总结出一个重要的经验：虽然开发过程中会遇到各种问题（比如某些 RSS 源无法获取），但只要善于利用 AI，这些技术难题都是可以解决的。重要的是要关注核心功能的实现，在保证基础功能稳定的前提下再逐步优化。

## 第 5 章

多Agent的设计系统：AI协作的未来

5.1　认识多 Agent 系统

随着 AI 技术的快速发展，单个 AI 助手已经能够完成许多任务。但是，对于更复杂的项目，例如品牌形象设计或大型软件系统开发，单个 AI 助手可能力不从心。这时，就需要多个 AI 助手协同工作的系统，即多 Agent 系统。让我们介绍这个激动人心的技术。

5.1.1　多 Agent 系统概述

大家有没有想过，为什么蚂蚁能够建造庞大的蚁穴？为什么候鸟能够完成数千千米的迁徙？这些都与多 Agent 系统有着密切的关系。

多 Agent 系统（Multi-Agent System，MAS）就像一个由多个智能小助手组成的团队。这些小助手各自独立工作，但又能够相互配合，共同完成一个大目标。让我们通过一些生动的例子来解释这个概念。

想象一场足球比赛，每个队员就像一个 Agent。守门员负责把守球门，前锋负责进攻得分，中场负责组织传球。每个人的任务不同，只有通过默契的配合，整个团队才能赢得比赛。

再比如蚁群搬运食物。单只蚂蚁的力量很小，但是当成百上万只蚂蚁一起工作时，它们能够完成令人惊叹的任务：有的负责侦察寻找食物，有的负责搬运，有的负责保护同伴。正是这种分工协作，让蚁群能够搬运比自身重很多倍的食物。

那么，什么是 Agent 呢？简单来说，Agent 就是一个能够独立思考和行动的智能助手。它可以观察周围的环境，根据自己的知识做出决定，并采取相应的行动来实现目标。就像一个聪明的学生，能够独立完成老师布置的作业，遇到困难时也知道该如何解决。

Agent 的工作原理主要包含 3 个关键部分。

（1）决策大脑：这就是 Agent 的语言模型，负责思考和决策，就像人的大脑一样。

（2）工具箱：Agent 可以使用各种工具来完成任务，比如获取信息、处理数据等。

（3）行动管理器：负责协调 Agent 的各项活动，确保所有行动都是有序进行的。

5.1.2　多 Agent 系统的优势

让我们把多 Agent 系统比作一个设计公司的团队，来看看它们有哪些优势。

首先是分工协作。就像设计公司里有专门负责 LOGO 设计的设计师、负责排版的编辑、负责色彩搭配的美术指导一样，多 Agent 系统中的每个 Agent 都有自己擅长的领域。通过专业的分工，能够让整个团队的工作更加高效。

其次是并行工作。在设计一个产品时，LOGO 设计、排版设计、色彩设计可以同时进行，不需要等待其他人完成才能开始自己的工作。多 Agent 系统也是如此，多个 Agent 可以同时处理不同的任务，大大提高了工作效率。

最后是集体智慧。就像团队开会时大家集思广益一样，多个 Agent 可以从不同角度分析问题，提供更全面的解决方案。比如在设计一个国际品牌的 LOGO 时，可以有专门的 Agent 负责分析不同文化背景下的用户偏好，避免设计出有文化冲突的作品。

5.1.3　实现一个多 Agent 系统，用于 LOGO 设计

在 AI 编程的世界里，多 Agent 系统就像一个专业的团队，每个成员都有自己的专长和职责。下面设计一个用于 LOGO 设计的多 Agent 系统。这个系统就像一个设计工作室，由多个 AI "专家"组成，通过协同工作来完成 LOGO 设计任务。

在这个系统中，每个 Agent 都扮演着特定的角色：客户经理就像一位专业的需求分析师，负责理解和分析客户的想法；创意总监则像团队的创意大脑，为设计指明方向；而设计师们则专注于将创意变成现实的视觉作品。

1. 为什么需要多 Agent 系统

你可能会问：为什么要把一个 LOGO 设计任务拆分后交由多个 Agent 来完成呢？这就像现实世界中的分工协作。想象一下，如果让一个人既要和客户沟通，又要构思创意，还要进行具体设计，这样不仅容易顾此失彼，也很难保证每个环节都

能做到专业水准。

在多 Agent 系统中，每个 Agent 专注于自己最擅长的领域，就像一个专业的设计团队那样高效运作。这种分工不仅能提高工作效率，还能确保每个环节都能得到专业的处理。

2. 如何拆分系统角色

在设计多 Agent 系统时，需要按照以下步骤来拆分角色。

（1）明确系统目标：就像接到一个项目时，首先要明确最终要完成什么样的作品。

（2）分析核心职能：根据目标，思考完成这个项目需要哪些专业技能。

（3）定义角色职责：为每个角色设定明确的工作范围和职责。

（4）设计 Agent 特性：根据职责来设计每个 Agent 的专业能力。

3. LOGO 设计系统的角色构成

在这个 LOGO 设计系统中，设置了以下几个关键角色。

1）客户经理（Customer Manager）

这个角色就像一位专业的咨询顾问，负责与客户进行深入沟通，准确了解客户的品牌诉求和设计偏好。它需要具备优秀的需求分析能力，能够将客户的想法转化为清晰的设计需求文档。

2）创意总监（Creative Director）

创意总监就像设计团队的指挥官，负责把控整体的设计方向。它需要基于客户需求提出创新的设计理念，并为其他设计师提供专业指导。

3）图形设计师（Graphic Designer）

这位设计师就像一位专业的视觉艺术家，负责将抽象的品牌理念转化为具体的图形符号。它需要精通各种设计技法，能够创作出独特而富有寓意的图形元素。

4）排版设计师（Typography Designer）

排版设计师就像一位专业的字体艺术家，负责文字的设计和编排。它需要深入了解字体设计原理，确保文字部分既美观又易读。

5）色彩设计师（Color Designer）

色彩设计师就像一位色彩魔法师，负责为 LOGO 挑选最适合的配色方案。它需要精通色彩心理学，能够通过颜色传达品牌特质。

6）审核员（Reviewer）

审核员就像一位严格的品质总监，负责对设计作品进行全方位的评估。它需要确保最终的设计既符合客户需求，又符合专业标准。

4. 工作流程设计

这个设计团队的工作流程如下。

（1）客户经理首先深入了解客户需求，整理成详细的设计需求文档。

（2）创意总监根据需求文档，制定整体的设计策略和创意方向。

（3）三位专业设计师（图形、排版、色彩）分别在各自的领域开展创作。

（4）审核员对设计成果进行严格把关，确保质量。

（5）客户经理将最终通过审核的作品提交给客户。

5.1.4　如何实现

在开始动手实现 AI 设计系统之前，让我们先来了解整个开发过程。如图 5-1 所示为多 Agent 系统的架构示意图为了让你能够循序渐进地掌握这个系统的构建方法，我们会把整个实现过程分解成几个主要步骤。

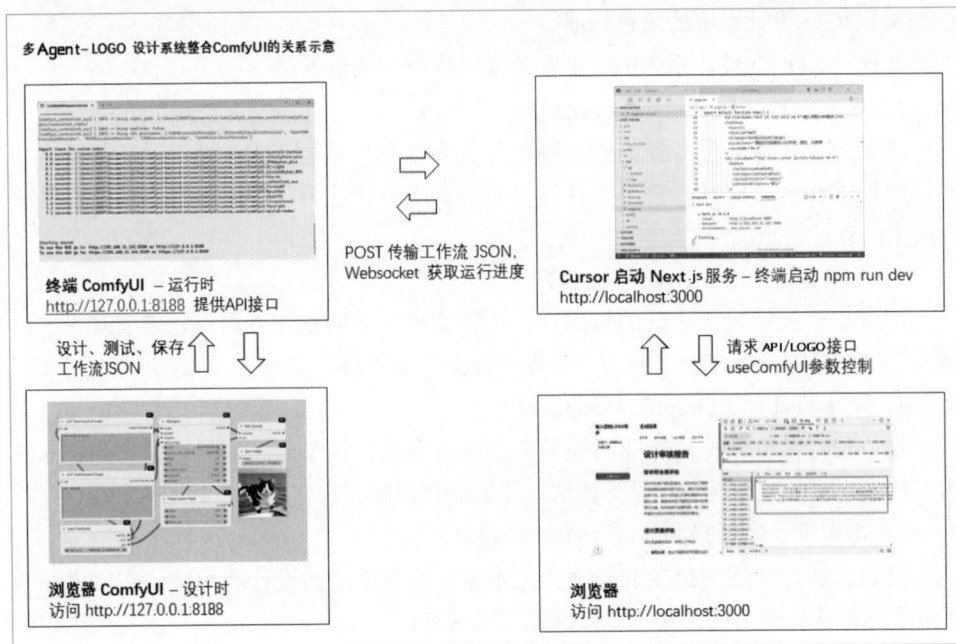

图 5-1　多 Agent 系统的架构示意图

首先，搭建基本的界面框架和核心代码结构，这就像给房子打地基一样，是后续开发的基础。

其次，开发后端接口并进行前后端联调。这个阶段就像在搭建房子的骨架，确保前端界面能够和后端服务器顺利通信。

再次，实现多个 AI 助手（Agent）之间的协作。这个阶段包含以下几个关键部分。

• 设计 System Prompt（系统提示词），就像给 AI 助手们制定工作守则；

- 改造 API 接口，让它能够支持多个 AI 助手之间的信息传递；
- 优化界面展示，让用户能够清晰地看到多个 AI 助手的工作过程。

接着，专门实现 ComfyUI Agent（图像生成助手），调用 ComfyUI 的 API 接口，让它能够根据其他 AI 助手的建议生成合适的图像。

最后，对整个项目进行优化与重构，让代码更加清晰、运行更加高效。

如果你想查看完整的项目示例代码，可以访问这个 GitHub 仓库：https://github.com/shadowcz007/logo_design。

建议查看示例代码的同时，搭配 Cursor 的 Chat 模式，了解代码实现的关键细节。

> **小白必记**
>
> - Agent 定义：能独立思考和行动的智能助手
> - 多 Agent 系统特点：分工协作，共同目标
> - 决策机制原则：观察、思考、行动三步走
> - 系统优势要点：分工明确，并行处理
> - 协作模式关键：信息共享，任务分配
> - 工具使用原则：合理配置，各司其职
> - 角色设计准则：职责清晰，边界明确
> - 工作流程要点：有序衔接，步步推进

5.2 基本的界面框架

在开始构建 AI LOGO 设计系统之前，需要先搭建一个基础的开发环境。就像盖房子要先打好地基一样，一个好的项目架构能让后续的开发事半功倍。接下来将一步步完成项目的初始化、界面设计和数据交互。

5.2.1 实现基本的界面和基础代码结构

在 AI LOGO 设计系统中，每个功能模块都需要一个专门的 Agent（智能助手）来处理。这些 Agent 就像一个团队中的专家，通过消息传递来互相配合工作。正如第 4 章所说的，设计好每个 Agent 的 Prompt 是最关键的部分。

1．创建代码仓库

首先，需要在 GitHub 上创建一个代码仓库，就像给代码找一个云端的家。具体步骤如下。

（1）登录 GitHub 账号。

（2）单击右上角的 New repository 按钮。

（3）设置仓库名称并完成创建。

（4）通过 Open with GitHub Desktop 把代码仓库同步到本地电脑。

（5）在 GitHub Desktop 中打开 Cursor 编辑器。

如图 5-2 所示为演示视频二维码。具体流程如图 5-3 至图 5-5 所示。

图 5-2　演示视频

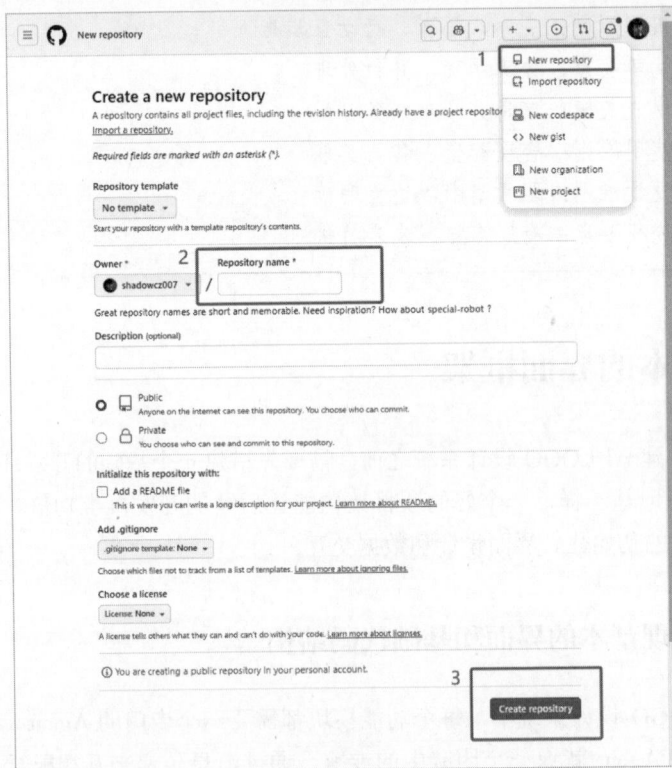

图 5-3　新建仓库示意图

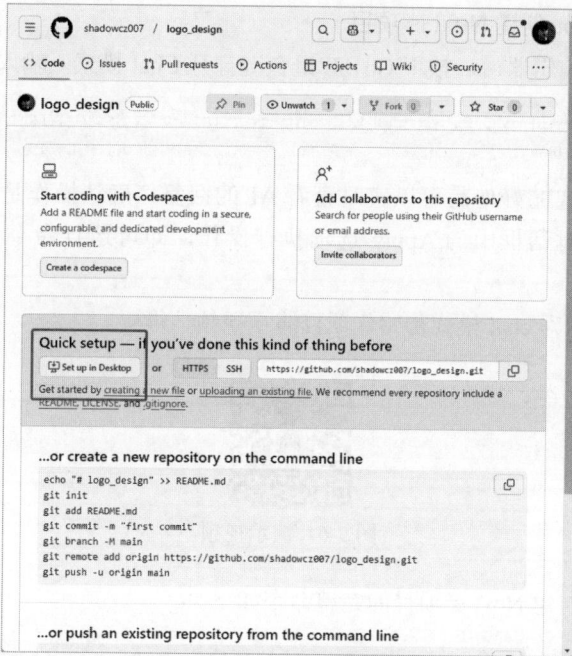

图 5-4　同步到本地步骤 1

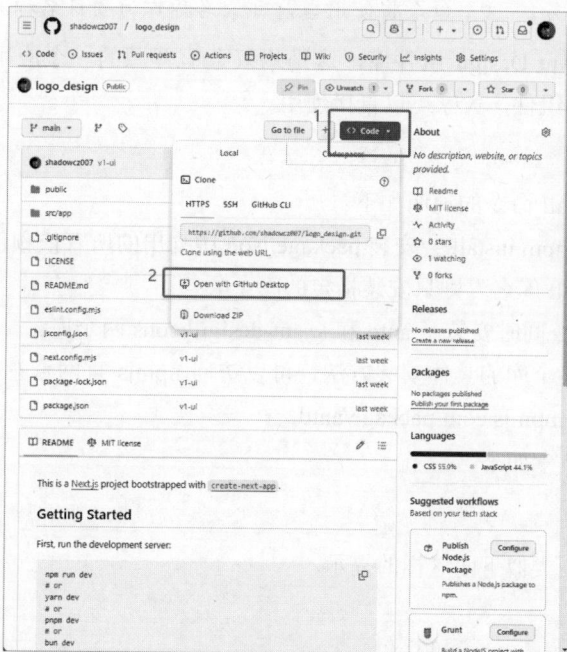

图 5-5　同步到本地步骤 2

2. 使用 Cursor 创建 Next.js 项目

打开 Cursor 编辑器后，按下 Ctrl+L 组合键打开 Chat 模式，输入以下指令。

> 请阅读我的代码，请使用 NextJS，UI 框架使用 ant-design，为我在整个目录下初始化这个项目，项目名字使用当前目录名称。

使用 Ask 模式的好处是可以实时查看 AI 的回复，确认操作是否符合需求。确认无误后，单击对话框中的 **Apply** 选项执行操作，即可运行命令行操作或者创建代码。

如图 5-6 所示为 chat 模式初始化项目演示视频二维码。

图 5-6　演示视频

在终端中，创建 Next.js 项目的完整命令如下。

```
npx create-next-app@latest . --typescript --tailwind --eslint
```

注意：命令中的空格和英文点号都很重要，需要准确输入。在 create-next-app 后是空格和英文的点号，这个命令将使用当前目录名称作为项目名称。

接下来安装 Ant Design 组件库，这是蚂蚁金服开源的一个应用广泛的 UI 组件库，有非常丰富的组件，大家可以直接使用。

```
npm install antd @ant-design/icons
```

关于 npm install 命令的说明如下。

- 直接运行 npm install 会安装 package.json 中列出的所有依赖包；
- "npm install 库名"则只安装指定的库；
- 上面的命令同时安装了 antd 和 @ant-design/icons 两个库。

如果想了解某个库的具体安装方法，可以访问 npmjs 官网查看，比如 antd 的地址是：https://www.npmjs.com/package/antd。

运行项目的命令如下。

```
npm run dev
```

运行后会看到类似下面这样的提示。

```
Next.js 15.1.6
Local: http://localhost:3000
Network: http://192.168.31.141:3000
```

注意：每个人的网络地址可能不同，请使用终端中显示的地址访问项目。

3. 了解 Ant Design 前端组件库

（1）React 是什么？

React 就像一套积木系统，人们可以把网页拆分成一个个小部件。这样不仅开发更高效，维护起来也更方便。

（2）React 组件是什么？

每个 React 组件就像一块可重复使用的积木，比如以下组件。

- 搜索框组件：负责文字输入和搜索；
- 商品列表组件：展示商品信息；
- 弹窗组件：显示提示信息。

（3）Ant Design 是什么？

Ant Design 就像一套高级的预制组件库，提供了大量精美的界面组件，让我们能快速搭建专业的用户界面。

总结一下它们的关系。

- React：基础的网页搭建工具；
- React 组件：可重复使用的界面单元；
- Ant Design：现成的精美组件集合。

4. 创建界面

现在使用 Cursor 的 Agent 模式来创建界面。输入以下指令。

这个项目的首页是一个 LOGO 设计系统。按照以下要求实现 UI 界面。
页面左侧是输入框，用于输入用户的需求
右侧是结果显示，支持文本和图像两种，可以通过按 Tab 键切换显示。

如图 5-7 所示为完成基本的界面演示视频二维码。

图 5-7　演示视频

如果遇到报错，需要按以下步骤操作。

（1）复制完整的报错信息。

（2）粘贴报错信息给 Cursor。

（3）仔细阅读 Cursor 的回复，确保它正确理解了错误原因。

5.2.2　界面的进一步优化

在开始优化界面之前，需要先了解整个代码的结构。让我们通过 Ask 模式来学习和了解代码结构，输入以下指令。

解释下这个代码仓库的代码逻辑，UI 界面是如何实现的？如果要修改 UI 界面，应该修改哪些文件？需要注意什么？

通过 AI 的回答，可以了解这个项目的基本架构。

这是一个使用 Next.js 框架开发的 LOGO 设计应用，主要技术栈包括：Next.js 15.1.6、React 19、Ant Design (antd) 组件库、TailwindCSS 样式框架。

UI 界面主要在 src/app/page.tsx 中实现，整体布局分为左右两部分：左侧是输入区域（占据 1/3 宽度），包含文本输入框和生成按钮；右侧是结果显示区域（占据 2/3 宽度），使用 Tabs 组件展示文本描述和图像预览两个选项卡。样式则通过 TailwindCSS 类名和全局样式文件 src/app/globals.css 来实现，如图 5-8 所示。

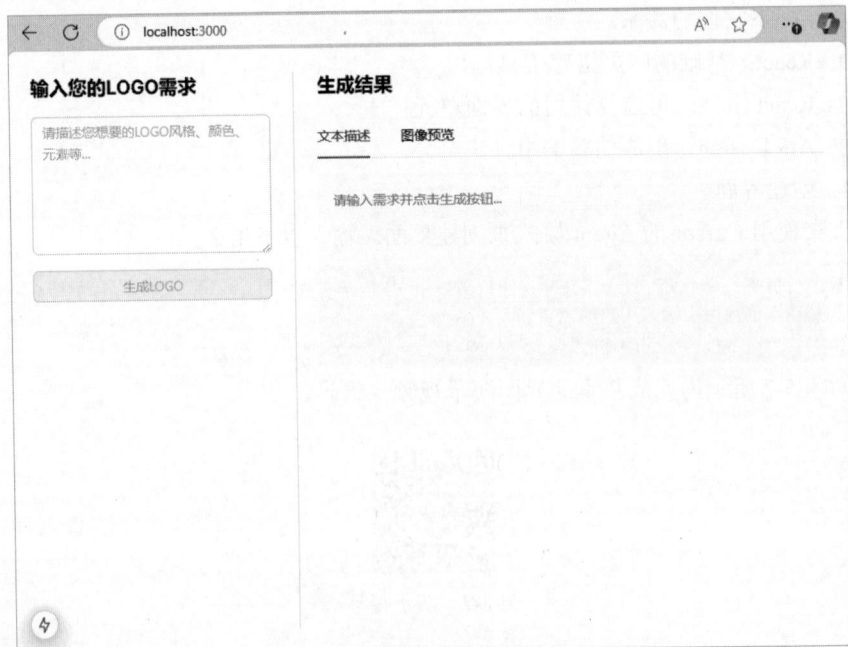

图 5-8　LOGO 设计系统界面

接下来进一步完善界面。在开发过程中，经常需要使用 Mock 数据来模拟真实的数据交互。Mock 数据就像一个"替身演员"，在后端服务还没有准备好的时候，帮助前端开发和测试。

比如，你在开发一个网上商城，但是后端程序员还没有完成商品数据接口，这时你就可以创建一些 Mock 数据。

```
[
  { "id": 1, "name": " 智能手机 ", "price": 2999 },
  { "id": 2, "name": " 笔记本电脑 ", "price": 5999 }
]
```

使用 Mock 数据有 3 个重要好处。

（1）前端开发不需要等待后端接口完成，可以独立开发和测试，提高开发效率。

（2）可以模拟各种数据场景，比如空数据、错误数据等，提前发现和解决问题。

（3）节省开发成本，避免前后端开发相互等待。

现在，创建一些 Mock 数据来测试界面显示效果，输入以下指令。

帮我造一些 Mock 数据，存储到合理的位置，当用户输入需求问题的时候，返回 Mock 数据到界面上，并显示。

如图 5-9 所示为 Mock 数据演示视频二维码。

图 5-9　演示视频

5.2.3　提交代码到仓库

在完成基本代码的编写后，需要将代码提交到远程仓库中保存。这一步骤就像给代码拍了一个快照，记录了当前的开发进度。接下来介绍如何使用 GitHub Desktop 这个图形化工具来完成代码的提交。

首先，打开 GitHub Desktop，可以看到左下角有一个提交更改的区域。在这里，需要为这次的代码更新写一个简明扼要的说明。比如，这次完成了用户界面的开发，就可以将这次提交命名为"v1 UI"。填写完说明后，单击 Publish branch 按钮，就可以将代码推送到 GitHub 的在线仓库了。提交代码过程如图 5-10 所示。

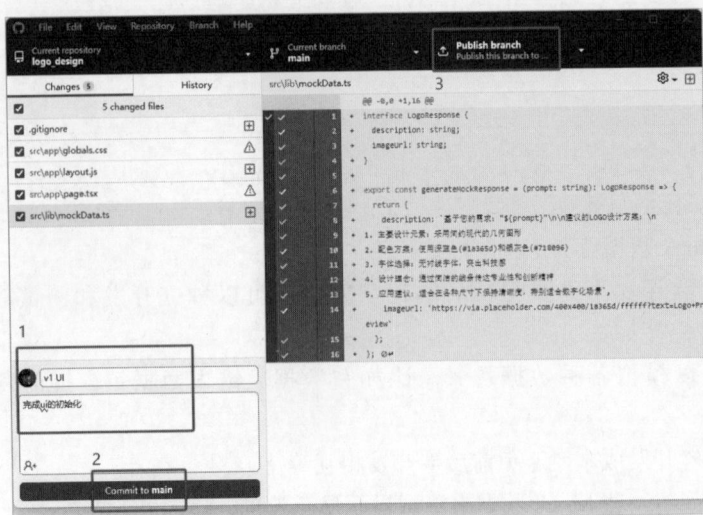

图 5-10　提交代码过程

在提交代码时，有一个重要的注意事项：需要正确配置 .gitignore 文件，以避免提交一些不必要或者密钥文件和目录。特别要注意的是 node_modules 和 .next 这两个目录，它们包含大量的依赖文件和构建产物，如果提交上去会占用大量存储空间，而且也没有必要。

要忽略这些文件很简单，在 GitHub Desktop 中，在需要忽略的文件夹或文件上单击鼠标右键，然后选择 Ignore folder (add to .gitignore) 命令，选择所需的命令，如图 5-11 所示。这样做之后，这些文件就不会被提交到仓库中了。

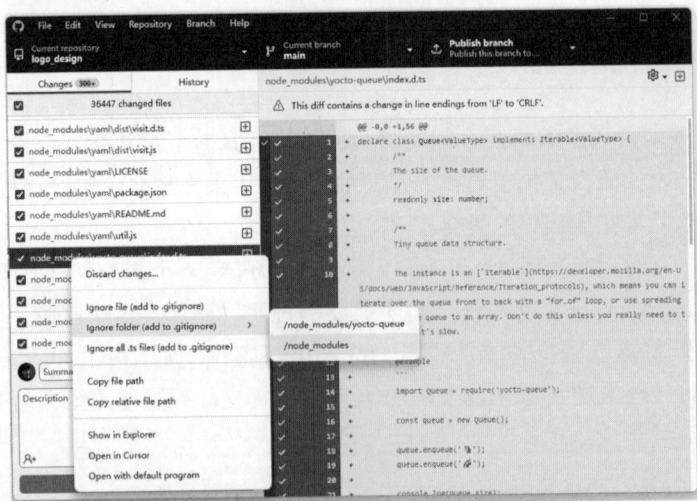

图 5-11　提交代码——忽略文件或者文件夹

5.3 实现后端接口和前后端联调

在正式开始后端开发之前，我们需要先掌握一些重要的基础知识。就像盖房子一样，只有打好地基，后面的建设才能稳扎稳打。下面介绍后端 API 开发中最核心的概念和工具，这些知识会让你在后续的开发过程中事半功倍。

5.3.1 创建新分支

在开发新功能之前，我们需要创建一个名为 api 的新分支。这就像在写作文时打草稿一样，我们可以在草稿上自由发挥，不用担心会影响到正式的文章。使用分支开发的好处是，如果新功能开发出现问题，我们可以随时回到之前正常运行的代码版本。

具体操作步骤如下：

（1）打开 GitHub Desktop 应用程序。

（2）找到并单击界面上的 New branch 按钮，如图 5-12 所示。

（3）在弹出的对话框中，将新分支命名为 api。

（4）单击创建按钮，完成分支的创建，如图 5-13 所示。

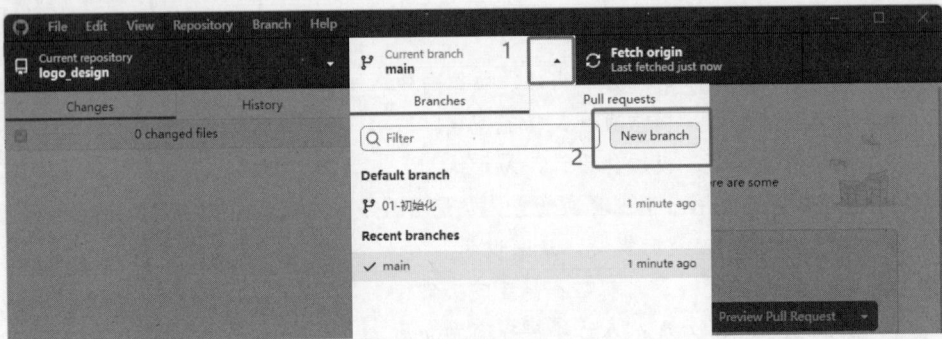

图 5-12　新建分支步骤 1

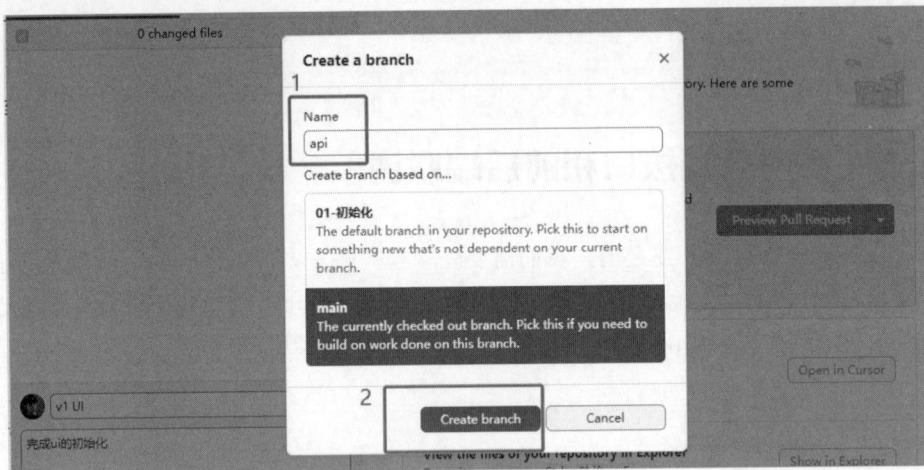

图 5-13　新建分支步骤 2

5.3.2　后端 API 接口基础知识

1. Next.js 简介

Next.js 就像 React 的升级版。如果把网站比作一本杂志，普通的 React 就像给读者一堆零散的内容，需要读者自己动手把内容组装成杂志。而 Next.js 则直接把组装好的杂志交给读者，不仅阅读体验更好，传递速度也更快。此外，Next.js 还提供了很多便捷功能，比如自动生成网页、处理数据请求等，就像配备了一整套自动化工具，让网站开发变得更加高效。

2. 后端 API 概念解析

后端 API 就像餐厅里的服务员，负责在"厨房"（服务器）和"顾客"（浏览器）

之间传递信息。当用手机或电脑访问网站时，需要获取各种数据（比如商品信息、用户资料），或者向服务器发送数据（比如提交订单、注册账号）。后端 API 就是负责接收这些请求的，告诉服务器该做什么，然后把处理结果返回给用户。

3. Next.js API 开发方法

Next.js 提供了一个被称为 API 路由的功能，让你可以直接在项目中编写后端代码。只需在 src/app/api 文件夹下创建相应的文件，编写处理请求和返回数据的代码，Next.js 就会自动把这个文件转换成一个可以访问的 API 接口。这就像在餐厅开设了一个专门的外卖窗口，专门处理外卖订单一样方便。

让我们通过 Ask 模式来学习 Next.js 的代码结构。打开仓库中的任意文件，按下 Ctrl+L 组合键，使用以下指令，如图 5-14 所示。

请为我讲解 Next.js 的后端 API 应该如何编写，并提供一个 API 示例，包括前端的请求和合理的文件结构。

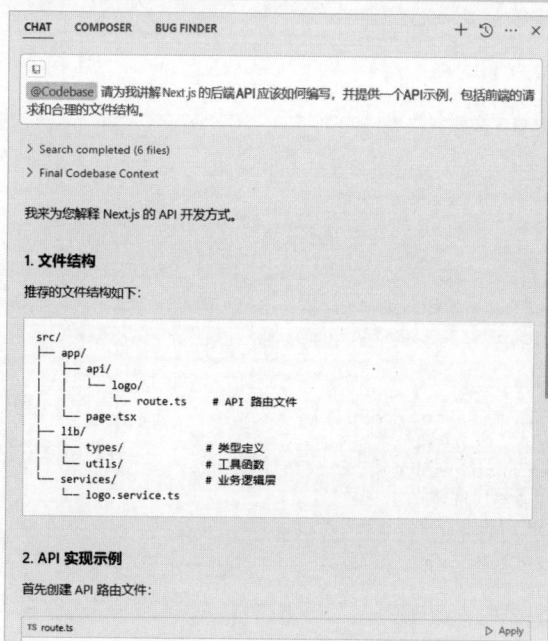

图 5-14　后端 API 编写方法

4. 项目文件结构

项目文件结构如下。

```
src/
├── app/
│   ├── api/
```

```
|   |   └── logo/
|   |       └── route.ts              # API 路由文件
|   └── page.tsx
├── lib/
|   ├── types/                        # 类型定义
|   └── utils/                        # 工具函数
└── services/                         # 业务逻辑层
    └── logo.service.ts
```

5. API 路由文件示例

在 Next.js 13+ 版本中，app/api 目录下的文件会自动成为 API 端点，支持 GET、POST 等 HTTP 请求方法。

```
import { NextResponse } from 'next/server'

export async function POST(request: Request) {
  try {
    const body = await request.json()
    const { prompt } = body

    if (!prompt) {
      return NextResponse.json(
        { error: '缺少必要参数' },
        { status: 400 }
      )
    }

    // 处理业务逻辑
    const result = {
      description: '基于您的需求："${prompt}"的设计方案',
      imageUrl: 'https://example.com/logo.png'
    }

    return NextResponse.json(result)
  } catch (error) {
    return NextResponse.json(
      { error: '服务器内部错误' },
      { status: 500 }
    )
  }
}
```

注意：这个 route.ts 文件创建的 result 回复里的 imageURL 链接可能不能访问，因此可以先修改为 picsum.photos 提供的一个随机获取图片的 URL。把 imageURL 的值替换为 https://picsum.photos/200/300。

如图 5-15 所示为后端 API 示例。

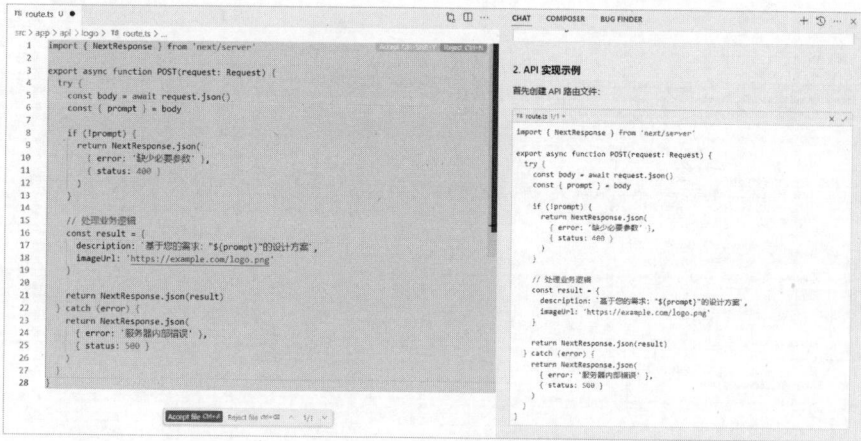

图 5-15 后端 API 示例

6. 前端调用示例

前端调用示例代码如下，截图如图 5-16 所示。

```
修改您现有的 page.tsx 中的 handleGenerate 函数：
const handleGenerate = useCallback(async () => {
  if (!prompt.trim()) {
    return
  }
  setLoading(true)

  try {
    const response = await fetch('/api/logo', {
      method: 'POST',
      headers: {
        'Content-Type': 'application/json',
      },
      body: JSON.stringify({ prompt }),
    })

    if (!response.ok) {
      throw new Error('请求失败')
    }

    const data = await response.json()
    setResult(data)
  } catch (error) {
    console.error('生成失败:', error)
    // 这里可以添加错误提示
  } finally {
    setLoading(false)
  }
}, [prompt])
```

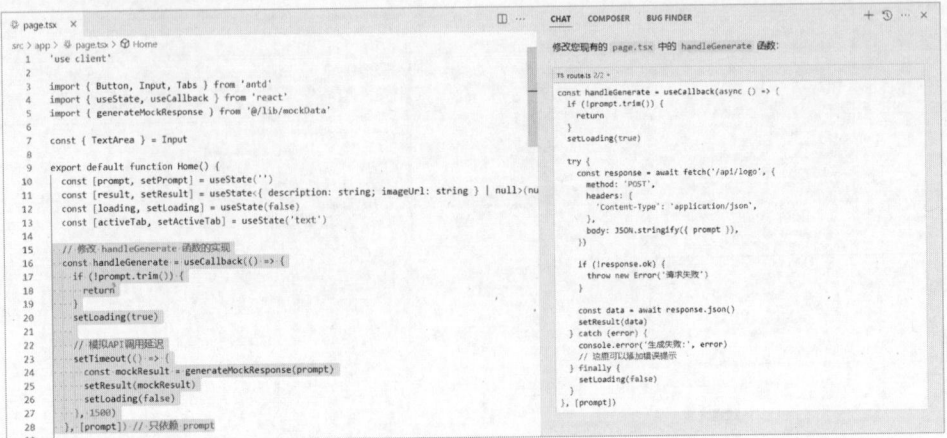

图 5-16　前端调用示例

7. GET 和 POST 请求的区别

在 Web 开发中，GET 和 POST 是两种最常用的请求方法。

GET 请求就像在图书馆查阅资料。

- 主要用于获取数据，比如查询商品信息；
- 请求的内容会显示在网址上；
- 适合获取数据的场景，如获取用户信息、文章内容等。

POST 请求则像填写表格。

- 主要用于发送数据，比如提交订单；
- 数据包含在请求体中，不会显示在网址上；
- 适合提交数据的场景，如注册账号、提交表单等。

8. API 的本质

API（应用程序接口）就像不同软件之间的翻译官，让它们能够相互交流。例如，若想在自己的网站上显示天气信息，可以使用天气预报 API。

```python
import requests
# 定义 API 的 URL 和参数
api_url = "http://api.weatherapi.com/v1/current.json"
params = {
    "key": "YOUR_API_KEY",
    "q": "Beijing"
}

# 发送请求
response = requests.get(api_url, params=params)
# 解析响应
data = response.json()
print(f"当前温度: {data['current']['temp_c']}°C")
```

在这个示例中，通过 API 获取了北京的当前温度，并打印出来。

5.3.3　创建项目文件并运行

让我们把上一步让 Chat 给出的代码付诸实践，具体操作步骤如下。

（1）单击界面上的 Apply 按钮，让 AI 创建对应的文件。

（2）检查新创建的文件位置是否正确。如果发现文件夹位置不对，需要手动调整到正确的目录。

（3）仔细阅读 Chat 的提示信息，核对文件名是否正确。如果发现文件名有误，记得手动修改为正确的名称。

这就像在整理一个文件柜，需要确保每个文件都放在正确的抽屉里，并且有正确的标签。通过这样仔细的检查，可以避免后续开发中出现不必要的问题。

完成代码编写后，在终端（Terminal）中运行以下命令启动项目。

```
npm run dev
```

终端会显示以下信息。

```
Next.js 15.1.5
Local: http://localhost:3000
Network: http://0.0.0.0:3000
```

打开浏览器访问 http://localhost:3000，输入内容并单击"生成 LOGO"按钮，即可看到接口返回的结果，如图 5-17 所示。

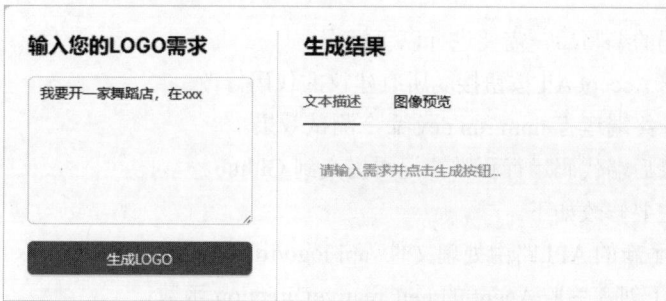

图 5-17　LOGO 生成界面预览

5.3.4　编写后端 API 接口

本节将介绍如何使用硅基流动的 API 来实现文本生成和图像生成功能。前面已经通过实战介绍了 Next.js 的代码结构和后端 API 的基本写法。让我们继续完善项目。

首先，把硅基流动的 API 文档添加到 Cursor 中。这样做的目的是让 Cursor 能够理解和使用硅基流动的 API，具体步骤如下。

（1）访问 https://docs.siliconflow.cn/llms-full.txt。

（2）将文档内容添加到 Cursor 的 Doc 中，并命名为 Siliconflow。

（3）找到 /app/api/logo/route.js 文件。

（4）打开 Agent 模式。

接下来在 Agent 模式中输入以下指令来创建后端 API。

当用户输入需求的时候，调用后端接口 api/logo，后端接口需要调用两个 Agent 完成任务。两个 Agent 的分工如下。

1．创意总监：根据用户输入，生成 LOGO 的创意方向的英文描述词。
2．设计师：根据创意总监生成的英文描述词，生成 LOGO 的图片。

汇总创意总监和设计师的结果，返回给前端。

两个 agent 采用 @Siliconflow 的创建文本对话请求 API，请帮我完成代码。

如图 5-18 所示为硅基流动 API 的接入演示视频二维码。

图 5-18　演示视频

完成代码的编写后，需要进行以下操作。

（1）单击 Accept All 按钮接受所有建议的代码修改。

（2）打开终端运行 npm run dev 命令测试效果。

（3）如果后端代码运行正常，记得提交到 Github。

这次的主要修改如下。

- 创建了新的 API 路由处理文件 /api/logo/route.ts；
- 实现了创意总监 Agent 的 getCreativeDirection 函数；
- 实现了设计师 Agent 的 generateLogoImage 函数；
- 添加了 POST 请求处理函数；
- 修改了前端的 handleGenerate 函数，改为异步调用新的 API 端点；
- 添加了环境变量配置文件，用于存储 SiliconFlow API 密钥。

1. SiliconFlow API 密钥配置

要让接口正常工作，需要配置硅基流动的 API 密钥，具体步骤如下。

- 在项目根目录下创建 .env.local 文件；
- 在文件中添加：SILICON_API_KEY= 你的硅基流动密钥。

在接口代码中，通过以下方式获取环境变量。

```
apiKey: process.env.SILICON_API_KEY
```

注意：在使用 Github Desktop 时，请确保已经将 .env.local 文件添加到 .gitignore 文件中，避免密钥泄露。

2. 文本和生图模型说明

在这个项目中，选择了两个特定的模型。

1）文本模型：THUDM/glm-4-9b-chat

这是一个由智谱 AI 推出的开源模型，它就像一个多语言的智能助手。它不仅能理解和生成 26 种语言的文本，还能处理长达 128KB 的文本内容。无论是理解语义、解决数学问题，还是编写代码，它都表现出色。

2）生图模型：black-forest-labs/FLUX.1-schnell

这个模型就像一个快速的数字艺术家。它只用 1 ～ 4 步就能根据文字描述创作出高质量的图像。虽然它的参数量只有 120 亿，但生成的图像质量和对文字描述的理解能力都很出色。

3. 认识 llms.txt

llms.txt 是一个新兴的 Web 标准，它的作用就像为 AI 准备的网站地图。想象一下，如果普通网站的 robots.txt 是为搜索引擎指路的指南，那么 llms.txt 就是为 AI 准备的导航手册。

llms.txt 主要有两种类型。

（1）llms.txt：这是一个简化版的导航文件，帮助 Cursor 或 ChatGPT 这样的 AI 工具更容易找到它们需要的信息。

（2）llms-full.txt：这是完整版的文档合集，把所有重要信息都整理在一起，方便 AI 工具快速理解和使用。

llms.txt 与其他 Web 标准的区别如下。

- robots.txt：主要用来告诉搜索引擎哪些页面可以访问；
- sitemap.xml：为搜索引擎提供网站的结构图；
- llms.txt：专门为 AI 系统提供结构化的内容指南。

在项目中，通过以下步骤使用硅基流动的 API 文档。

（1）访问 https://docs.siliconflow.cn/llms-full.txt。

（2）将内容添加到 Cursor 的 Doc 中。

（3）将其命名为 Siliconflow。

（4）之后就可以通过 @Siliconflow 来访问 API 文档了。

5.3.5 前端请求后端接口和开发者工具 DevTools

在开始探索浏览器开发者工具之前，先运行项目。通过终端运行 npm run dev 命令，然后在浏览器中打开 http://localhost:3000，就能看到前端页面了。当输入需求并单击"生成 LOGO"按钮后，稍等片刻就能看到后端接口返回的结果。

1. 开发者工具 DevTools 的使用入门

开发者工具（DevTools）就像浏览器的"显微镜"，让我们能够清晰地观察到网页运行的每个细节。让我们一起来学习它最常用的几个功能面板。

1）Network（网络）面板：监控接口请求

想知道 LOGO 生成请求是如何发送的吗？我们可以通过 Network 面板一探究竟。这个面板就像一个"交通监控器"，记录了浏览器与服务器之间所有的通信往来，如图 5-19 所示。

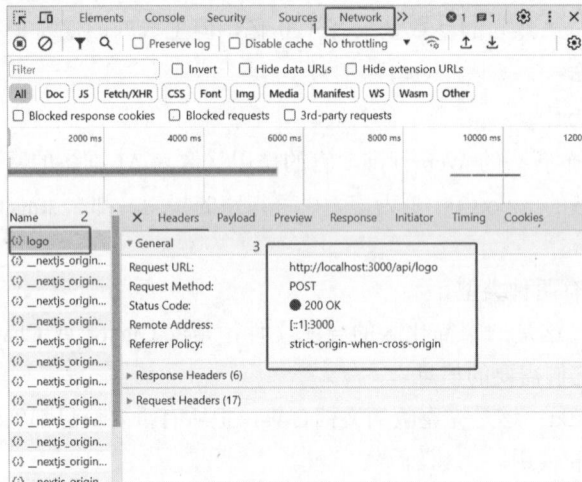

图 5-19　Network 面板

（1）首先打开 Chrome/Edge 浏览器的开发者工具（Windows 系统按 F12 键，macOS 系统按 Command + Option + I 组合键）。

（2）切换到 Network 面板。

（3）在这里，可以看到以下设置区域。

- Headers（请求头）区域：显示请求和响应的详细信息，就像快递单上的各种信息。
  - General：显示请求的基本信息，包括请求方法（GET/POST）、状态码等；
  - Response Headers：服务器返回的响应头信息；
  - Request Headers：浏览器发送的请求头信息。
- Payload（负载）区域：显示发送给接口的参数，就像寄出去的"信件内容"。
- Preview（预览）区域：展示接口返回的结果，相当于收到的"回信内容"。

常见的 HTTP 状态码如下。

- 200 OK：请求成功，服务器正确返回了数据，就像快递成功送达；
- 201 Created：创建成功，通常在 POST 请求后返回，就像成功注册了新账号；
- 400 Bad Request：请求参数有误，就像填写的收件地址不完整；
- 401 Unauthorized：未授权，就像没有会员卡不能进入会员区；
- 403 Forbidden：禁止访问，就像商场的员工专用通道；
- 404 Not Found：找不到资源，就像快递送错了地址；
- 500 Internal Server Error：服务器内部错误，就像快递公司的系统出故障了。

在查看 API 发送的参数时，可以在 Network 面板的 Payload（负载）区域看到具体内容，如图 5-20 所示。在 LOGO 生成项目中，这里会显示用户输入的 prompt 内容。通过观察这些参数，可以确认前端是否正确地将数据发送给了后端。

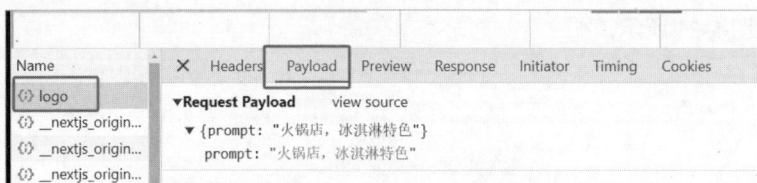

图 5-20　Network-payload

在 Network 面板的 Preview（预览）区域，可以清晰地看到服务器返回的数据，如图 5-21 所示。对于 LOGO 生成项目，这里会显示创意描述和生成的图片链接。通过预览区域，用户可以快速确认后端返回的数据是否符合预期，从而更好地进行调试和问题排查。

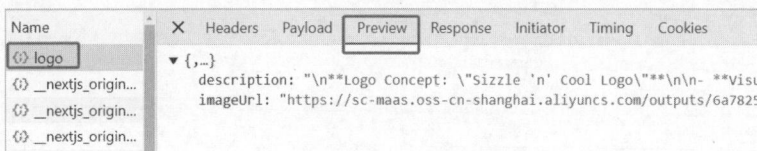

图 5-21　Preview（预览）区域

2）Elements（元素）面板：探索页面结构

Elements 面板就像网页的"解剖图"，方便用户查看和修改页面上的任何元素，如图 5-22 所示。特别是在调试样式时，你可以实时修改 CSS 代码，立即看到效果。

图 5-22　Elements（元素）面板

让我们来做一个实践练习，通过 Cursor 的 Ask 模式来学习一些基础的 CSS 样式设置，试着输入以下提问。

我要学习 CSS。给我提供 CSS 代码参考（主要是设置字体颜色和大小、背景颜色、边框颜色等），使用 material design 的设计风格。

通过 Cursor 返回的示例，大家可以在 Elements 面板中尝试修改各种元素的样式，如图 5-23 所示。

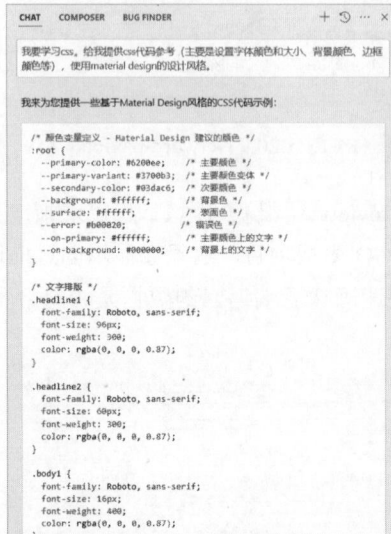

图 5-23　通过 Ask 模式学习 CSS

3）Console（控制台）面板：代码调试助手

Console 面板是一个交互式的 JavaScript 运行环境，就像浏览器中的"实验室"，如图 5-24 所示。它不仅可以帮助用户调试代码，还能让用户直接尝试运行 JavaScript 代码。让我们通过一些实际的例子来学习它的使用方法。

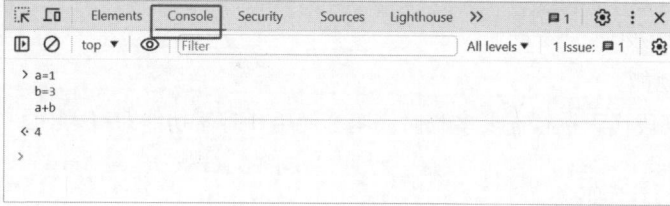

图 5-24　Console 面板

① 基础打印和调试。

最基础的用法是使用 console.log() 打印信息。

```
// 打印普通文本
console.log('你好,世界!')

// 打印变量
const name = '小明'
console.log('用户名:', name)

// 打印对象
const user = {
  name: '小明',
  age: 18
}
console.log('用户信息:', user)
```

② 不同级别的日志。

Console 提供了不同级别的日志输出，就像交通信号灯一样，帮助用户区分信息的重要程度。

```
// 普通信息——白色
console.log('这是一条普通信息')

// 警告信息——黄色
console.warn('注意!这是一条警告')

// 错误信息——红色
console.error('糟糕!出错了')

// 信息——蓝色
console.info('这是一条提示信息')
```

③ 分组显示。

当信息较多时，可以使用分组来整理它们。

```
console.group('用户信息')
console.log('姓名：小明')
console.log('年龄：18')
console.log('爱好：编程')
console.groupEnd()
```

④ 计时功能。

想知道某段代码执行需要多长时间吗？使用计时器功能即可。

```
// 开始计时
console.time('循环时间')

for(let i = 0; i < 1000000; i++) {
  // 执行一些操作
}

// 结束计时
console.timeEnd('循环时间')
```

⑤ 表格展示。

对于数组或对象数据，可以用表格的形式展示。

```
const users = [
  { name: '小明', age: 18 },
  { name: '小红', age: 20 },
  { name: '小华', age: 19 }
]
console.table(users)
```

⑥ 测试 API 请求。

用户还可以在 Console 中测试 API 请求。

```
// 测试 LOGO 生成接口
fetch('/api/logo', {
  method: 'POST',
  headers: {
    'Content-Type': 'application/json'
  },
  body: JSON.stringify({
    prompt: 'tech logo'
  })
})
.then(response => response.json())
.then(data => console.log('API 返回结果：', data))
.catch(error => console.error('请求失败：', error))
```

⑦ 调试技巧。

首先使用 debugger 设置断点。

```
function calculateTotal(price, quantity) {
  debugger; // 代码会在这里暂停执行
  return price * quantity;
}
```

其次，设置条件断点。

```
// 只有当 i 等于 5 时才输出日志
for(let i = 0; i < 10; i++) {
  if(i === 5) {
    console.log('i 现在等于 5')
  }
}
```

通过这些例子的练习，大家应该能掌握 Console 面板的基本使用方法。记住，Console 面板不仅是一个输出工具，更是帮助你理解代码运行过程的得力助手。在开发过程中，善用这些调试技巧可以帮助你更快地找出并解决问题。

小白必记

- 前后端联调原则：先搭建基础框架再实现功能
- 分支管理要点：新功能开发必须新建分支
- Next.js 特点：React 升级版，自带后端功能
- 路由文件规则：必须放在 app/api 目录下
- API 本质：前后端数据交互的桥梁
- API 密钥原则：永远不要提交到代码仓库
- 环境变量管理：敏感信息存放在 .env.local
- 开发工具使用：善用 DevTools 进行调试
- 代码提交流程：本地测试通过后再提交
- 模型选择准则：根据实际需求选择合适的模型
- llms.txt 作用：为 AI 工具提供结构化的文档导航
- API 文档管理：使用 Doc 功能方便访问和调用

5.4 实现多 Agent 协作

在 AI 编程的世界里，Prompt 工程就像一位优秀的导演，指导每个 Agent（演员）如何表演自己的角色。设计精良的 Prompt，就像完美的剧本，能让所有演员配合默契，将整部戏演绎得精彩纷呈。

5.4.1　System Prompt 设计

比如组建一个专业的 LOGO 设计团队，每个团队成员都需要一份清晰的工作指南，这份指南就是 System Prompt。让我们一起来看看如何为团队成员创建这些工作指南。

在开始之前，先创建一个新的分支：v1-multi-agent，如图 5-25 所示。

接下来使用 Cursor 为设计团队的每个角色创建相应的 Agent System Prompt。打开上一节创建的接口文件 utils/api.js，使用 Cursor 的 Agent 功能，编写以下指令。

帮我根据角色设定信息，为每个角色创建 System Prompt。先实现基础的角色类，有 system prompt 的属性和相应的调用方法。为每个角色创建独立的类文件，并将其存储在 prompt 文件夹中。System Prompt 是给每个角色的工作指南，明确其角色、职责、输入 / 输出及行为准则。角色的 System Prompt 力求清晰、具体、可操作。

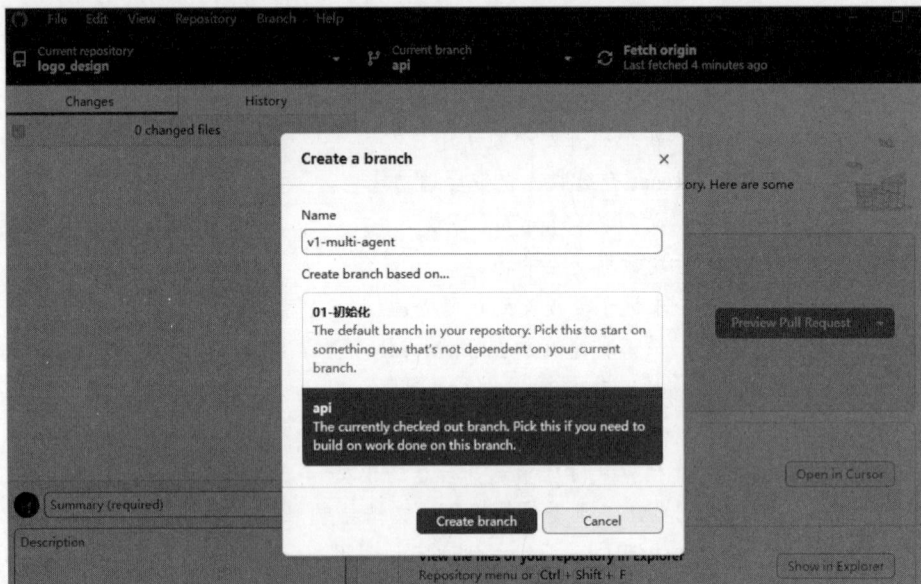

图 5-25　多 Agent 系统分支创建

以下是我的角色设定信息。
整体目标：为客户设计高质量的 LOGO。
关键职能角色：
客户经理（Customer Manager）：负责与客户沟通，收集需求，并向设计团队传达。
创意总监（Creative Director）：负责把握设计方向，提出创意概念。
图形设计师（Graphic Designer）：负责设计 LOGO 的图形元素、文字排版和色彩搭配。
审核员（Reviewer）： 负责审核 LOGO 设计是否符合规范和客户需求。
角色职责：
客户经理：接收客户需求，整理成设计概要，发送给创意总监。

创意总监：根据设计概要提出若干创意方向，生成英文描述分配给图形设计师。

图形设计师：根据创意方向设计图形元素，生成图像。

审核员：根据图形设计师生成的图片，生成文字描述，与设计概要、创意方向进行比较，输出审核报告，确保其符合设计规范和客户需求。

最后，配上使用的代码示例。

在 Cursor 完成代码的编写后，来看看它的核心设计思路。在 lib/prompts 文件夹中建立一个层次分明的角色结构体系。这个结构就像一个专业的设计公司，每个角色都有自己明确的"工作手册"（系统提示）和"工作流程"（处理逻辑）。如图 5-26 所示。

这样的设计方便人们根据实际业务需求，灵活地调整和完善每个角色的具体实现。比如，可以为客户经理添加更细致的需求收集模板，或者为创意总监增加更专业的设计规范指导。这种可扩展的结构设计，让 LOGO 设计系统既保持了结构的清晰性，又具备了良好的扩展性。

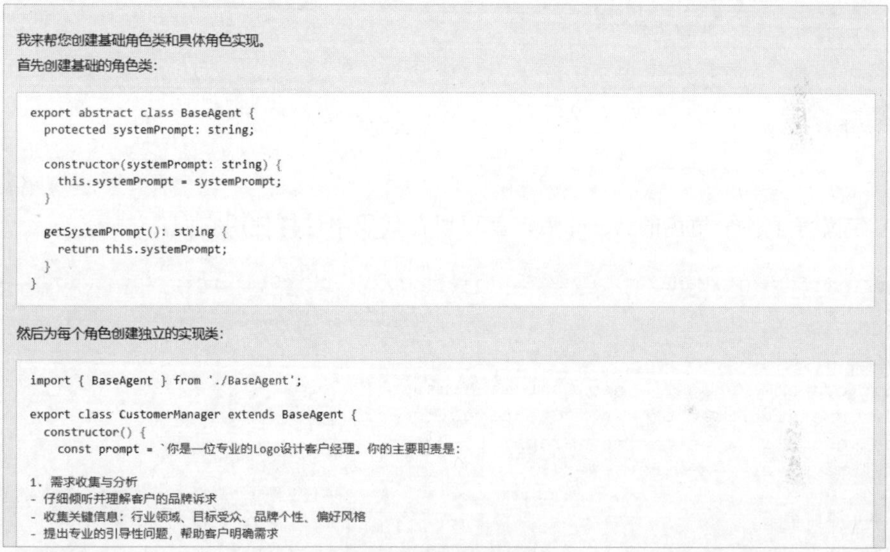

我来帮您创建基础角色类和具体角色实现。

首先创建基础的角色类：

```
export abstract class BaseAgent {
  protected systemPrompt: string;

  constructor(systemPrompt: string) {
    this.systemPrompt = systemPrompt;
  }

  getSystemPrompt(): string {
    return this.systemPrompt;
  }
}
```

然后为每个角色创建独立的实现类：

```
import { BaseAgent } from './BaseAgent';

export class CustomerManager extends BaseAgent {
  constructor() {
    const prompt = `你是一位专业的Logo设计客户经理。你的主要职责是：

1. 需求收集与分析
- 仔细倾听并理解客户的品牌诉求
- 收集关键信息：行业领域、目标受众、品牌个性、偏好风格
- 提出专业的引导性问题，帮助客户明确需求
```

图 5-26 创建角色类

以下是 Cursor 实现的 CreativeDirector Agent 的代码，它的设计思路如下。

```
import { BaseAgent } from './BaseAgent';

export class CreativeDirector extends BaseAgent {
  constructor() {
    const prompt = 你是一位经验丰富的 LOGO 设计创意总监。你的主要职责如下。

1. 创意方向把控
- 基于设计概要提供创新的设计思路
- 确保创意方向与品牌调性相符
- 平衡创新性与实用性
```

2．设计指导输出
- 提供清晰的设计指导方针
- 明确规定：构图要素、色彩方案、风格定位
- 输出专业的英文设计描述

3．设计原则
- 确保设计简洁且具有识别度
- 考虑 LOGO 在不同场景下的适应性
- 注重设计的长期价值

输出格式：

```
{
  "designDirection": {
    "concept": "核心概念",
    "visualElements": "视觉元素",
    "colorScheme": "配色方案",
    "typography": "字体建议",
    "style": "整体风格",
    "rationale": "设计理念"
  }
}

    super(prompt);
  }
}
```

定义好了各个角色的 Agent 后，就可以在代码中这样使用它们。

```
import { CustomerManager, CreativeDirector, GraphicDesigner, Reviewer } from
'@/lib/prompts';

// 创建角色实例
const customerManager = new CustomerManager();
const creativeDirector = new CreativeDirector();
const graphicDesigner = new GraphicDesigner();
const reviewer = new Reviewer();

// 获取系统提示
const customerManagerPrompt = customerManager.getSystemPrompt();

// 处理输入
const result = await customerManager.process(userInput);
```

下面介绍 JavaScript 类的基础概念。

在开始介绍 JavaScript 类之前，下面先用一个生活中的例子来解释什么是类。比如玩乐高积木，每套乐高积木都会配备一份详细的组装说明书。这个说明书就类似于下面要介绍的类。

说明书（类）告诉你这个乐高玩具的所有信息：它由哪些零件组成、怎么组装、最终会变成什么样子。而当你按照说明书完成组装后，得到的实物就是我们说的"对象"。这就是类和对象的关系——类是图纸，对象是实物。

让我们用一个更贴近生活的例子来深入解释：自行车。在现实生活中，"自行车"这个概念就是一个类，它定义了所有自行车都具有的基本特征（我们称之为属性）和功能（我们称之为方法）。比如，每辆自行车都有颜色、车轮数量这样的特征，都能进行骑行、刹车、按铃这样的动作。而个人实际拥有的自行车，就是这个类的具体对象，它们可能有不同的颜色，可能有的安装了车筐，有的没有。

在 JavaScript 中，使用 class 关键字来定义一个类。下面是一个自行车类的代码示例。

```javascript
// 定义自行车类
class Bicycle {
  // 构造函数：创建新的自行车对象时会自动调用
  constructor(color, hasBasket) {
    // 设置自行车的属性
    this.color = color;              // 车身颜色
    this.hasBasket = hasBasket;      // 是否有车筐
    this.wheels = 2;                 // 车轮数量（固定为2）
  }

  // 定义骑行方法
  ride() {
    console.log(`正在骑${this.color}的自行车`);
  }

  // 定义按铃方法
  ringBell() {
    console.log("叮铃铃！");
  }
}

// 创建两个自行车对象
const myBicycle = new Bicycle("红色", true);
const friendBicycle = new Bicycle("蓝色", false);

// 查看自行车的属性
console.log(`我的自行车颜色：${myBicycle.color}`);
console.log(`朋友的自行车是否有车筐：${friendBicycle.hasBasket}`);

// 使用自行车的方法
myBicycle.ride();
friendBicycle.ringBell();
```

在这个例子中，可以看到类的几个重要组成部分。

（1）构造函数（constructor）：用于创建新对象时初始化对象的属性。

（2）属性：对象的特征，比如颜色、是否有车筐。

（3）方法：对象可以执行的动作，比如骑行、按铃。

使用类的好处是可以轻松创建多个具有相同特征和行为的对象，同时保证这些对象的结构统一，便于管理和使用。

5.4.2　改造 API 接口

上一节已经介绍了基本的 API 接口实现。让我们来探索一个更有趣的话题：如何让多个 AI 助手（Agent）协同工作，就像一个专业的设计团队一样完成 LOGO 设计任务。

在现实生活中，一个 LOGO 的设计流程通常需要多个专业人士的配合。比如，客户经理负责理解客户需求，创意总监提供设计方向，设计师执行具体设计，最后还需要审核员把关。下面用代码来模拟这个协作过程。

让我们先看看具体的业务流程。

（1）客户经理（Customer Manager）：就像一个专业的需求分析师，他会仔细倾听客户的想法，然后把这些想法整理成清晰的设计概要。

（2）创意总监（Creative Director）：接收设计概要后，发挥创意才能，提出几个独特的设计方向。

（3）图形设计师（Graphic Designer）：根据创意总监的指导，将创意变成具体的图形作品。

（4）审核员（Reviewer）：最后把关，确保设计作品既符合客户需求，又满足设计规范。

那么，如何用代码实现这个流程？首先，让 Cursor 改造现有的 API 接口代码。

> 请优化我的 api/logo 处理逻辑，先使用 customerManager 处理，然后把结果交给 creativeDirector，再交给 graphicDesigner。最后把结果汇总给 reviewer。业务逻辑参考如下。
> 客户经理：接收客户需求，整理成设计概要，发送给创意总监。
> 创意总监：根据设计概要提出若干创意方向，生成英文描述分配给图形设计师。
> 图形设计师：根据创意方向设计图形元素，生成图像。
> 审核员：根据图像设计师生成的图片，生成文字描述，与设计概要、创意方向进行比较，输出审核报告，确保其符合设计规范和客户需求。
> 帮我改造 API 接口这个文件的代码逻辑。

扫描如图 5-27 所示的二维码可以观看详细的演示视频。

图 5-27　演示视频

Cursor 做了以下几个重要的改进。

（1）引入了所有角色的 Agent 类，每个角色都有自己独特的"个性"（通过 System Prompt 定义）。

（2）为每个角色创建了独立的处理函数，让代码结构更清晰。

（3）实现了完整的工作流程。

- 客户经理接收并分析需求；
- 创意总监提供设计思路；
- 设计师执行具体设计；
- 审核员进行最终审核。

（4）扩展了返回的数据结构，记录了整个设计过程的信息。

（5）增加了错误处理和日志记录功能。

下面测试这个新的 API 接口。

（1）运行 npm run dev 命令启动开发服务器。

（2）打开浏览器的开发者工具（按 F12 键）。

（3）切换到 Network 面板。

（4）在应用中输入一些测试文本。

（5）观察 API 接口的返回结果，如图 5-28 所示。

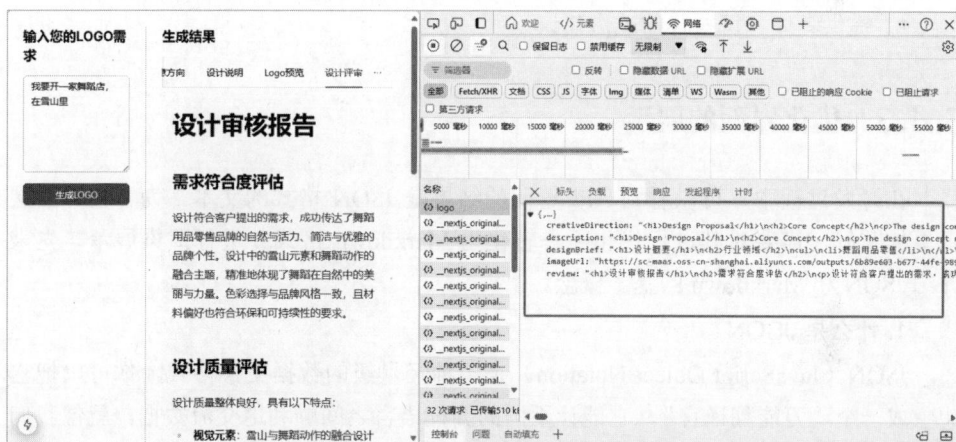

图 5-28　LOGO-API 接口的返回数据

这个返回结果包含整个 LOGO 设计流程中各个角色的工作成果，JSON 对象包含 5 个主要字段，每个字段都承载着设计流程中的重要信息。

1）description（设计提案概述）

- 由创意总监负责撰写；
- 包含核心概念、视觉元素、配色方案等关键信息；
- 采用 Markdown 格式编写，并自动转换为 HTML 显示。

2）imageUrl（LOGO 图片链接）

- 存储在阿里云 OSS 对象存储服务上；
- 包含临时访问凭证信息；
- 设置了访问过期时间，确保安全性。

3）designBrief（设计需求概要）

- 由客户经理整理和撰写；
- 详细记录行业领域、目标受众、品牌个性等信息；
- 使用中文编写，方便团队成员理解和参考。

4）creativeDirection（设计方案详情）

- 创意总监提供的详细设计指导；
- 包含具体的设计规范和要求；
- 采用英文编写，确保专业性和通用性。

5）review（设计评估报告）

- 由审核员出具的专业评估意见；
- 包含需求符合度分析和设计质量评估；
- 提供具体且可执行的改进建议。

5.4.3　优化界面的展示

在开发过程中，可以看到 API 返回的结果是 JSON 格式的文本。为了让界面展示更加友好，需要对其进行优化——转化为 Markdown 格式并进行渲染展示。先来介绍 JSON 和 Markdown 的基本概念。

1. 什么是 JSON

JSON（JavaScript Object Notation）是一种轻量级的数据交换格式。你可以把它想象成一个"万能翻译官"，它能让不同的编程语言之间顺利地交流数据。就像我们在日常生活中需要一种大家都能理解的语言来交流一样，计算机世界也需要这样一种通用的数据格式。

JSON 的特点如下。

- 对人类来说，它的格式很容易读懂，就像看一本结构清晰的书；
- 对计算机来说，它的结构很容易解析，就像按照菜谱一步步做菜一样简单；
- 它不依赖于任何特定的编程语言，就像世界通用语言一样，谁都可以使用。

2. 什么是 Markdown

Markdown 是一种轻量级的标记语言，它就像文字的"化妆师"。通过使用一些简单的符号，就能让普通的文本变得格式优美、层次分明。

比如写一篇文章，如果用 Word 这样的软件，需要用鼠标单击各种按钮来设置标题、加粗、列表等格式。但使用 Markdown，则只需输入一些特殊符号就能实现同样的效果，比如下面展示的符号。

```
# 表示标题，## 表示小标题，以此类推。
** 文字 ** 表示加粗。
* 文字 * 表示斜体。
- 项目 表示列表。
```

让我们先向 Cursor 发送以下指令。

```
@Codebase 需要把 API/LOGO 接口的返回全部显示在 UI 界面上。请帮我修改 UI 界面的结果呈现
```

如图 5-29 所示为修改多 Agent 的结果界面——JSON 结构演示视频二维码。

图 5-29　演示视频

为了让界面展示更加美观，下面把 JSON 结构转换成 Markdown 格式。向 Cursor 发送以下指令。

```
请帮我把 API/LOGO 接口的返回改造成 Markdown 格式，然后显示在 UI 界面上。
```

完成修改后，单击 Apply All 按钮，然后运行 npm run dev 命令查看效果，就会发现 Markdown 格式已经正常渲染了。如图 5-30 所示为优化结果显示使用 Markdown 格式的演示视频二维码。

图 5-30　演示视频

为了实现 Markdown 的解析功能，需要安装 Marked，用于解析 Markdown 为 HTML。以下是安装依赖包的指令。

```
npm install marked
npm install @types/marked --save-dev
```

下面是解析 Markdown 的核心代码。

```
// 5. 返回完整结果
const response: any = {
```

```
   description: marked.parse(creativeDirection),
   imageUrl: logoUrl,
   designBrief: marked.parse(designBrief),
   creativeDirection: marked.parse(creativeDirection),
   review: marked.parse(review)
};
```

在测试过程中，部分标签页的 HTML 渲染存在问题。为了解决这个问题，需要修改 src/app/page.ts 文件，向 Cursor 发送以下指令。

帮我检查下，文本结果的显示统一用 `dangerouslySetInnerHTML`

等待修改完成后，再次预览测试效果。最后，记得保存代码并提交到 GitHub。

> **小白必记**
>
> - Prompt 工程原则：清晰定义角色职责
> - 多 Agent 系统设计：明确分工与协作流程
> - System Prompt 编写：具体、可执行、有边界
> - 角色设计原则：职责单一，界限分明
> - 错误处理准则：及时捕获并反馈问题
> - 界面优化要点：合理转换数据格式
> - JSON 定义：跨语言的数据交换格式
> - Markdown 本质：轻量级标记语言
> - UI 渲染要点：统一使用 dangerouslySetInnerHTML
> - 代码结构原则：模块化设计，便于维护

5.5 实现 ComfyUI Agent

在设计 LOGO 时，需要考虑背景、配色、字体、风格、元素等多个方面的组合关系。使用 ComfyUI 来设计 LOGO 生成流程是一个很好的选择，因为它能够满足各种个性化的需求。本节把上一节实现的图形设计师 Agent 升级为一个 ComfyUI Agent，并通过参数来控制是使用硅基流动的 API 还是 ComfyUI 的 API。

5.5.1 ComfyUI 系统架构

你是否想过，为什么有些软件特别容易上手，而有些却让人望而生畏？这就好比搭积木和组装模型，ComfyUI 就像一个智能的积木系统。它是为 Stable Diffusion 设

计的一个图形用户界面，让你可以像搭积木一样，通过连接不同的"节点"来创建图像，如图 5-31 所示。下面介绍 ComfyUI 的相关知识。

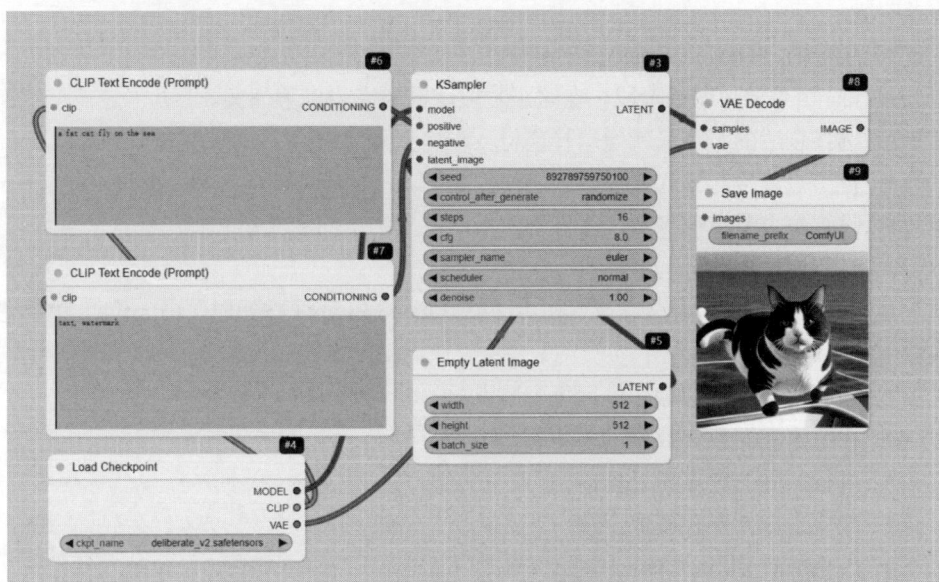

图 5-31　ComfyUI 示意图

1. ComfyUI 的核心概念

在开始使用 ComfyUI 之前，需要先了解两个基本概念。

1）节点（Node）

节点就像一个个功能积木，每个积木都有特定的作用。

- Load Checkpoint：这是一个装载模型的积木，就像往玩具车里装入电池；
- CLIP Text Encode：这个积木能把文字描述转换成 AI 能理解的语言；
- KSampler：这是一个绘画积木，负责实际绘制图像；
- VAE Decode：这个积木用于把 AI 的"想象"转换成实际的图片；
- Save Image：这是一个保存积木，把创作好的图片存到电脑里；
- Load Image：这个积木可以载入已有的图片；
- ControlNet：这是一个精确控制积木，让你能更好地指导 AI 绘画。

2）工作流（Workflow）

工作流就像把这些积木按照特定顺序连接起来，形成一条完整的"生产线"。每个积木之间通过"数据线"相连，共同完成从构思到成品的整个过程。

2. 运行时与设计时的区别

就像建造房子分为设计图纸和实际施工两个阶段，ComfyUI 的工作也分为两个重要阶段。

1）设计时（Design Time）

设计时相当于画图纸阶段。在这个阶段，需要完成以下任务。

- 选择合适的节点（就像选择建材）；
- 把节点连接起来（就像规划房间的布局）；
- 设置每个节点的参数（就像确定墙的厚度、房间的大小）。

2）运行时（Runtime）

运行时就是实际"施工"阶段。当单击 Queue Prompt 按钮时，ComfyUI 就会完成以下操作。

- 按照用户设计的顺序执行每个节点；
- 在节点之间传递数据；
- 进行实际的计算和处理；
- 最终生成并保存图像。

3. 工作流的 JSON 格式

ComfyUI 使用 JSON 格式来保存工作流，这就像一份详细的施工图纸。

```
{
    "nodes": {
        "1": { // 节点 ID
            "type": "Load Checkpoint",                // 节点类型
            "inputs": {
                "ckpt_name": "sd-v1-5.ckpt"           // 输入参数
            }
        },
        "2": {
            "type": "CLIP Text Encode",
            "inputs": {
                "text": "a beautiful landscape"
                // 通过动态修改 text 参数，可以生成不同的图像
            }
        },
        "3": {
            "type": "KSampler",
            "inputs": {
                "model": ["1", "model"],
                "seed": 12345, // 根据需要进行动态更新
                "steps": 20,
                "cfg": 7,
                "sampler_name": "euler_ancestral",
```

```
                    "denoise": 1
                }
            }
        },
    "links": [
        // 节点之间的连接，从节点 1 的 "model" 输出端口连接到节点 3 的 "model" 输入端口
        [1, "model", 3, "model"],
        [2, "clip", 3, "conditioning"]
    ]
}
```

这个 JSON 文件包含两个主要部分。

- nodes：记录了所有节点的信息，包括它们的类型和设置；
- links：记录了节点之间是如何连接的。

要使用 ComfyUI，需要通过 API 发送这个 JSON 文件到它的运行时系统。ComfyUI
提供了一个 Prompt 接口，接收 POST 请求，并通过 WebSocket 返回结果。用户可以在浏
览器开发者工具中的 Network 面板查看这个接口（http://127.0.0.1:8188/prompt）的工作
情况。在发送请求时，需要提供 client_id 和 prompt 这两个参数，如图 5-32 所示。

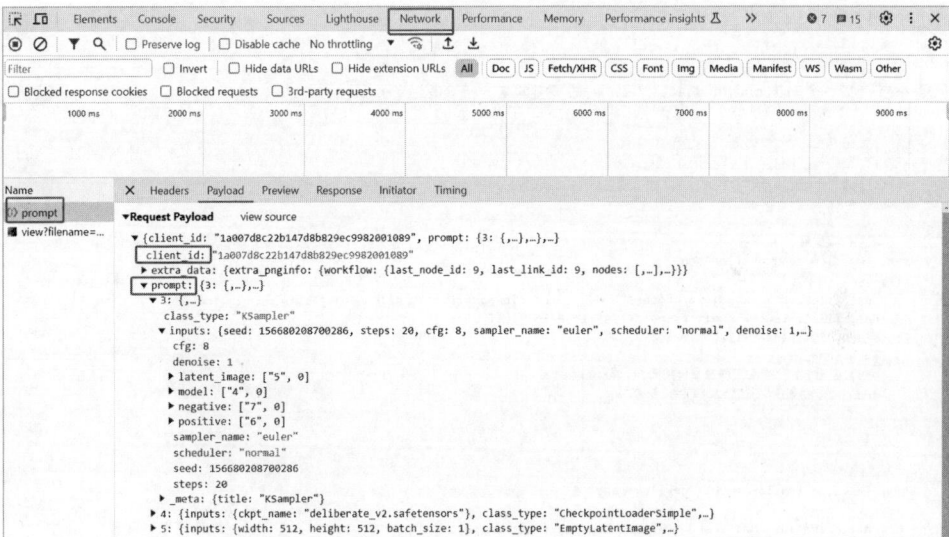

图 5-32   comfyui-prompt 接口请求

5.5.2 ComfyUI 工作流的调用

首先，把 ComfyUI 默认的文生图工作流通过 Save（API format）功能保存下

来。当在 Cursor 编辑器中打开这个文件时，就会发现它是一个标准的 JSON 格式文件。把这个文件放到 src/lib/workflow 目录下，然后在 Cursor 中打开 Ask 模式，输入以下指令。

请写一个 JS 方法，从文件 @workflow_api.json 读取 JSON 文件，生成一个 client_id，发送 POST 请求到 http://127.0.0.1:8188/prompt
注意：这里使用了 @ 符号来选择 workflow_api.json 文件。接下来需要在项目中创建一个 ComfyUI 的接口。下面继续输入指令。
进一步调整上面的请求方式，把它写成后端的一个 API 接口 ComfyUI，从本地文件夹加载 workflow_api.json，然后发送给 Prompt 接口。

这时，Cursor 会创建一个新的 ComfyUI API 接口，如图 5-33 所示，在 api/comfyui/route.ts 文件中，暂时不需要修改前端页面的代码。

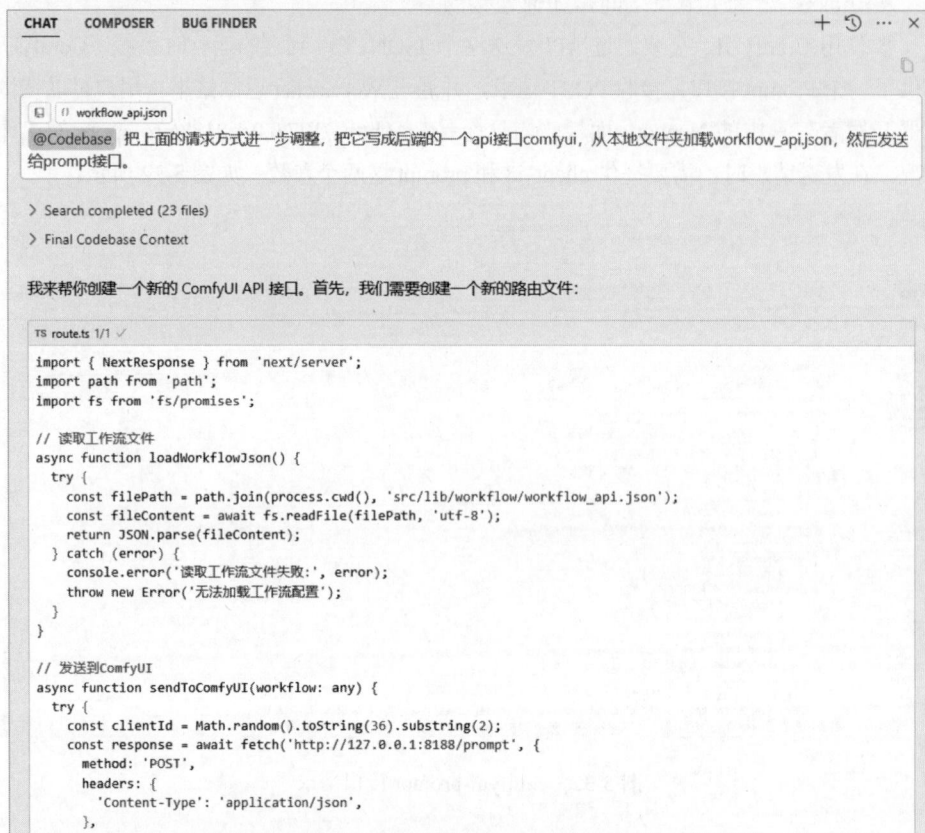

| CHAT | COMPOSER | BUG FINDER | | + ⟳ ··· × |

```
workflow_api.json
@Codebase 把上面的请求方式进一步调整，把它写成后端的一个api接口comfyui，从本地文件夹加载workflow_api.json，然后发送给prompt接口。
```

> Search completed (23 files)
> Final Codebase Context

我来帮你创建一个新的 ComfyUI API 接口。首先，我们需要创建一个新的路由文件：

```ts
TS route.ts 1/1 ✓

import { NextResponse } from 'next/server';
import path from 'path';
import fs from 'fs/promises';

// 读取工作流文件
async function loadWorkflowJson() {
  try {
    const filePath = path.join(process.cwd(), 'src/lib/workflow/workflow_api.json');
    const fileContent = await fs.readFile(filePath, 'utf-8');
    return JSON.parse(fileContent);
  } catch (error) {
    console.error('读取工作流文件失败:', error);
    throw new Error('无法加载工作流配置');
  }
}

// 发送到ComfyUI
async function sendToComfyUI(workflow: any) {
  try {
    const clientId = Math.random().toString(36).substring(2);
    const response = await fetch('http://127.0.0.1:8188/prompt', {
      method: 'POST',
      headers: {
        'Content-Type': 'application/json',
      },
```

图 5-33　创建 ComfyUI 的接口

让我们来看看如何在前端调用这个新接口，如图 5-34 所示。

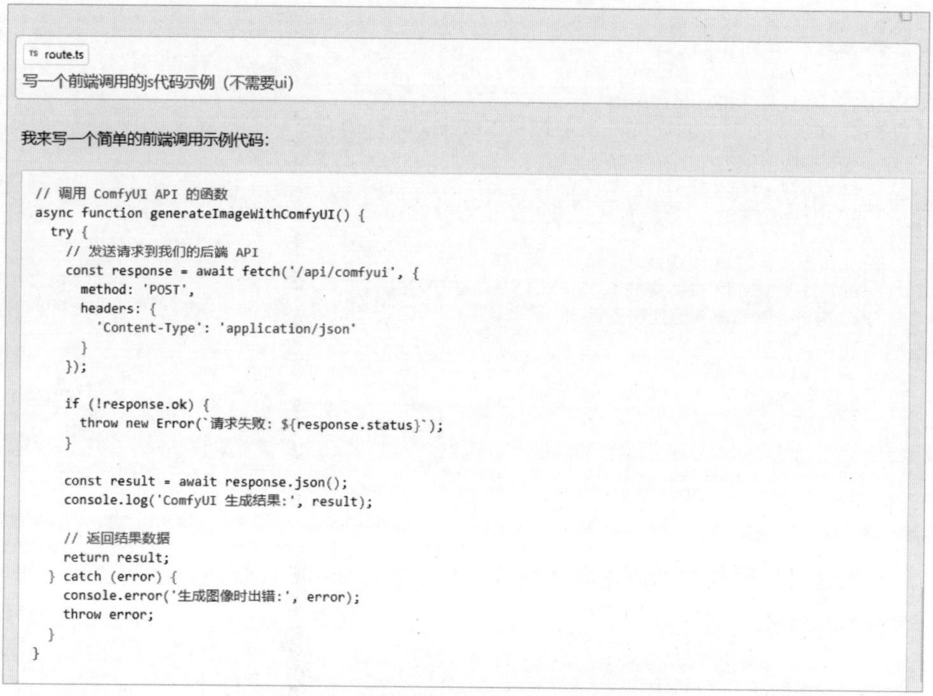

写一个前端调用的js代码示例 (不需要ui)

我来写一个简单的前端调用示例代码：

```
// 调用 ComfyUI API 的函数
async function generateImageWithComfyUI() {
  try {
    // 发送请求到我们的后端 API
    const response = await fetch('/api/comfyui', {
      method: 'POST',
      headers: {
        'Content-Type': 'application/json'
      }
    });

    if (!response.ok) {
      throw new Error(`请求失败: ${response.status}`);
    }

    const result = await response.json();
    console.log('ComfyUI 生成结果:', result);

    // 返回结果数据
    return result;
  } catch (error) {
    console.error('生成图像时出错:', error);
    throw error;
  }
}
```

图 5-34　前端调用 ComfyUI 接口的示例代码

下面是一个完整的前端调用示例代码。

```
// 调用 ComfyUI API 的函数
async function generateImageWithComfyUI() {
  try {
    // 发送请求到我们的后端 API
    const response = await fetch('/api/comfyui', {
      method: 'POST',
      headers: {
        'Content-Type': 'application/json'
      }
    });
    if (!response.ok) {
      throw new Error(`请求失败 : ${response.status}`);
    }
    const result = await response.json();
    console.log('ComfyUI 生成结果 :', result);
    // 返回结果数据
    return result;
  } catch (error) {
    console.error(' 生成图像时出错 :', error);
    throw error;
  }
}
```

```
// 使用示例
async function example() {
  try {
    console.log(' 开始生成图像 ...');
    const result = await generateImageWithComfyUI();
    // 处理返回的结果
    if (result.error) {
      console.error(' 生成失败 :', result.error);
    } else {
      console.log(' 生成成功 !');
      console.log(' 任务 ID:', result.prompt_id);
      // 这里可以添加其他处理逻辑
    }
  } catch (error) {
    console.error(' 执行失败 :', error);
  }
}

// 调用示例
example();
```

当把这段代码复制到浏览器开发者工具中的 Console 面板运行时，会看到如图 5-35 所示的结果。

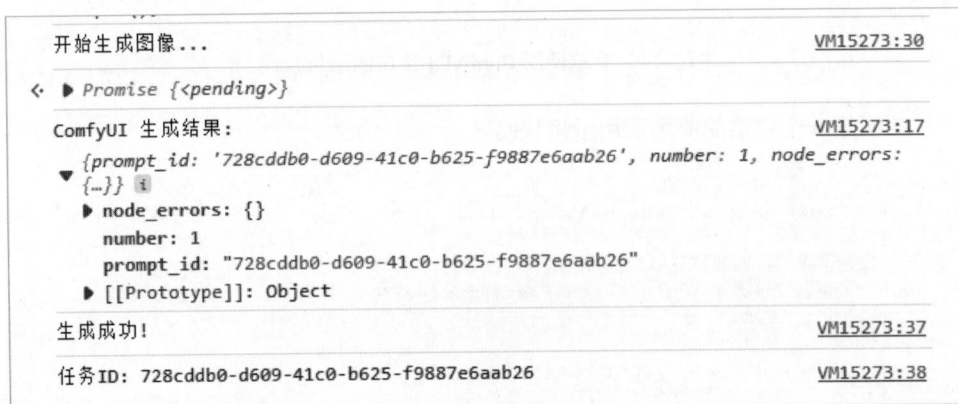

图 5-35　在 Console 面板中调试 ComfyUI 接口结果

当把工作流发送给 ComfyUI 后端后，后端会返回一个 prompt_id，这是用来标记这个特定任务的唯一标识符。

1. 客户端是如何获取 ComfyUI 生图结果的

在 ComfyUI 中，客户端是通过 WebSocket 来获取工作流运行情况的。让我们先来了解什么是 WebSocket。

2. 生活中的类比

想象你正在和朋友在微信群里聊天。当你发送一条消息时，朋友能立即看到并回复，就像你们之间有一条专门的通信线路。这就很像 WebSocket 的工作方式。

3. WebSocket 的本质

传统的网页通信就像你在商店购物，每次都需要重新排队。而 WebSocket 则像是办了一张 VIP 卡，在你和商家之间建立了一条专属通道，可以随时互相沟通。

4. WebSocket 的主要特点

（1）持久连接：建立连接后会一直保持，直到主动断开或网络出现问题。

（2）双向通信：服务器和客户端都可以主动发送消息。

（3）实时高效：不需要反复建立连接，传输速度更快。

5. WebSocket 的应用场景

- 聊天室：实现即时通信；
- 在线游戏：保证游戏操作的实时性；
- 股票行情：实时更新价格信息；
- 直播系统：确保画面流畅传输。

在 ComfyUI 中，客户端的工作流程如下。

（1）首先创建一个唯一的 client_id。

（2）通过 Prompt 接口发送 JSON 文件时，同时发送 client_id。

（3）使用 WebSocket 接收节点运行的状态更新。

（4）根据这些更新判断任务是否完成。

（5）任务完成后，使用 prompt_id 获取最终生成的图像。

5.5.3　改造接口，支持 ComfyUI 的生图

在开始实现 AI 绘画功能之前，需要先了解如何与 ComfyUI 进行通信。这个过程包括 3 个主要步骤：从本地加载工作流 JSON 文件、发送到 ComfyUI 的接口、通过 WebSocket 获取生成进度。

为了让大家更好地理解这个过程，我们可以把它想象成点餐系统：首先需要把菜单（工作流 JSON）准备好，然后把订单（通过接口）发给厨房（ComfyUI），最后通过服务员（WebSocket）不断获取菜品的制作进度。

在实现这个功能时，可以参考 ComfyUI 官方提供的 Python 示例代码。这个示例代码就像一份详细的操作手册，能够帮助人们更准确地实现功能。大家可以在这里找到完整的示例代码。

```
ComfyUI WebSocket API 示例
https://github.com/comfyanonymous/ComfyUI/blob/master/script_examples/
websockets_api_example.py
```

接下来按照以下步骤来改造接口。

（1）创建一个唯一的 client_id，这就像餐厅的取餐号码。

（2）把准备好的工作流 JSON 发送给 ComfyUI 的 Prompt 接口。

（3）通过 WebSocket 连接来实时获取图像生成的进度和结果。

要实现这个功能，可以使用以下指令让 AI 助手完成。

> 帮我继续改造这个接口，先创建 client_id，然后把 workflow 的 JSON 发送给接口 Prompt，然后通过 Websocket 来获取生成结果。参考 Python 代码：（把 websockets_api_example.py 粘贴给 Cursor）

如果想看到完整的操作流程，可以扫描如图 5-36 所示的二维码观看演示视频。

图 5-36　演示视频

5.5.4　多 Agent 里的生图支持 ComfyUI Agent

在 AI 编程的世界里，人们常常需要处理图像生成任务。在前面的内容中，已经成功地对 API/LOGO 生成接口进行了升级改造，并通过参数开关来控制是否调用 ComfyUI 的生图流程。让我们来进行两个重要的优化，让代码结构更加清晰和易于维护，大家可以扫描如图 5-37 所示的二维码观看演示视频。

图 5-37　演示视频

第一个优化是把对硅基流动（SiliconFlow）的 API 请求封装到 Agent 中。这就像把一个复杂的任务交给一个专门的助手来处理，让代码更加模块化。

第二个优化是把 ComfyUI 的生图流程封装成一个独立的 Agent，并支持在多 Agent 系统中调用。这就像在一个团队中新增了一位专门负责图像处理的成员，它可以和其他成员很好地协作。

让我们一起来看看具体的实现步骤。首先，打开 Agent 模式，输入以下指令。

> 需要改造升级以下几点。
> 1 把 ComfyUI 制作成 ComfyUI agent，保存到 lib/prompts 里

在实际操作过程中，Cursor 可能会遗漏一些代码细节。比如，在处理生成图片的逻辑时，第一次实现可能不够完善。这时，需要继续优化，输入以下指令。

对于 Reviewer.ts 的修改，还需要注意上下文的设置。这时可以使用如图 5-38 所示的指令。

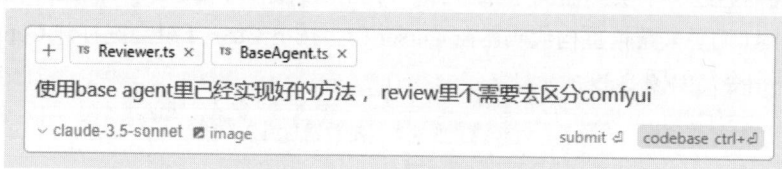

图 5-38 上下文设置示意图

如果在实现过程中遇到报错，不用担心。只需把完整的报错信息复制给 Cursor，它会分析问题并提供解决方案。大多数问题都可以通过这种方式得到修复。

小白必记

- ComfyUI 本质：像搭积木一样的 AI 绘画工具
- 节点概念：每个功能模块就是一个独立积木
- 工作流原理：通过连接节点完成特定任务
- JSON 配置：保存和传递工作流设计方案
- WebSocket 通信：实时获取任务执行状态
- API 调用：通过 Prompt 接口执行绘画任务
- Agent 封装：将功能模块化便于管理和调用

5.6 项目优化与重构

当项目逐渐成形后，就像一座刚建好的房子，虽然能住人了，但还需要进行细节打磨和功能优化。本节将介绍如何让代码更整洁、更高效，就像把一座普通的房子改造成一个温馨、舒适的家。同时，还会讨论如何分离数据和界面、如何优雅地处理网络请求，以及如何让智能体表现更出色。

5.6.1 UI 组件数据与渲染分离

在开发过程中，大家可能会遇到一个问题：代码越写越多，越来越难维护。这就像一个人的房间，如果所有东西都随意堆放，时间长了就会很难找到自己想要的物品。本节介绍一个重要的开发原则：把数据处理和界面显示分开。

这就像制作一个玩具汽车。车轮负责转动，引擎负责提供动力，外壳负责保护内部零件。每个部分都有自己的职责，互不干扰。在程序开发中，也需要这样的思维方式。

让我们通过一个实际的例子来解释。比如，开发一个 LOGO 生成器，可以使用 Cursor 的 AI 助手来帮忙重构代码。在 Cursor 中，按下 Ctrl＋I 组合键打开 Composer，输入以下指令，如图 5-39 所示。

@Codebase 针对 `page.ts` 文件，进行组件的抽象，把数据与渲染分离。

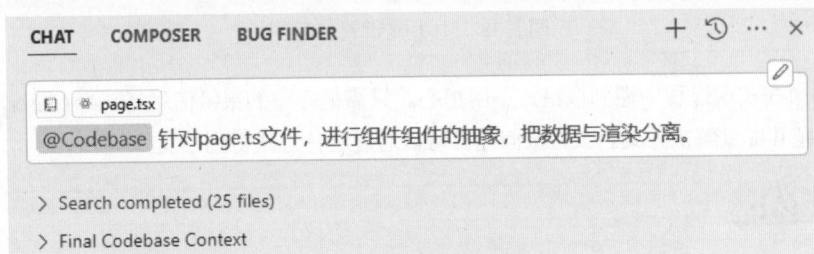

图 5-39　组件重构示意图

1. 重构带来的好处

重构后的代码就像一个整理得井井有条的房间，每样东西都有它固定的位置。具体来说，有以下好处。

首先是"关注点分离"，这就像把复杂的任务分解成小任务，每个任务都很专注。

- 与数据相关的代码都被放在 hooks 文件夹里，专门负责处理数据；
- 与界面相关的代码都被放在 components 文件夹里，专门负责显示内容；
- 每个部分都不需要关心其他部分在做什么，只要把自己的工作做好就行。

其次是"代码复用性提升"，这就像有一个工具箱。

- hooks 就像工具箱里的工具，可以在不同的地方重复使用；
- UI 组件就像积木，需要的时候随时都能搭建出新的东西；
- 写一次代码，可以在多个地方使用，大大提高了开发效率。

第三是"维护更容易"。

- 每个文件都有明确的职责，就像每个抽屉都有固定存放的物品；

- 代码结构清晰,新人也能快速理解;
- 修改某个功能时,不会影响到其他功能。

最后是"测试更方便"。

- 数据处理的代码可以单独测试;
- 界面显示的代码可以单独检查。

这就像检查玩具汽车的每个零件,确保万无一失。

2. 推荐的目录结构

为了让代码更有条理,推荐使用以下目录结构。

```
src/
├── hooks/              # 存放数据处理逻辑
│   └── useLogo.ts
├── components/         # 存放 UI 组件
│   ├── LogoInput.tsx
│   └── LogoResult.tsx
└── app/                # 页面组件
    └── page.tsx
```

这种结构就像一个设计合理的衣柜,每类衣物都有专门的收纳空间,让你能够快速找到需要的内容。

3. 优化 UI 的方法

在实际开发中,可以通过以下几种方式来优化 UI。

1)使用成熟的组件库

就像使用现成的积木来搭建房子,可以选择以下组件。

- Ant Design 风格的组件;
- Element Plus 风格的组件;
- Tailwind CSS 风格的组件。

2)使用图片参考

在 Cursor 中可以直接上传或粘贴参考图片,让 AI 帮你实现类似的界面效果。

3)多工具配合

这就像装修房子需要各种工具配合一样。

- 可以用 v0/Bolt 生成前端代码;
- 再用 Cursor 进行优化调整;
- 如果会用设计工具,还可以先用 Figma/Pixso 设计,再用它们的代码生成功能生成代码,最后在 Cursor 中调整细节。

5.6.2 中断请求

想象一下，你正在使用手机打车软件叫车，突然改变主意不想叫车了，这时可以点击"取消叫车"按钮。在网络编程中，也经常需要这样的"取消"功能，这就是中断请求。

在前端开发中，当用户快速切换页面或者取消操作时，继续等待请求完成是没有意义的，反而会浪费网络资源。就像你取消叫车后，司机就不会继续往你这边开一样。JavaScript 提供了一个名为 AbortController 的工具，它就像一个开关，可以随时终止正在进行的网络请求。

让我们通过一个生活化的例子来解释中断请求的使用方法。比如使用一个在线购物网站，搜索"手机"这个关键词。

```javascript
// 创建一个请求控制器，就像创建一个开关
const controller = new AbortController();
const signal = controller.signal;
// 获取控制信号，相当于开关的开关线

// 发起搜索请求，并把控制信号连接上
fetch('https://api.example.com/data', {
  signal: signal                        // 将信号连接到请求上，这样就可以控制这个请求了
})
.then(response => response.json())       // 请求成功后，解析返回的数据
.then(data => {
  console.log('搜索结果: ', data);
})
.catch(err => {
  if (err.name === 'AbortError') {
    console.log('搜索被取消了');          // 请求被中断时的提示
  } else {
    console.log('搜索出错', err);
  }
});

// 当用户点击取消按钮时，调用这行代码
controller.abort();                      // 相当于按下开关，中断请求
```

在多 Agent 项目中，这个功能特别有用。比如，在生成 LOGO 的功能中，可以这样设计：当用户第一次单击按钮时开始生成 LOGO，如果用户觉得等待时间太长，可以再次单击按钮取消生成过程。这样可以提供更好的用户体验。

使用中断请求功能时，有以下几点需要特别注意。

（1）一个 AbortController 实例可以控制多个请求，就像一个开关可以控制多盏灯。

（2）请求被中断后，对应的 Promise 会立即进入 catch 阶段，抛出 AbortError错误。

（3）中断请求是不可逆的，就像按下取消按钮后，就不能再恢复之前的请求了。

注意：并不是所有请求都需要中断功能。对于那些响应很快的简单请求，添加中断逻辑反而会让代码变得复杂。要根据实际业务需求来决定是否使用这个功能。

5.6.3　智能体 Prompt 测试优化

在开发多智能体项目时，需要确保每个智能体都能准确理解指令并给出正确的回应。这就像给机器人做"体检"一样，通过一系列测试来保证它们的健康状态。比如开发机器人医生，需要检查每个机器人是否都能正确理解人类的语言，并给出恰当的回应。

在进行智能体测试时，需要特别关注 Prompt（提示词）的效果。Prompt 就像人们给机器人下达的指令，它必须清晰、准确，这样机器人才能明白人们的要求。就像你跟朋友说话，如果表达不清楚，对方可能会理解错误，所以需要建立一个完善的测试体系。

让我们一起来看看如何设计测试用例。首先，我们需要模拟真实的使用场景。就像在餐厅点菜前要先试菜一样，我们要测试智能体在各种情况下的表现。

在完整流程测试中，我们会模拟用户提出 LOGO 设计需求的整个过程。比如，一个用户可能会说："我需要一个科技公司的蓝色简约风格 LOGO"。我们要确保需求分析智能体能正确理解这个需求，设计建议智能体提供合适的建议，审核智能体给出准确的评估。

特殊场景测试则更像压力测试。我们要测试一些极端情况，比如，用户只说一个词"简约"，或者提出很复杂的要求"要有未来感，但又要体现传统元素，还要包含公司的 3 个核心价值观"。这些都是为了确保智能体能够应对各种可能的情况。

接下来看看如何使用 jest 测试框架来实现这些测试。jest 是一个简单易用的 JavaScript 测试工具，就像一个自动化的检查员，帮人们验证代码是否正常工作。

首先，需要安装必要的工具。

```
npm install jest @types/jest ts-jest --save-dev
```

然后，需要创建一个测试配置文件，告诉 jest 如何运行测试，创建测试配置文件 jest.config.js。

```
module.exports = {
preset: 'ts-jest',
testEnvironment: 'node',
testMatch: ['/.test.ts'],
};
```

下面是一个具体的测试用例。

```
describe(' 智能体 Prompt 测试 ', () => {
  test(' 需求分析智能体测试 ', async () => {
    const input = ' 设计一个科技公司的蓝色简约风格 LOGO'
    const result = await analyzeRequirement(input)
    expect(result).toHaveProperty('style')
    expect(result).toHaveProperty('color')
    expect(result.style).toBe(' 简约 ')
  })
  test(' 设计建议智能体测试 ', async () => {
    const input = {
      style: ' 简约 ',
      color: ' 蓝色 ',
      industry: ' 科技 '
    }
    const result = await generateDesignSuggestion(input)
    expect(result).toHaveProperty('elements')
    expect(result).toHaveProperty('layout')
  })
})
```

在编写测试用例时，要特别注意以下几点。

（1）测试用例要尽可能覆盖所有可能的使用场景。

（2）每个测试用例都要有明确的目的和预期结果。

（3）测试数据要真实且有代表性。

（4）测试结果的验证要准确和全面。

如果在测试过程中发现问题，比如某个智能体的回答不够准确，或者格式不正确，我们就需要及时调整 Prompt。这就像给机器人重新编程，让它能更好地理解和执行任务。

提示：如果在运行测试时遇到问题，不要着急。仔细检查错误信息，它们通常会告诉你问题出在哪里。如果实在解决不了，可以寻求 AI 助手的帮助。

5.6.4　调试技巧

编程就像搭建一座精密的积木城堡，难免会遇到一些小问题。当程序出现问题时，我们需要像侦探一样，使用各种工具来找出问题所在。让我们一起来学习一些实用的调试技巧。

在开始学习之前，你要明白调试的本质就是找出程序中的错误并修复它。就像医生给病人看病一样，需要先找到症状（错误现象），然后确定病因（错误原因），最后开药方（解决方案）。

1. Cursor 智能助手调试

Cursor 就像你的编程导师，它能帮你快速找出代码中的问题。当你遇到困难时，可以像下面这样使用它。

当你看到一些让人摸不着头脑的错误信息时，可以按以下步骤操作。

（1）用鼠标选中那段让你困惑的错误信息。

（2）按下键盘上的 Ctrl + L 组合键，这时会打开一个对话框。

（3）在对话框中输入："这个错误是什么意思？该怎么解决？"

如果对自己写的代码不太有信心，可以按以下步骤操作。

（1）选中觉得可能有问题的代码部分。

（2）打开 Cursor 的对话框。

（3）向它询问："这段代码有什么问题吗？能帮我检查一下吗？"

2. 日志记录大法

在程序中添加日志就像在重要路口安装监控摄像头，能帮你清楚地看到程序运行的每一步。这是最基础但最有效的调试方法。

```
// 1. 使用 console.log 打印变量值
function generateLogo(input: string) {
  console.log('输入参数: ', input);
  // 处理逻辑
  const result = processInput(input);
  console.log('处理结果: ', result);
  return result;
}

// 2. 使用 console.group 分组显示日志
console.group('LOGO 生成流程 ');
console.log('步骤 1：接收输入 ');
console.log('步骤 2：处理数据 ');
console.log('步骤 3：生成结果 ');
console.groupEnd();

// 3. 使用 console.time 测量代码执行时间
console.time('生成耗时 ');
await generateLogo(input);
console.timeEnd('生成耗时 ');
```

3. 常见错误及其解决方法

让我们来看看编程中最容易遇到的几种错误，就像认识常见感冒一样，知道症状和治疗方法。

```
语法错误（SyntaxError）——就像写错别字一样
// 错误示例
```

```
if (condition {   // 缺少括号
    console.log(' 错误 ');
}

// 正确写法
if (condition) {
    console.log(' 正确 ');
}
类型错误（TypeError）——就像用勺子喝汤面，工具用错了
// 错误示例
const data = null;
console.log(data.length);   // 空对象访问属性

// 正确写法
const data = null;
if (data) {
    console.log(data.length);
}
网络请求错误——就像打电话时信号不好
// 添加错误处理
try {
    const response = await fetch('https://api.example.com/logo');
    const data = await response.json();
} catch (error) {
    console.error(' 请求失败：', error);
    // 根据错误类型处理
    if (error instanceof TypeError) {
        console.log(' 网络连接问题 ');
    } else {
        console.log(' 其他错误 ');
    }
}
```

4. 浏览器开发工具

浏览器自带的开发工具就像一个万能显微镜，让你能看清程序运行的每个细节。

1）Network（网络）面板

- 可以看到所有网络请求的状态；
- 检查发送给服务器的数据是否正确；
- 查看服务器返回的具体内容。

2）Console（控制台）面板

- 错误信息会用醒目的红色显示；
- 警告信息会用黄色显示；
- 可以使用过滤器找到特定的日志信息。

温馨提示：调试是一项需要耐心的工作。不要着急修改代码，要像侦探破案一样，先收集足够的线索，找到问题的真正原因。

小白必记

- 代码组织原则：分层设计，职责明确
- 请求处理要点：及时中断，避免资源浪费
- 测试用例设计：全面覆盖，重点突出
- 调试技巧掌握：善用工具，耐心排查
- 错误处理准则：预防为主，及时捕获
- 代码复用思维：模块化设计，提高效率
- 文档编写要求：清晰易懂，实例丰富

第 6 章

打造带记忆模块的AI知识助手 Agent

6.1 项目概述与技术选型

当你使用 ChatGPT 或 DeepSeek 这样的 AI 助手时，是否曾经遇到过这样的情况：每次对话都像第一次见面，AI 助手似乎"忘记"了之前的交流内容？这是因为传统的 AI 助手缺乏长期记忆能力。下面一起探索如何打造一个具有记忆功能的 AI 知识助手，让它能够记住与用户交流的历史，提供更加个性化的服务。

6.1.1 为什么 AI 助手需要记忆模块

想象一下，如果你有一位私人助理，每天都重新介绍自己，重复你的喜好和习惯，这样的体验会多么糟糕。同样，没有记忆功能的 AI 助手也面临着类似的问题。记忆对于 AI 助手的重要性，就像人类记忆对于人类的重要性一样。让我们来看看 AI 助手通过记忆模块能够实现哪些核心功能。

- 对话连贯性管理：通过记忆系统，AI 助手能够追踪整个对话的上下文，避免重复询问已获取的信息，使对话更加自然、流畅。
- 智能个性化定制：基于存储的用户画像和偏好数据，AI 助手能够自动调整其回答的专业度、详细程度和表达方式。它会记住用户是否喜欢看代码示例、是否需要详细解释，以及用户的知识水平。
- 主动任务管理：AI 助手能够建立任务追踪系统，记录待办事项、截止日期和完成状态。它不仅被动响应指令，还能主动提醒和推送相关信息。

让我们再来看看这样的 AI 助手在现实生活中可以如何应用。

1. 个人学习场景

想象你正在学习 Python 编程，AI 助手可以提供以下帮助。

- 记录你在每个知识点上的掌握程度；
- 发现你经常在哪些概念上犯错；
- 根据你的学习曲线，自动调整讲解的难度；
- 在复习时，重点强调你之前理解不够深入的内容。

2. 项目管理场景

对于一个团队负责人，AI 助手可以提供以下帮助。

- 追踪每个项目的里程碑和进度；
- 智能分析项目风险和瓶颈；
- 根据历史数据预测可能的延期情况；
- 自动生成项目报告和团队任务提醒。

3. 旅行规划场景

当你在规划假期时，AI 助手能够提供以下帮助。

- 基于你过去的旅行经历建立偏好模型；
- 记住你对不同类型住宿的评价；
- 了解你的预算范围和时间限制；
- 根据季节和天气情况推荐最适合的行程。

4. 娱乐推荐场景

在休闲娱乐方面，AI 助手可以提供以下帮助。

- 分析你的观影历史和评分记录；
- 理解你在不同心情下的娱乐偏好；
- 关注你对不同导演和演员的态度；
- 在新内容发布时，精准推送你可能感兴趣的作品。

6.1.2　记忆模块的工作原理

AI 助手的记忆模块，可以类比为人类的记忆系统。人类有短期记忆和长期记忆，AI 助手同样需要不同类型的记忆机制。

短期记忆：就像 AI 助手的"工作记忆"，存储当前对话中的信息。在技术实现上，通常是通过对话上下文（Context）来实现的。但是，由于大语言模型的上下文窗口有限（比如谷歌的 gemini-2.0-pro 具有上下文窗口约为 2M context），这种记忆容量有限且会随着对话结束而消失。

长期记忆：这是 AI 助手的"永久记忆库"，存储跨会话的重要信息。在技术实现上，这需要设计专门的存储机制，将重要信息保存下来，并在需要时检索使用。

记忆模块的工作流程大致如下。

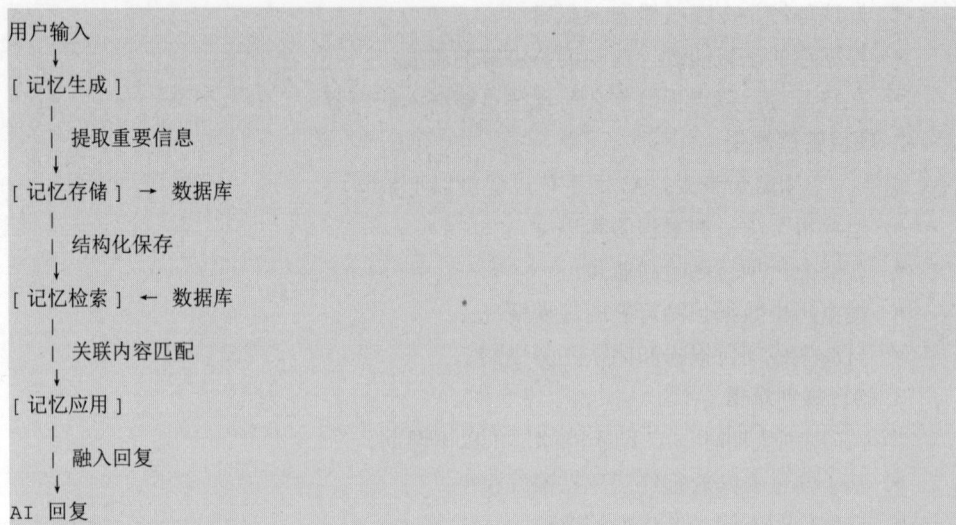

```
用户输入
   ↓
[记忆生成]
   |
   | 提取重要信息
   ↓
[记忆存储] → 数据库
   |
   | 结构化保存
   ↓
[记忆检索] ← 数据库
   |
   | 关联内容匹配
   ↓
[记忆应用]
   |
   | 融入回复
   ↓
AI 回复
```

流程详解如下。

```
1 用户输入 → 记忆生成
- 系统接收用户消息并开始分析对话内容
- AI 助手识别并提取对话中的关键信息

2 记忆生成 → 记忆存储
- 对提取的信息进行结构化处理
- 准备数据库存储格式

3 记忆存储 ↔ 数据库
- 将结构化信息存入数据库
- 确保数据可被高效检索

4 记忆检索 ↔ 数据库
- 根据当前对话内容检索相关记忆
- 获取匹配的历史信息

5 记忆检索 → 记忆应用
- 整理已检索的相关记忆
- 准备记忆与回复的融合

6 记忆应用 → AI 回复
- 将记忆与当前回复进行整合
- 生成个性化的连贯回答
```

6.1.3 技术栈选择

在构建带记忆功能的 AI 知识助手时，我们需要选择合适的技术栈。考虑到项目的复杂性和可扩展性，这里选择 MCP 模型上下文协议作为基础，MCP 模型上下文协议是一种专门为 AI 应用设计的通信协议。你可以把它想象成一个"翻译官"，负责协调 AI 模型与外部世界的交互。带记忆功能的 AI 知识助手使用了以下技术。

1）后端技术

- Python：作为主要的编程语言，Python 在 AI 和 Web 开发领域都有丰富的生态系统；
- Starlette：一个轻量级的 ASGI 框架，用于构建高性能的异步 Web 应用；
- Uvicorn：一个快速的 ASGI 服务器，支持异步处理请求；
- JSON 文件存储：作为简单的数据存储方案，适合小型项目和原型开发。

2）前端技术

- React：一个流行的 JavaScript 库，用于构建用户界面；
- SSE（Server-Sent Events）：用于实现服务器向客户端的实时推送，让用户能够看到 AI 助手的思考过程。

3）AI 模型

- OpenAI API：使用 GPT 模型作为 AI 助手的大脑；
- 开源模型：如果预算有限或需要本地部署，可以选择开源的大语言模型。

这些技术的选择考虑了以下因素。

- 开发效率：Python 和 React 都有丰富的生态系统和大量的开发资源；
- 性能要求：异步框架能够处理并发请求，提高系统响应速度；
- 可扩展性：使用 MCP 模型上下文协议，职责分离，易于维护；
- 部署难度：选择相对简单的技术栈，降低部署和维护的复杂度。

1. 什么是 ASGI

异步服务器网关接口（Asynchronous Server Gateway Interface，ASGI）是 Python 中的一个规范，用于构建异步 Web 应用。

想象一下传统的 Web 服务器（Web Server Gateway Interface）就像一个只有一条队伍的银行柜台，每个客户（请求）必须等前一个客户完全办完业务才能轮到自己。而 ASGI 就像一个有多个窗口的银行大厅，当一个客户在等待处理时（比如系统在查询数据），柜员可以先服务其他客户，大大提高了效率。

ASGI 的核心优势在于能够处理以下任务。

- HTTP 请求：普通的网页访问；
- WebSocket 连接：实现实时双向通信；

- 长连接请求：如聊天应用或实时通知。

在 AI 助手项目中，使用 ASGI 框架（如 Starlette）特别重要，因为 AI 模型的调用通常需要较长时间，而异步处理可以让服务器在等待 AI 响应的同时处理其他请求，提高整体性能和用户体验。

2. SSE 实例解析

服务器发送事件（Server-Sent Events，SSE）是一种允许服务器向客户端推送数据的技术。与 WebSocket 不同，SSE 是单向的，只能从服务器推送到客户端，但它实现简单且基于标准的 HTTP。

SSE 就像一个广播电台，而客户端是收音机。一旦你调到某个频道（建立连接），电台（服务器）就会持续向你推送最新的节目（数据），而你只需要收听，不需要回复。

在 AI 助手中，SSE 的一个典型应用是实现"流式响应"，让用户能够看到 AI 正在思考和生成回答的过程，而不是等待完整回答后一次性显示。这大大提升了用户体验，让交互感觉更自然、更实时。

例如，当用户问 AI 助手一个复杂问题时，流程如下。

（1）用户发送问题："请解释量子计算的基本原理"。

（2）服务器接收请求并开始调用 AI 模型。

（3）AI 模型开始生成回答。

（4）服务器通过 SSE 实时将 AI 生成的每个词或句子推送到客户端。

（5）客户端浏览器接收这些数据并实时更新页面，用户可以看到回答逐渐形成的过程。这种体验就像看到一个人在实时思考和打字，而不是机械地等待一个完整的回答，大大增强了交互的自然感和参与感。

下面是一个用 AI 编程实现的简单的 SSE 示例，采用 [技术框架][功能][使用流程][其他细节要求] 格式编写的提示如下。

请为我写一个最简单的 SSE 示例（文件名 sse_server.py），使用 Python 和 Starlette 框架作为服务端，前端用单页面 html，写到 sse_server.py 里。

实现实时烹饪助手功能，使用流程是用户可以输入想做的菜名，服务端通过 SSE 流式返回烹饪步骤，模拟一个逐步指导的过程。

sse_server.py 控制在 100 行以内。

使用 DeepSeek-V3 模型，生成了 sse_server.py，代码见：https://github.com/shadowcz007/memory_agent_exmaple/blob/main/sse_server.py。

可以把以上代码粘贴到 Cursor 的代码编辑器里，新建一个文件 sse_server.py，然后粘贴进去，通过终端来运行。使用方式如下。

（1）安装依赖：pip install starlette uvicorn。

（2）运行服务：python sse_server.py。

（3）浏览器访问 http://localhost:8000。

（4）输入菜名（如"番茄炒蛋"）并单击按钮，即可看到步骤逐步显示。

通过这种方式，用户可以看到 AI 助手的思考过程，体验更加接近于与真人对话，而不是机械地等待完整回答。

6.1.4　项目架构设计

AI 知识助手采用了前后端分离的架构，这种架构特别适合 AI 应用开发。前后端分离架构将应用程序划分为两个独立的部分。

1）前端（客户端）

- 负责用户界面和交互体验；
- 类似于餐厅服务员，接收用户的需求并展示结果。

使用 React 框架构建聊天界面，提供流畅的用户体验。

2）后端（服务器端）

- 负责业务逻辑、数据存储和 AI 模型调用；
- 类似于餐厅厨房，处理核心业务并产出结果。

使用 Python 和 Starlette 框架处理请求、管理记忆模块和调用 AI 模型。两者通过 API 进行通信。

- 使用 HTTP 和 JSON 格式交换数据；
- 采用 SSE 技术实现服务器向客户端的实时推送。

这种架构带来多项优势，具体如下。

- 职责明确：前端专注体验，后端专注逻辑；
- 开发效率高：前后端可并行开发，互不阻塞；
- 技术栈灵活：各自选择最适合的技术；
- 扩展性强：可根据需求单独扩展前端或后端；
- 维护成本低：修改一部分不影响另一部分。

在 AI 应用中，前后端分离尤为重要。AI 模型需要强大的计算资源，应放在服务器端；而良好的交互体验需要精心设计的前端界面。通过这种架构，可以充分发挥两者优势，构建高效可靠的 AI 知识助手。

服务端架构如下。

- 知识图谱层：负责数据的存储和检索，包括对话历史和记忆数据；

- MCP Server 层：处理业务逻辑，包括对话管理、记忆生成和检索；
- SSE 服务层：负责与前端的交互，包括接收请求和发送响应。

记忆模块设计如下。
- 记忆生成器：从对话中提取重要信息，生成结构化的记忆；
- 记忆存储器：将记忆以适当的格式存储到数据库中；
- 记忆检索器：根据当前对话内容，检索相关的记忆；
- 记忆应用器：将检索到的记忆融入 AI 助手的回复。

客户端交互流程如下。
（1）用户发送消息到服务器。
（2）服务器接收消息并处理。
（3）服务器检索相关记忆。
（4）服务器将消息和记忆发送给 AI 模型。
（5）AI 模型生成回复。
（6）服务器从回复中提取新的记忆。
（7）服务器将回复发送给客户端。
（8）客户端显示回复。

在这个架构中，记忆模块是核心组件，它使 AI 助手能够记住与用户的交流历史，提供更加个性化的服务。通过合理的设计和实现，我们可以打造一个真正"懂你"的 AI 知识助手。

1. 核心技术概念预览

在深入讲解项目架构之前，先介绍几个贯穿整个项目的核心技术概念。这些概念就像搭建房子的基础材料，了解它们对于后续的开发至关重要。为了帮助你更好地了解这些技术是如何协同工作的，下面用一个简单的表格来说明它们之间的关系，如表 6-1 所示。

表 6-1　核心技术组件的职责及与其他组件的协作

技 术 组 件	主 要 职 责	与其他组件的协作
ASGI 服务器	处理 HTTP 请求和 WebSocket 连接	为 MCP 和 SSE 提供通信基础
SSE	实现服务器向客户端的实时推送	展示 AI 思考的过程和实时更新
MCP	协调 AI 模型与外部世界的交互	统一管理资源访问和工具调用
知识图谱	存储和组织长期记忆	为 MCP 提供数据支持
Function Call	执行结构化的操作请求	配合 MCP 实现具体功能
用户偏好系统	管理个性化设置	影响 AI 的行为和回答方式

2. MCP 简介

MCP（Model Context Protocol，模型上下文协议）是一种专门为 AI 应用设计的通信协议。你可以把它想象成一个"翻译官"，负责协调 AI 模型与外部世界的交互。

MCP 定义了 3 种主要的交互方式。

（1）资源（Resources）：允许 AI 模型获取外部信息，比如从数据库读取用户历史记忆。

（2）工具（Tools）：允许 AI 模型执行具体操作，比如保存新的记忆或更新用户偏好。

（3）提示（Prompts）：定义 AI 模型的行为模式，比如设定助手的角色和回复风格。

这种协议让 AI 模型能够像人类一样，通过"感知"（读取信息）和"行动"（执行操作）来与外界互动。在后续章节中，会深入介绍如何运用 MCP 构建智能助手。

3. 知识图谱与记忆系统

知识图谱是一种特殊的数据库，它不仅存储信息，还记录信息之间的关联。想象一个思维导图，其中每个节点是一个概念或实体，节点之间的连线代表它们的关系，这就是知识图谱的基本形态。

在 AI 知识助手中，知识图谱承担着"长期记忆"的角色。

- 实体（Entity）：存储具体的信息点，如用户信息、知识概念等；
- 关系（Relation）：记录实体之间的联系，如"用户喜欢编程""概念 A 是概念 B 的基础"等；
- 属性（Attribute）：描述实体或关系的特征，如时间戳、重要程度等

这种结构让 AI 助手能够建立起类似于人类的联想能力，在对话时快速检索相关的记忆。

4. Function Call：AI 的"动手能力"

Function Call（函数调用）是大语言模型的一项重要能力，它让 AI 能够按照预定义的格式生成结构化的操作请求。这就像给 AI 一套"工具箱"，并教会它如何正确使用这些工具。

在这里的项目中，Function Call 主要用于以下功能。

- 提取对话中的关键信息，转化为知识图谱中的实体和关系；
- 管理用户偏好，更新个性化设置；
- 执行特定的系统操作，如保存记忆、检索信息等。

5. 用户偏好系统

为了让 AI 助手能够提供更个性化的服务，这里设计了用户偏好系统。这个系统会记录以下信息。

- 用户的交互习惯（如偏好简短还是详细的回答）；
- 专业水平（如编程新手还是专家）；
- 感兴趣的领域；
- 常用的工具和设置。

这些偏好信息会影响 AI 助手的回答方式和内容组织。

6. 测试与迭代

在实际开发过程中，我们会遇到各种挑战：AI 模型的回答可能不够准确；知识图谱的检索可能不够精准；用户偏好的更新可能出现问题。因此，一个完善的测试和迭代策略是必不可少的。在后续章节中，会介绍如何用 AI 编程调试和测试验证各个功能模块。通过这种循序渐进的方式，能够构建出一个既智能又可靠的 AI 知识助手。

小白必记

- 记忆模块的核心作用：实现 AI 助手的长期记忆
- 短期记忆实现方式：利用对话上下文窗口
- 长期记忆存储原则：结构化保存关键信息
- 技术栈选择标准：开发效率与可扩展性平衡
- MCP 的作用：让 AI 能感知环境并执行操作
- 知识图谱的特点：存储信息及其关联关系
- Function Call 能力：让 AI 执行结构化操作
- 用户偏好系统：实现个性化交互体验
- 异步处理的必要性：提高并发性能，优化用户体验
- 测试迭代原则：循序渐进，持续优化完善

6.2　搭建 MCP 服务端

上一节介绍了带记忆模块的 AI 知识助手的整体架构和技术选型。本节将深入探讨 MCP 服务端的搭建过程。这是本书开发的 AI 知识助手的核心组件，它将负责处理与 AI 模型的通信，以及管理用户的对话和记忆数据。

6.2.1　MCP 拓展知识

MCP 是一种专门为 AI 应用设计的通信协议。它由 Anthropic 开发，并获得了包

括 OpenAI 和 Microsoft 在内的主要 AI 公司的支持。

1. MCP 的定义与作用

MCP 的核心思想是将 AI 模型与其交互的环境分离开来，通过标准化的接口进行通信，就像给 AI 模型提供了一套"感官系统"和"行动系统"，让它能够感知外部世界并对其进行操作。MCP 定义了 3 种主要的交互方式。

（1）资源（Resources）：类似于 HTTP 的 GET 请求，允许 AI 模型从外部数据源获取信息。比如，从数据库中检索用户的历史对话记录或个人偏好。

（2）工具（Tools）：类似于 HTTP 的 POST 请求，允许 AI 模型执行操作。比如，发送电子邮件、更新数据库或调用外部 API。

（3）提示（Prompts）：可重用的模板，用于定义 AI 模型的行为模式和交互方式。比如，定义 AI 助手的角色、语气和回复风格。

通过这 3 种交互方式，MCP 使 AI 模型能够更加灵活地与外部世界交互，从而提供更加智能和个性化的服务。

2. 与传统 API 调用的区别

传统的 API 调用过程通常是单向的、同步的：客户端发送请求，服务器处理请求并返回响应，然后通信结束。这种模式对于执行简单的任务足够，但对于执行复杂的 AI 交互却显得不够灵活。

MCP 与传统 API 调用的主要区别如下。

（1）双向通信：MCP 允许服务端和客户端之间进行持续的双向通信，而不是简单的请求—响应模式。这就像一场持续的对话，而不是一问一答的简单交流。

（2）上下文感知：MCP 能够维护对话的上下文，让 AI 模型了解之前的交互历史，从而提供更加连贯和个性化的回复。

（3）资源与工具分离：MCP 明确区分了获取信息（资源）和执行操作（工具）的接口，使得 AI 模型的能力边界更加清晰。

（4）标准化接口：MCP 提供了标准化的接口定义，使得不同的 AI 应用可以共享相同的通信协议，提高了互操作性。

3. 为什么适合 AI Agent 开发

MCP 特别适合 AI Agent 的开发，原因如下。

（1）能力扩展：通过工具接口，AI Agent 可以轻松地扩展其能力，比如访问网络、调用外部 API 或操作文件系统。

（2）上下文管理：MCP 内置了上下文管理机制，使得 AI Agent 能够记住之前的交互，提供更加连贯的对话体验。

（3）模块化设计：MCP 的资源、工具和提示 3 种接口类型，使得 AI Agent 的功能可以模块化开发和组合，提高了代码的可维护性和可扩展性。

（4）实时交互：MCP 支持实时的双向通信，使得 AI Agent 可以在对话过程中动态调整其行为和回复，提供更加自然的交互体验。

在该 AI 知识助手项目中，MCP 将作为连接用户、AI 模型和外部资源的桥梁，使得该助手能够提供智能、个性化的服务。

6.2.2　服务端基础实现

下面开始实现 MCP 服务端的基础功能。使用 Python 作为主要编程语言，将 Starlette 作为 Web 框架，使用 Uvicorn 作为 ASGI 服务器，使用 JSON 文件作为简单的数据存储方案。

1. 项目初始化与依赖安装

接下来需要创建一个新的项目目录。打开 Cursor，打开新的项目目录。然后在 Cursor 的 Features Docs 里添加 https://www.starlette.io，等待 Indexed 索引成功后，编写以下提示。

```
帮我设计一个 Python 文件 simple_mcp_server.py。

使用 Python 作为编程语言，使用 Starlette 作为 Web 框架参考文档 @Starlette，使用 Uvicorn 作为
ASGI 服务器（只提供 SSE 根路径和 post 请求 /messages ），使用 JSON 文件作为简单的数据存储方案。

服务端架构
- 知识图谱层：负责数据的存储和检索，包括对话历史和记忆数据
- MCP Server 层：处理业务逻辑，包括对话管理、记忆生成和检索
- SSE 服务层：负责与前端的交互，包括接收请求和发送响应

记忆模块设计
- 记忆生成器：从对话中提取重要信息，生成结构化的记忆
- 记忆存储器：将记忆以适当的格式存储到数据库中
- 记忆检索器：根据当前对话内容，检索相关的记忆
- 记忆应用器：将检索到的记忆融入 AI 助手的回复

其他要求
- 控制 Python 文件代码行数在 100 行以内
- 主要实现逻辑框架，细节简化
- 提供调用的 JS 代码示例给我
```

完成的 Python 代码地址：https://github.com/shadowcz007/memory_agent_exmaple/blob/main/simple_mcp_server.py。

2. 创建虚拟环境

```
python -m venv venv
source venv/bin/activate # 在 Windows 上使用 venv\Scripts\activate
```

安装依赖包。

```
pip install uvicorn starlette
```

运行代码。

```
python simple_mcp_server.py
```

把 JavaScript 的调用示例，粘贴在 Chrome 浏览器开发者工具中的 Console 面板中，运行后得到成功的结果。

```
收到回复：收到消息：你好，我是用户
VM38451:16 收到回复：收到消息：我想了解更多关于记忆功能
调用示例 JavaScript 代码地址:https://github.com/shadowcz007/memory_agent_
exmaple/blob/main/simple_mcp_server.py#L135
```

6.2.3 实现 MCP Server 核心功能

下面实现 MCP 服务端的核心功能，包括资源访问、工具调用和提示模板。这些功能将使 AI 知识助手能够访问记忆数据、保存新的记忆，以及使用预定义的提示模板。

首先，把 MCP 官方的一个 Server 示例 https://github.com/modelcontextprotocol/ servers/blob/main/src/memory/index.ts，添加到 Cursor 中构建索引（Features-Docs），命名为 memory_mcp_example 。

同时，把官方的 fast_mcp 的示例，也在我们的项目里创建一份，新建文件名为 fast_mcp_example.py。

```python
from mcp.server.fastmcp import FastMCP

mcp = FastMCP("Echo")

@mcp.resource("echo://{message}")
def echo_resource(message: str) -> str:
    """Echo a message as a resource"""
    return f"Resource echo: {message}"

@mcp.tool()
def echo_tool(message: str) -> str:
    """Echo a message as a tool"""
    return f"Tool echo: {message}"

@mcp.prompt()
def echo_prompt(message: str) -> str:
    """Create an echo prompt"""
    return f"Please process this message: {message}"
```

```
if __name__ == "__main__":
    mcp.run(transport='sse')
```

在之前创建好的 simple_mcp_server.py 的基础上，新建一个分支（memory_v1），开始进行新功能的开发。编写以下提示。

根据 @memory_mcp_example 和 @fast_mcp_example.py 的代码，实现一个基于 memory 的 mcp_server.py。采用 SSE 通信方式，端口为 6688。

由于提供了比较完整的参考代码（虽然一个是 ts 语言的，另一个是 Python 语言的），Cursor 也创建出一个 MCP Server。完整的代码见：https://github.com/shadowcz007/memory_agent_exmaple/blob/memory_v1/memory_mcp_server.py。

从 Curosr 的回复里可以看到 AI 对指令的遵循情况，这个实现基于前面提供的示例代码，创建了一个基于内存的知识图谱 MCP 服务器。主要功能如下。

- 使用 FastMCP 框架创建 MCP 服务器，设置端口为 6688；
- 实现了知识图谱管理器（KnowledgeGraphManager），用于处理实体和关系的增删改查；

提供了以下工具函数。

- 使用 SSE (Server-Sent Events) 作为通信方式；
- 数据存储在本地 memory.json 文件中，格式为 JSONL（每行一个 JSON 对象）。

这里有一个细节要注意，使用 MCP 的 Python SDK 里的 fastmcp 创建的服务，默认使用的是 /sse 这个路径作为服务器地址，需要特别注意，我们可以在 memory_mcp_server.py 启动后，通过浏览器访问地址 :http://localhost:6688/sse 来验证是否正确。

6.2.4 MCP 通信机制

下面通过 MCP 的 SSE 通信机制来调用 MCP Server。

MCP 基于 JSON-RPC 2.0，支持两种通信方式。

（1）Stdio transport：通过标准输入 / 输出进行通信，适用于本地应用。

（2）HTTP with SSE transport：通过 HTTP 和服务器发送事件（SSE）进行通信，适用于网络应用。

在我们的项目中，使用的是 HTTP with SSE transport，因为它更适合 Web 应用场景。注意：fastmcp 默认是采用 stdio 通信的，在 server 的代码里传递 transport 参数为 sse，代码如下。

```
mcp.run(transport='sse')
```

接下来先用代码测试下 MCP Server，使用 MCP 官方的 Python SDK 提供的一个 client 的示例代码，地址：https://github.com/modelcontextprotocol/python-sdk/tree/main?tab=readme-ov-file#writing-mcp-clients。

复制代码，粘贴到 Cursor 中，编写以下指令。

根据示例代码，为 @memory_mcp_server.py 写一个 client 代码来测试，使用 SSE 连接到服务器，端口 6688，路径 /sse，需要有调试信息（直接打印变量结果，不需要对变量额外处理），注意应该使用 from mcp.client.sse import sse_client 连接 Server

生成的 client 代码地址 :https://github.com/shadowcz007/memory_agent_exmaple/blob/memory_v1/memory_mcp_client.py。

运行一下，可以看到 MCP 工具调用是怎么回事。

小白必记

- MCP 的本质：AI 模型与外部世界的标准化通信接口
- 资源访问原则：通过 GET 方式获取外部数据
- 工具调用准则：通过 POST 方式执行外部操作
- 提示模板规范：定义 AI 模型的行为模式和交互方式
- SSE 通信机制：支持服务端与客户端的实时双向通信
- 知识图谱存储：使用 JSON 文件存储实体和关系数据
- FastMCP 框架：简化 MCP 服务端开发的 Python 工具
- 端口配置原则：明确指定服务端口，避免冲突

6.3　构建 Agent 记忆模块

前面介绍了 AI 知识助手的整体架构，并搭建了基于 MCP 的服务端。下面将深入探讨 Agent 记忆模块的构建，这是让 AI 助手真正"记住"用户信息和对话历史的关键部分。

6.3.1　记忆模块设计原理

想象一下，如果你的大脑没有记忆功能，将无法记住昨天发生的事情，也无法从过去的经验中学习。同样，没有记忆能力的 AI 助手只能进行单次对话，无法提供连贯且个性化的服务。记忆模块就像 AI 助手的"大脑海马体"，负责存储和检索重要信息。

AI 助手的记忆系统通常分为短期记忆和长期记忆两部分，这与人类的记忆系统非常相似。

短期记忆是指当前对话中的信息，类似于人类的工作记忆。它具有以下特点。

（1）容量有限：受限于大语言模型的上下文窗口大小（如 GPT-4 的 8K ～ 32K tokens）。

（2）临时性：随着对话的结束而消失。

（3）高访问速度：可以直接包含在模型的输入中。

在技术实现上，短期记忆通常是通过维护当前对话的历史消息列表来实现的。每当用户发送新消息，我们就将其添加到历史列表中，并将整个列表作为上下文提供给 AI 模型。

```
conversation_history = [
    {"role": "system", "content": "你是一个有记忆能力的 AI 助手。"},
    {"role": "user", "content": "我叫 shadow，我喜欢编程。"},
    {"role": "assistant", "content": "你好 shadow！很高兴知道你喜欢编程。我可以帮你解答编程相关的问题。"},
    # 新消息会被添加到这个列表中
]
```

长期记忆则是跨会话持久存储的重要信息，类似于人类的长期记忆。它具有以下特点。

（1）容量大：理论上可以存储无限量的信息。

（2）持久性：即使对话结束也不会丢失。

（3）需要检索：不能直接全部加载到模型上下文中，需要根据相关性进行检索。

在技术实现上，长期记忆通常需要专门的存储系统和检索机制。我们可以使用简单的 JSON 文件、关系型数据库或向量数据库来存储这些信息，并在需要时检索相关内容。

```
{
"user_id": "mixlab_id123",
"personal_info": {
    "name": "shadow",
    "interests": ["编程", "人工智能"],
    "occupation": "软件工程师"
  },
"conversation_memories": [
    {
      "timestamp": "2023-06-01T10:30:00",
      "content": "用户提到他正在学习 Python 和机器学习"
    },
    {
      "timestamp": "2023-06-02T15:45:00",
```

```
        "content": "用户遇到了 OpenCV 安装问题"
    }
  ]
}
```

6.3.2　知识图谱增强记忆能力

知识图谱是一种强大的知识表示方式，它可以帮助 AI 助手更好地理解和组织记忆中的信息。本节将探讨如何使用知识图谱来增强 Agent 的记忆能力。

1. 知识图谱的基本概念

知识图谱是一种以图形结构存储知识的数据库，它由实体（节点）和关系（边）组成。每个实体可以有多个属性，每个关系连接两个实体，表示它们之间的某种联系。

知识图谱的核心概念包括以下元素。

（1）实体（Entity）：表示现实世界中的对象，如人物、概念、事物等。每个实体都有一个唯一的标识符和一组属性。

（2）关系（Relation）：表示实体之间的联系，通常是一个有向边，连接两个实体。关系也可以有属性，如关系的强度、时间等。

（3）属性（Attribute）：表示实体或关系的特征，通常是键值对的形式。

（4）三元组（Triple）：知识图谱中的基本单元，由主体（Subject）、谓词（Predicate）和客体（Object）组成，表示为（S, P, O）。例如，（张三，喜欢，编程）表示"张三喜欢编程"这一事实。

在 AI 助手的记忆模块中，可以使用知识图谱来表示用户的个人信息、偏好、对话历史等，形成一个结构化的记忆网络。以下是一个简化的知识图谱示例。

```
knowledge_graph = {
  "entities": {
    "mixlab_user": {"type": "User", "name": "shadow"},
    "topic_python": {"type": "Topic", "name": "Python"},
    "event_project": {"type": "Event", "name": "个人项目开发"}
  },
  "relations": [
    {"source": "mixlab_user", "relation": "interested_in", "target": "topic_
python"},
    {"source": "mixlab_user", "relation": "working_on", "target": "event_
project"},
    {"source": "event_project", "relation": "uses", "target": "topic_python"}
  ]
}
```

通过这种方式，可以捕捉用户信息之间的复杂关联，为 AI 助手提供更丰富的上下文。

2. 记忆检索机制

当用户发送新消息时，需要从长期记忆中检索相关信息，以增强 AI 助手的回复能力。记忆检索机制通常包括以下步骤。

（1）查询生成：根据用户的当前消息，生成用于检索的查询。

（2）相似度计算：计算查询与存储的记忆之间的相似度。

（3）排序与筛选：根据相似度对记忆进行排序，并选择最相关的部分。

（4）上下文融合：将检索到的记忆与当前对话上下文融合。

在实现上，可以使用多种技术来提高检索效率和准确性。

- 关键词匹配：基于关键词的简单匹配，适用于小规模记忆；
- 向量相似度：使用嵌入模型将文本转换为向量，然后计算余弦相似度；
- 图遍历算法：在知识图谱上进行遍历，找到与当前话题相关的实体和关系。

通过这些方式，我们可以在大量记忆中快速找到与当前对话最相关的信息，提供给 AI 模型作为上下文。

在上一节创建的示例代码中，只实现了节点的关键词匹配查找 https://github.com/shadowcz007/memory_agent_exmaple/blob/memory_v1/memory_mcp_server.py#L174C1-L185C23，如果要实现其他功能可以通过编写提示词，使用 Cursor 为上一节创建的 memory_mcp_server.py 添加新功能。

用 Cursor 打开 memory_mcp_server.py 文件，通过组合键 Ctrl+L，打开对话框，编写以下提示词，为 KnowledgeGraphManager 添加一个图遍历算法功能。

请给 KnowledgeGraphManager 增加一个图遍历算法功能，用于查找和节点最近和最远的节点，根据 KnowledgeGraphManager 目前的实现，应该用什么算法可以兼顾效率和效果，给我推荐方案，给出不同方案的优缺点。

之后 Cursor 给出了一个平衡的方案：建议使用 BFS 算法，原因如下。

- 当前图结构简单，没有边权重；
- BFS 实现简单，易于维护；
- 可以同时支持找最近和最远节点；
- 性能表现相对稳定。

接受 Cursor 的代码建议，把结果保存到文件，继续让 Cursor 写一个测试用例。

根据新方法 find_nearest_farthest_nodes 的输入和输出，写若干个不同的测试用例，要求能够运行成功，并覆盖足够多的不同场景，节点是中文。

代码地址：https://github.com/shadowcz007/memory_agent_exmaple/blob/memory_v2_tools/memory_mcp_server.py#L198C3-L198C83。

需要注意的是，测试用例要覆盖足够多的不同场景。那么，什么是测试用例？测试用例（Test Case）是为了验证程序功能是否正确而设计的一组输入数据和预期输出结果。这里让 Cursor 自己判断如何设计不同的用例，覆盖足够多的场景。Cursor 给出了结果，并保存为文件 test_knowledge_graph.py，这些测试用例设计涵盖多种典型的图结构场景，确保图遍历算法能够正确处理各种情况。

1）星形图结构测试

在这种结构中，存在一个核心节点，周围连接着多个叶子节点。这种结构常见于现实世界中的社交网络或组织架构。测试重点是验证算法能否正确识别出与中心节点距离相等的多个叶子节点，并准确计算它们的最近距离关系。

2）链式图结构测试

这是一种线性结构，节点按照直线顺序相连。这种结构可以测试算法在处理长路径时的表现，特别适合验证最远节点的识别准确性和深度计算的正确性。通过这种结构，我们可以清晰地观察到距离计算的过程。

3）环形图结构测试

环形图结构是一种特殊的图形态，所有节点首尾相连形成闭环。这种结构可以测试算法在处理循环路径时的性能，验证是否能正确识别出可能存在的多个最远节点，以及是否能避免在环中无限循环。

4）深度限制测试

通过设置 max_depth 参数，我们可以测试算法的搜索深度控制功能。这对于大规模图结构特别重要，可以避免算法陷入过深的搜索。测试重点是验证算法是否能在指定深度处正确截断搜索，并返回合理的结果。

5）孤立节点测试

这是一个重要的边界条件测试。对于没有任何连接的孤立节点，算法需要有合适的错误处理机制。这种测试可以验证算法的健壮性，确保在处理异常情况时能够优雅地响应。

通过这些不同场景的测试用例，我们可以全面验证图遍历算法的正确性和稳定性。每个测试场景都针对算法的不同特性，帮助我们发现和修复潜在的问题。

测试代码地址：https://github.com/shadowcz007/memory_agent_exmaple/blob/memory_v2_tools/test_knowledge_graph.py。

6.3.3　Function Call 在 Agent 中的应用

Function Call（函数调用）是大语言模型的一项重要能力，它允许模型生成结构化的函数调用请求，而不仅仅是自由文本。在 Agent 记忆模块中，Function Call 可以帮助我们实现更精确的记忆操作，如存储、检索和更新记忆。

1. Function Call 的工作原理

Function Call 的工作原理可以类比为人类的"思考—行动"过程。当我们需要完成一个任务时，会先思考应该调用哪个函数，然后确定函数的参数，最后执行这个函数。大语言模型的 Function Call 模拟的就是这个过程。

具体来说，Function Call 工作流程 包括以下步骤。

（1）函数定义：首先定义可用的函数及其参数格式。

（2）模型推理：模型根据上下文决定是否需要调用函数，以及调用哪个函数。

（3）参数生成：模型生成符合函数定义的参数值。

（4）函数执行：系统执行函数并获取结果。

（5）结果整合：将函数执行结果整合到对话中。

在 OpenAI 的实现中，Function Call 通过 tools 参数提供给模型，模型会返回一个 tool_calls 字段，包含函数名和参数，如图 6-1 所示。

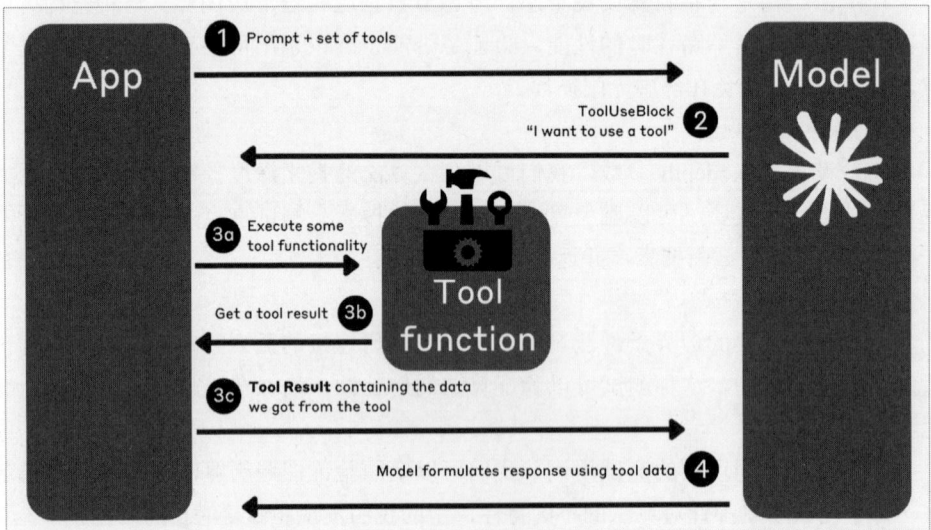

图 6-1　工具调用流程图

官方参考指南：https://platform.openai.com/docs/guides/function-calling。

Claude 的工具调用也是类似的：https://github.com/anthropics/courses/blob/master/tool_use/04_complete_workflow.ipynb。

2. 工具调用的消息构造

工具调用（Function Call）是大语言模型与外部世界交互的重要方式。它允许模型生成结构化的函数调用请求，而不仅仅是自由文本。

1）最简字符串示例

让我们用最简单的字符串形式来展示工具调用流程。

```
# 1. 系统定义工具
system: 可用工具：天气查询
参数：城市名称

# 2. 用户提问
user: 北京今天天气怎么样？

# 3. 助手调用工具
assistant: 让我帮你查询北京的天气
tool: weather(" 北京 ")

# 4. 工具返回结果
result: 晴天，25℃，空气质量良好

# 5. 助手最终回复
assistant: 北京今天是晴天，气温25℃，空气质量良好
```

这个极简示例展示了工具调用的核心流程：定义工具 → 用户提问 → 助手分析 → 调用工具 → 整合结果。

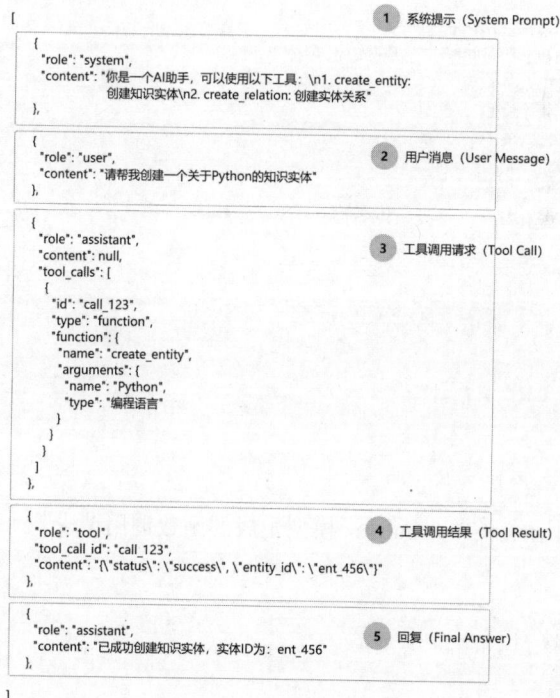

图 6-2　工具调用的消息构造

接下来看看具体的消息构造方式，如图 6-2 所示。

2）消息构造方式

工具调用的消息通常包含以下几个关键部分。

（1）系统提示（System Prompt）：定义模型的行为和可用工具。

```
{
  "role": "system",
  "content": "你是一个 AI 助手，可以使用以下工具：\n1. create_enties: 创建知识实体
\n2. create_relation: 创建实体关系"
}
```

（2）用户消息（User Message）：用户的输入内容。

```
{
  "role": "user",
  "content": "请帮我创建一个关于 Python 的知识实体"
}
```

（3）工具定义（Tools）：描述可用的工具及其参数。

```
{
  "tools": [
    {
      "name": "create_enties",
      "description": "创建一个新的知识实体",
      "parameters": {
        "type": "object",
        "properties": {
          "name": {
            "type": "string",
            "description": "实体名称"
          },
          "type": {
            "type": "string",
            "description": "实体类型"
          }
        }
      }
    }
  ]
}
```

（4）工具调用请求（Tool Call）：模型生成的函数调用请求。

```
{
  "role": "assistant",
  "content": null,
  "tool_calls": [
    {
      "id": "call_123",
      "type": "function",
      "function": {
```

```
      "name": "create_enties",
      "arguments": {
        "name": "Python",
        "type": "编程语言"
      }
    }
  }
]
}
```

（5）工具调用结果（Tool Result）：函数执行后的返回结果。

```
{
  "role": "tool",
  "tool_call_id": "call_123",
  "content": "{\"status\": \"success\", \"entity_id\": \"ent_456\"}"
}
```

3）调用流程

工具调用的完整流程如下。

（1）初始化阶段。

- 系统发送包含工具定义的系统提示；
- 用户发送输入消息。

（2）模型推理阶段。

- 模型分析用户输入；
- 决定是否需要调用工具；
- 生成工具调用请求。

（3）工具执行阶段。

- 系统接收工具调用请求；
- 执行对应的函数；
- 返回执行结果。

（4）结果整合阶段。

- 模型接收工具执行结果；
- 生成最终回复；
- 将回复发送给用户。

让我们看一个完整的工具调用示例。

```
# 1. 初始化对话
messages = [
    {
        "role": "system",
        "content": "你是一个 AI 助手，可以使用以下工具：\n1. create_enties: 创建知识
实体 \n2. create_relation: 创建实体关系 "
    },
```

```
    {
        "role": "user",
        "content": "请帮我创建一个关于 Python 的知识实体"
    }
]

# 2. 发送给模型
response = await model.chat.completions.create(
    messages=messages,
    tools=tools_definition
)

# 3. 处理工具调用
if response.choices[0].message.tool_calls:
    tool_call = response.choices[0].message.tool_calls[0]
    result = await execute_tool(tool_call.function.name, tool_call.function.
arguments)

    # 4. 发送结果给模型
    messages.append({
        "role": "tool",
        "tool_call_id": tool_call.id,
        "content": result
    })

    # 5. 获取最终回复
    final_response = await model.chat.completions.create(
        messages=messages,
        tools=tools_definition
    )
```

通过这种方式，我们可以实现 AI 助手与外部系统的无缝交互，让 AI 能够执行具体的操作，而不仅仅是生成文本。

6.3.4　代码实战：MCP 的 Function Call 实现

了解原理后，就可以实现完整的 MCP 工具调用流程。先把 OpenAI 的一个关于 Function Call 的示例代码 https://github.com/openai/openai-cookbook/blob/main/examples/How_to_call_functions_with_chat_models.ipynb 找到，在 Curosr 的 Features Docs 里录入，同时为了使用 LLM 比较方便，可以采用硅基流动提供的 API 服务，把硅基流动的开发文档 https://docs.siliconflow.cn/cn/api-reference 也录入 Cursor 的 Features Docs 里（命名为 siliconflow），打开 Cursor 编写以下提示。

> 帮我创建一个 save_knowledge.py 文件，整合 LLM 和记忆库的知识提炼存储系统。功能是：根据用户的输入，LLM 自动提炼或者推荐相关的知识点，并把知识点存储到记忆库里。
> - LLM 和 Function Call 参考 @How_to_call_functions_with_chat_models.ipynb

```
- LLM 使用 @siliconflow 平台的 LLM，模型用 Qwen/Qwen2.5-7B-Instruct
- 记忆库相关的功能参考 @memory_mcp_client.py，通过调用 MCP 的 Server 完成

实现流程参考：
- 定义知识提取的 function schema
- sse 连接到记忆服务器
- 等待用户输入
- 使用 LLM 提取知识
- 保存实体和关系
```

生成的代码详见：https://github.com/shadowcz007/memory_agent_exmaple/blob/memory_v2_tools/save_knowledge.py。

注意：这里的上下文分别采用了网页和本地的代码示例，提示 Cursor 不同的功能参考不同的代码，这样会更容易生成可靠的代码。

1. JSON 数据容错处理

在实际处理工具调用参数的时候，会碰到 JSON 数据解析不正确的情况，这里采用一个 JSON 修复的库来处理，编写以下提示。

```
帮我优化工具调用的结果，JSON 数据的提取，使用以下代码。
import json_repair

decoded_object = json_repair.loads(json_string)
```

生成的代码详见：https://github.com/shadowcz007/memory_agent_exmaple/blob/memory_v2_tools/save_knowledge.py#L112。

注意：需要安装 https://pypi.org/project/json-repair。如果使用的是 nodejs，也有类似的库可以处理 JSON 文件 https://www.npmjs.com/package/jsonrepair。

2. 中文显示问题

如果遇到保存的 memory.json 文件里显示不出中文，打开 memory_mcp_server.py，可以编写以下提示。

```
@memory_mcp_server.py 保存的 JSON，需要处理中文
```

代码地址：https://github.com/shadowcz007/memory_agent_exmaple/blob/memory_v2_tools/memory_mcp_server.py#L66。

3. 模型选择

在本示例中，选用了阿里开源的 Qwen2.5-7B 模型作为演示。这是一个适合初学者学习和测试的小模型。如果需要更强大的知识提取和理解能力，可以考虑使用 DeepSeek-V3 等大型商用模型。它们虽然需要付费，但在复杂知识处理方面表现更出色。大家可以根据实际需求和预算来选择合适的模型。

6.4 客户端开发与用户体验

上一节为 AI 知识助手构建了"大脑"的核心部分——记忆模块，让它能够存储和回忆信息。但是，光有"大脑"还不够，还需要一个方式来与这个"大脑"互动，查看它的记忆，并与它进行交流。这就是客户端（Client）的作用。

比如拥有一台超级计算机（Agent 服务端和记忆模块），但没有显示器、键盘和鼠标，那么将无法使用它。客户端就像这台计算机的显示器和操作界面，它提供了一个用户友好的图形用户界面（Graphical User Interface，GUI），让你能够方便地查看 Agent 存储的知识、进行设置，并与 Agent 对话。

本节将聚焦于如何开发这样一个客户端，并关注如何提供良好的用户体验（User Experience，UX）。一个好的用户体验意味着界面直观、操作流畅、反馈及时，让用户能够轻松愉快地使用 AI 知识助手。

6.4.1 客户端界面设计：给 Agent 一个"脸面"

客户端开发的第一步，就是设计客户端的界面，如图 6-3 所示。这个界面需要包含哪些功能呢？根据开发的 AI 知识助手的目标，至少需要以下几个部分。

（1）设置区域：允许用户配置连接后端服务（在 6.3 一节搭建的 MCP 服务器）所需的信息，比如服务器地址、API 密钥等。就像给手机连接 Wi-Fi 一样，客户端需要知道去哪里连接"大脑"。

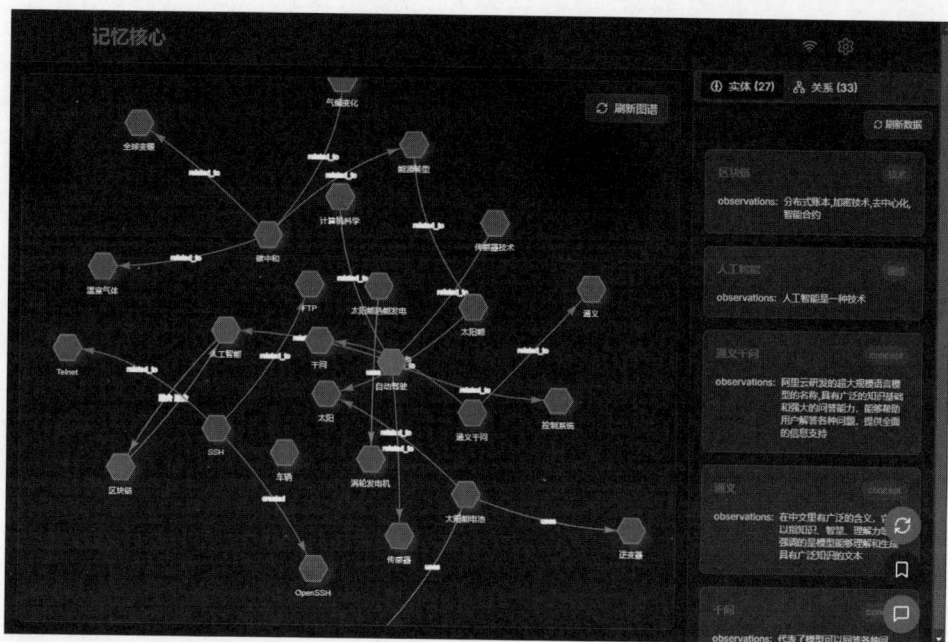

图6-3 客户端界面

（2）记忆可视化区域：用图形化的方式展示 Agent 记忆中的知识图谱。相比于枯燥的文字列表，图形化的展示（比如使用知识图谱的可视化方式）能让你更直观地了解信息之间的关联。大家可以使用 vis.js 这样的可视化库（Library）来绘制这个图谱。库就像一个工具箱，里面提供了很多预先写好的代码，可以帮助用户快速实现复杂的功能，比如画图。

（3）实体与关系列表：以列表的形式清晰地展示知识图谱中的所有实体（Entities）和关系（Relations），方便用户滚动查看和管理。

（4）整体风格：界面看起来有点科技感，符合 AI 助手的定位。

为了构建这个界面，可以使用一个名为 React 的 JavaScript 库。React 是目前非常流行的用于构建用户界面的工具，它允许我们将界面拆分成一个个独立的组件（Components），就像搭积木一样，让开发和维护更加方便。

大家可以扫描如图 6-4 所示的二维码观看演示视频。

图6-4 演示视频

下面动手搭建项目。打开 bolt.new，选择使用 React 模板，然后编写以下提示。

首页是一个记忆管理界面，分别有以下功能。
(1) 有一个设置图标，单击该图标打开设置界面，可以设置 MCP 服务地址、API URL、API key、model 名称，单击 " 保存 " 按钮。
(2) 有一个记忆可视化的组件（采用知识图谱的方式显示，用 vis.js），可以分别查看实体和关系。实体和关系使用右侧的卡片来滚动加载展示。
(3) 整个页面的风格具有未来感和科技感。

使用 npm i 命令 安装项目依赖包，使用 npm run dev 命令 运行项目。下面先把 MCP 功能调通，编写以下提示。

@Codebase 帮我考虑以下功能的实现。
(1) System Configuration 里的 MCP Service Address，默认填写 http://localhost:6688/sse，单击 Save Configuration 按钮后，需要将数据存储到本地缓存。下次启动从本地缓存读取。
(2) 当单击 Save Configuration 按钮后，使用 mcp-uiux 来获取 MCP 上的工具列表，获取成功后在界面右上角显示连接状态图标。

mcp-uiux 的代码参考如下。

```
import React from 'react';
import { MCPProvider, useMCP } from 'mcp-uiux';

const App = () => {
  const {
    connect,
    loading,
    error,
    tools,
    resources,
    resourceTemplates,
    prompts
  } = useMCP();

  useEffect(() => {
    // 连接到 MCP 服务器
    connect('http://localhost:8080', '');
  }, []);

  return (
    <div>
      {loading && <div>加载中 ...</div>}
      {error && <div> 错误: {error}</div>}

      <div>
        <h3> 工具列表 ({tools.length})</h3>
        <ul>
          {tools.map((tool, index) => (
            <li key={index}>{tool.name}</li>
          ))}
        </ul>
      </div>
    </div>
```

```
  );
};

// 使用 MCPProvider 包装应用
const Root = () => {
  return (
    <MCPProvider>
      <App />
    </MCPProvider>
  );
};

export default Root;
```

这段代码展示了基本的流程：获取用户输入的地址、调用 connect 函数、处理加载和错误状态、将连接状态反馈给用户，并将成功的地址保存到本地缓存。

1）搭建基本框架

通过 npm i 命令安装项目依赖的库（比如 React、vis.js 等），再通过 npm run dev 命令启动开发服务器，在浏览器中预览开发的应用，就像盖房子前，先把地基打好，把需要的砖瓦（库）准备好。

2）连接 MCP 服务器

搭好界面框架后，最关键的一步是让客户端能够和上一节搭建的 MCP 服务器"对话"。

（1）配置存储：用户在设置界面中输入的 MCP 服务器地址（比如 http://localhost: 6688/sse）、API Key 等信息，需要被保存下来。为了方便，可以将这些配置信息存储在浏览器的本地缓存（Local Storage）中。这样，即使用户关闭了浏览器再重新打开，配置信息也不会丢失，下次启动客户端时可以直接读取使用。

（2）建立连接：当用户保存配置后，客户端需要尝试连接到指定的 MCP 服务器地址。这里会用到一个专门设计的库 mcp-uiux（地址：https://www.npmjs.com/package/mcp-uiux），它简化了与 MCP 服务器的连接和交互过程。

（3）状态显示：连接成功后，界面上应该有一个明显的标志（比如一个亮起的图标），告诉用户"连接成功"。如果连接失败，也要给出相应的提示。

为了让 mcp-uiux 能够顺利连接，需要确保 MCP 服务器允许来自客户端的请求。由于客户端（通常运行在 http://localhost:3000 或类似地址）和服务器（运行在 http://localhost:6688）通常不在同一个域（Origin）下，浏览器出于安全考虑会阻止这种跨域请求。我们需要在服务器端（memory_mcp_server.py）进行配置，明确告诉浏览器："我允许来自那个客户端地址的请求"。这个机制叫作跨域资源共享（Cross-Origin Resource Sharing，CORS）。此时需要参考上一节提到的代码修改，为 FastMCP 应用添加 CORS 支持。

通过在命令行输入 python memory_mcp_server.py 命令启动服务。注意，要给 FastMCP 添加跨域请求支持，修改代码：https://github.com/shadowcz007/memory_agent_exmaple/commit/dd471a0a8483479dd24c8b0a54d44d16745a462f。

6.4.2 MCP 读取图谱数据并显示：让记忆"活"起来

连接成功只是第一步，接下来要从 MCP 服务器获取 Agent 的记忆——也就是知识图谱数据，并在客户端界面上展示出来。

回忆一下，在上一节的 MCP 服务器上定义了一个名为 read_graph 的工具（Tool）。这个工具的作用就是读取并返回整个知识图谱的数据。现在，客户端需要调用这个工具。

1. 调用工具与数据处理

mcp-uiux 库不仅负责连接，还提供了执行服务器上定义的工具的方法，通常是一个名为 execute 的函数。客户端需要调用这个 execute 函数，并指定要执行的工具名称（read_graph），以及可能需要的参数（在这个例子里，read_graph 不需要参数）。

服务器在收到请求后，会执行相应的逻辑（读取 memory.json 文件或数据库），并将知识图谱数据（包含实体列表和关系列表）返回给客户端。

客户端在拿到数据后，需要做两件事。

（1）数据对接：将返回的实体和关系数据，填充到右侧的滚动列表中。

（2）图谱可视化：将这些数据传递给像 vis.js 这样的可视化库，让它根据实体和关系绘制出网络图。

这个过程就像读者（客户端）向图书管理员（MCP 服务器）说："请把所有关于'人工智能'的书（知识图谱数据）给我"（调用 read_graph 工具）。管理员找到书后递给读者（返回数据）。读者拿到书后，一部分放在书架上（实体和关系列表），一部分摊开在桌面上画出它们之间的联系图（可视化图谱）。

大家可以扫描下面的二维码观看演示视频，如图 6-5 所示。

图 6-5　演示视频

使用 Cursor 编写以下提示。

```
@Codebase 完成以下工具:
1. 当MCP连接成功后, 将鼠标指针悬停在右上角的连接图标上, 显示工具的数量。
2. 使用工具, 读取图谱数据 {
    "name": "read_graph",
    "description": "\n    读取整个知识图谱 \n    ",
    "inputSchema": {
        "properties": {},
        "title": "read_graphArguments",
        "type": "object"
    }
}
3. 读取图谱数据, 对接到右侧的 Entities 和 Relations, 以及左侧的可视化图谱上。
```

注意: MCP 工具使用 Execute 方法执行。同时, 要注意将在 console 处获取的数据, 粘贴给 Cursor 参考, 这样就可以成功把数据对接上。

调试技巧: 在开发过程中, console.log(result) 非常重要。它可以让你在浏览器的开发者工具中看到从服务器实际返回的数据是什么样子的, 帮助你理解数据结构, 以便正确地进行处理和转换。

6.4.3 添加 Chat 功能: 与 Agent 直接对话

只能看不能聊天, 还不够智能。因此, 需要在客户端添加一个聊天（Chat）功能, 让用户可以直接与 Agent 对话。

1. 界面与交互设计

首先要考虑的是, 将聊天框放在哪里最合适? 如何让用户方便地发送消息和查看回复? 一个常见的设计是在界面的一侧或者底部提供一个输入框和消息显示区域。

对于 Agent 的每一条回复, 最好提供"保存"或"收藏"图标。因为 Agent 的回复可能包含有价值的信息, 用户可能希望将这些信息方便地存入 Agent 的长期记忆（知识图谱）中。

2. 连接 LLM API

聊天功能的核心是连接大语言模型（Large Language Model, LLM）的 API。我们在设置界面已经配置了 API 的相关信息（如 API 地址、API Key、模型名称）。当用户发送消息时, 客户端需要完成以下任务。

（1）收集用户的输入。

（2）将用户的输入连同之前的对话历史（短期记忆）一起, 发送给 LLM API。

（3）接收 LLM 的回复。

3. 流式传输（Streaming）

一个重要的用户体验优化是使用流式传输。比如，问 AI 一个复杂的问题，如果等它思考完整个答案再显示出来，可能需要等待几秒甚至更长时间，用户会感觉很卡顿。

流式传输就像看别人打字一样，LLM API 会把生成的回复一小段一小段地、实时地发送给客户端，客户端收到后立刻显示出来。这样，用户几乎可以立刻看到回复，大大提升了交互的流畅感和实时感。你需要确保使用的 LLM API 支持流式传输，并在客户端代码中进行相应的处理，逐步拼接并显示收到的内容片段。

观看演示视频可以扫描如图 6-6 所示的二维码。

图 6-6　演示视频

继续使用 Cursor 添加 Chat 功能，编写如下提示。

> 如果要添加一个 chat 对话框，请帮我考虑适合的位置和最佳的交互方式，chat 上的每条回复添加保存小图标。
> 把 chat 和 llm api 接上（llm 相关的配置使用系统配置好的信息），api 参考 @硅基流动 文档，注意使用流式传输。

6.4.4　知识提炼功能：让聊天内容沉淀为记忆

聊天功能让我们可以和 Agent 交流，但更有价值的是将交流中的关键信息沉淀下来，变成 Agent 的长期记忆。这就是"知识提炼"功能的作用。

观看演示视频可以扫描如图 6-7 所示的二维码。

图 6-7　演示视频

使用 Cursor 编写以下提示。

> @Codebase
> 单击保存图标后，运行以下功能。
> 1　根据提炼知识的 prompt，使用 @llm api（参考代码里已有的实现）工具调用，得到 create entities 和 create relation 的输入参数。

需要强制使用工具：create entities 和 create relation，数据结构如下。
（如何获取数据，参考视频）
2 使用 mcp 工具运行 create entities 和 create relation，得到结果

3 将工具运行结果状态显示在保存界面上，同时刷新可视化图谱和右侧的实体、关系。

1. 触发与流程

当用户在聊天界面单击某条 AI 回复旁边的"保存"图标时，就触发了知识提炼流程。这个流程大致如下。

（1）提取指令：客户端获取用户想要保存的那条消息内容。

（2）调用 LLM 进行信息抽取：客户端将这条消息发送给 LLM API，但这次的指令（Prompt）不是让它回复，而是让它从消息中提取出结构化的知识，即实体和关系。这里就要用到 6.3 一节介绍的 Function Call（或称为 Tool Call）能力。预先定义好 create_entities 和 create_relation 这两个工具的格式（输入参数），并强制 LLM 在回复时必须调用这两个工具。

（3）接收结构化数据：LLM 不再返回一段自然语言文本，而是返回调用 create_entities 和 create_relation 工具的请求，其中包含它提取出的实体名称、属性，以及关系类型、源实体、目标实体等信息，通常是 JSON 格式。

（4）调用 MCP 工具：客户端解析 LLM 返回的 JSON 数据，得到要创建的实体和关系的具体参数。然后客户端使用 mcp-uiux 的 execute 方法，调用 MCP 服务器上对应的 create_entities 和 create_relation 工具，并将从 LLM 获取的参数传递过去。

（5）服务器更新记忆：MCP 服务器接收到请求后，执行创建操作，将新的实体和关系添加到知识图谱中（更新 memory.json 或数据库）。

（6）客户端反馈与刷新：服务器将执行结果（成功或失败）返回给客户端。客户端需要在界面上给用户一个明确的反馈（比如一个加载动画、成功提示或错误信息）。最重要的是，知识图谱更新后，客户端需要自动刷新左侧的可视化图谱和右侧的实体 / 关系列表，让用户能立刻看到新添加的知识。

2. 为什么用 Function Call

直接让 LLM 提取知识并返回自然语言描述，也可以做到，但不够可靠和结构化。使用 Function Call 可以强制 LLM 输出符合我们预定义格式的 JSON 数据，这使得后续客户端调用 MCP 工具进行存储的操作变得非常简单和准确。这就像给 LLM 一个填空题模板，让它把提取的信息填到对应的空里，而不是让它写一篇自由作文。

调用工具，需要模型支持，注意查看平台上的说明。

3. 健壮性考虑

在实际操作中，LLM 返回的 JSON 数据可能偶尔会有点小瑕疵（比如多了个

逗号、引号没配对等），导致解析失败。为了提高健壮性，可以引入一些 JSON 修复库（如 Python 的 json-repair 或 Node.js 的 jsonrepair），在解析前尝试自动修复这些小错误。

同时，在整个过程中，及时的用户反馈至关重要：单击"保存"按钮后显示"正在提炼"，成功后显示"知识已保存"，失败时给出错误提示，并确保图谱和列表能够自动刷新。这些细节共同构成了良好的用户体验。

通过以上步骤，可以为 AI 知识助手构建一个功能相对完善的客户端界面，用户不仅可以查看 Agent 的记忆，还能通过聊天与 Agent 互动，并将有价值的信息方便地沉淀到 Agent 的长期记忆中。

6.4.5 用户偏好：让 AI 助手更懂你

在前面的小节中，已经实现了与 AI 知识助手的对话功能，并且可以将有价值的信息提炼为长期记忆。但是，一个真正智能的助手不仅要记住"知识"，还应该记住"你是谁"——也就是了解用户的偏好，提供更加个性化的服务。

想象一下，如果你有一位人类助手，你不需要每次都重复"请用简单的语言解释"或"我喜欢看代码示例"，因为他会记住你的这些偏好。同样，我们的 AI 知识助手也应该具备这种能力，这就是用户偏好功能的意义所在。

1. 什么是用户偏好

用户偏好是指用户在与 AI 助手交互过程中表现出来的一些习惯性需求和喜好。比如，有些用户喜欢简短直接的回答，而有些则喜欢详细全面的解释；有些用户是编程新手，需要了解基础概念，而有些则是专业人士，只需了解技术要点。

捕捉并记录这些偏好，可以让 AI 助手在没有明确指令的情况下，也能提供符合用户习惯的回答，大大提升用户体验。

2. 如何捕捉用户偏好

捕捉用户偏好主要通过分析用户的提问方式、反馈和交互行为等途径。我们可以设计一个专门的提示词（Prompt），让 AI 在对话过程中持续分析并记录以下几类用户偏好。

（1）回答长度偏好：用户是喜欢简短直接的回答还是详细全面的回答。

- 观察用户是否经常跳过长回答或明确要求"简化一下"；
- 注意用户是否频繁追问"能详细解释一下吗？"或"还有更多细节吗？"。

（2）专业程度偏好：用户的领域知识水平和专业术语接受度。

- 分析用户自己使用的专业术语频率和准确性；
- 观察用户是否经常需要对基础概念进行解释；

- 记录用户对专业术语的反应（是否理解或要求解释）。

（3）语言风格偏好：用户喜欢的交流方式和语言特点。

- 分析用户自己的语言是正式还是随意；
- 观察用户对幽默回应或严肃回应的反馈；
- 注意用户是否有特定的语言习惯（如使用表情符号、简写等）。

（4）学习方式偏好：用户最容易理解新信息的方式

- 记录用户对代码示例、理论解释或生活类比的反应；
- 分析用户提问的模式和后续问题类型；
- 观察用户是否更倾向于视觉学习（要求图表）或文字学习。

3. 如何实现用户偏好功能

实现用户偏好功能，需要在客户端和服务端都进行一些改造。

（1）偏好分析：在每次对话结束后，使用 LLM 分析这次对话中可能体现的用户偏好，并生成结构化的偏好数据。这一步可以使用前面介绍的 Function Call 技术，强制 LLM 输出符合预定义格式的 JSON 数据。

（2）偏好存储：在 MCP 服务器上添加一个新的工具 update_user_preference，用于接收并存储用户偏好数据。这些数据可以存储在一个单独的文件（如 user_preference.json）或数据库中。

（3）偏好应用：在用户发起新的对话时，客户端从服务器获取已存储的用户偏好，并将其作为系统提示词（System Prompt）的一部分，添加到发送给 LLM 的请求中。这样，LLM 在回答问题时就会考虑这些偏好。

下面是一些用户偏好的具体示例，这些可以作为系统提示词的一部分。

用户偏好如下。

- 使用简单的语言，避免专业术语；
- 用户是素食主义者，不要推荐含肉食谱；
- 回答后附上西班牙语翻译；
- 在规划旅行时，包含每日成本估算；
- 用户只会 JavaScript 编程；
- 用户喜欢简短、精炼的回答。

4. 用户偏好的动态调整

用户的偏好并非一成不变的，它们会随着时间和场景而变化。因此，系统应该能够动态调整记录的偏好。

（1）权重系统：为每个偏好设置一个权重值，频繁观察到的偏好权重更高。

（2）时效性考虑：最近的偏好应该比较早的偏好有更高的权重。

（3）场景区分：识别不同的对话场景（如编程问题、生活建议等），并为不同场景维护不同的偏好集合。

（4）明确覆盖：当用户明确表达新的偏好时，应立即更新并覆盖旧的相关偏好。

通过这种方式，我们的 AI 知识助手不仅能记住知识，还能"记住"用户是谁，提供真正个性化的服务体验。这就像一个不断学习你习惯的朋友，每次交流都变得更加默契和高效。

5. 从对话中提炼用户偏好

观看给 chat 添加总结用户偏好功能的演示视频可以扫描如图 6-8 所示二维码。

图 6-8　演示视频

把以上关于用户偏好的信息，告诉 Gemini，要求设计一个从对话数据中提炼用户偏好的 system prompt，得到以下结果。

```
你是一个精密的分析助手，擅长从人类对话中识别和推断用户偏好。
任务：分析以下用户与 AI 助手的对话记录，识别并提取潜在的用户偏好。请关注用户的提问方式、语气、反馈、明确要求，以及对话中隐含的线索。
输入：{
  "conversation_history": [
    {"role": "user", "content": "用户第一句话"},
    {"role": "assistant", "content": "助手第一句话"},
    {"role": "user", "content": "用户第二句话"},
    {"role": "assistant", "content": "助手第二句话"},
    // ... 更多对话轮次
  ]
}
需要分析和提取的偏好维度（请尽可能全面地考虑以下方面）：
（1）回答风格（Content Style）。
  - 长度（Length）：用户是倾向于简短、核心的回答（concise），还是详细、全面的解释（detailed）？（例如：用户是否经常说 "简单点说 " 或 " 能再详细点吗？"）
  - 深度 / 专业性（Depth/Professionalism）：用户是需要基础入门的解释（beginner），还是能理解专业术语和复杂概念（expert）？（例如：用户是否频繁询问基础定义，或直接使用专业术语？）
  - 正式度（Formality）：用户倾向于正式（formal）还是非正式 / 随意（casual）的交流？
（2）语言与语气（Language & Tone）。
  - 语言风格（Language Style）：用户是否使用或偏好特定的语言风格，如幽默、严谨、带有表情符号（use_emoji）等？
  - 翻译需求（Translation Needs）：用户是否提及或暗示需要其他语言的翻译？（例如：preferred_language_translation:Spanish）
（3）学习与解释方式（Learning & Explanation）。
  - 偏好方式（Preferred Method）：用户更喜欢通过代码示例（code_examples）、理论解释（theory）、生活类比（analogy），还是图表 / 视觉化（visuals）来理解信息？（例如：用户是否经常要求 " 给个例子看看 " 或 " 有没有图表？"）
```

（4）技术背景与工具（Technical Background & Tools）。

    - 编程语言（Programming Languages）：用户熟悉或偏好哪些编程语言？（例如：programming_languages: ["Python", "JavaScript"]）

    - 软件/工具（Software/Tools）：用户是否提及常用的软件或工具？

    - 技术水平（Technical Level）：用户在特定领域（如编程、设计）的整体技术水平是初学者、中级还是专家？

（5）领域特定偏好（Domain-Specific Preferences）。

    - 饮食习惯（Dietary）：如素食（vegetarian）、无麸质（gluten_free）等

    - 兴趣爱好（Interests）：如特定类型的音乐、电影、书籍、运动等

    - 预算/成本敏感度（Budget Sensitivity）：在讨论购物、旅行等话题时是否关注价格？

    - 可访问性需求（Accessibility Needs）：是否提及视觉、听觉或其他方面的辅助需求？

（6）交互模式（Interaction Patterns）。

    - 主动性（Proactivity）：用户是否喜欢 AI 主动提供建议或扩展信息？

    - 澄清频率（Clarification Frequency）：用户是否经常需要 AI 澄清回答？这可能暗示需要更清晰或简单的表达。

（7）格式偏好（Format Preferences）。

    - 用户是否偏好特定的信息组织格式，如列表（list）、表格（table）、段落（paragraph）？

    输出格式：请将提取到的偏好以 JSON 格式输出。对于每个识别出的偏好，请包含以下字段。

- dimension：偏好所属的维度（例如："回答风格 - 长度"，"技术背景 - 编程语言"）
- value：推断出的偏好值（例如："concise"，["Python", "JavaScript"]，"beginner"）
- confidence：你对这个推断的置信度（可选，例如："high"，"medium"，"low"）
- evidence：对话中支持该推断的具体证据或用户语句（引用原文）

示例输出如下。

```
[
  {
    "dimension": "回答风格 - 长度",
    "value": "concise",
    "confidence": "high",
    "evidence": "用户说：'长话短说，告诉我关键点就行。'"
  },
  {
    "dimension": "技术背景 - 编程语言",
    "value": ["JavaScript"],
    "confidence": "medium",
    "evidence": "用户多次询问关于 React 和 Node.js 的问题，并提供了 JS 代码片段。"
  },
  {
    "dimension": "语言与语气 - 语言风格",
    "value": "casual_with_emoji",
    "confidence": "high",
    "evidence": "用户在对话中多次使用😊和👍等表情符号，语言风格较为随意。"
  },
  {
    "dimension": "领域特定偏好 - 饮食习惯",
    "value": ["vegetarian"],
    "confidence": "high",
    "evidence": "用户明确提到：'我是素食主义者，请推荐一些不含肉的食谱。'"
  }
]
```

注意事项：
– 如果对话数据不足以推断某个维度的偏好，请不要强行输出
– 专注于从对话中直接或间接反映出来的偏好
– 置信度可以帮助后续系统判断偏好的可靠性
– 提供的证据应尽可能具体

把以上 system prompt 制作到 memory_mcp_server.py 里，打开 Cursor，编写以下指令。

帮我添加一个 prompt，是用户 user_preference_extract_prompt，输入是对话信息的字符串，输出字符串给我，按照这个文件的代码格式添加。这个 user_preference_extract_prompt 是：
（把以上的 prompt 粘贴到这里）

代码参考如下。

```
@mcp.prompt()
def echo_prompt(message: str) -> str:
    """Create an echo prompt"""
    return f"Please process this message: {message}"
```

另外，为了在对话中融入用户偏好，需要设计一个对话的 system prompt，继续使用 Gemini，把得到的 chat_prompt，整合到 get_user_preference 工具调用里。

6. 应用用户偏好的系统提示（System Prompt）

以下操作的演示视频请扫描如图 6-9 所示的二维码。

图 6-9 演示视频

接下来把用户的偏好添加到每次对话中，这样知识助手就会更懂我们了！以下是应用用户偏好的系统提示词 chat_prompt。

你是一个智能且善于适应的 AI 助手。在与用户交互时，请务必参考并应用以下提供的用户偏好信息。这些信息反映了用户的习惯和需求，遵循它们能提供更个性化、更贴心的服务。
当前用户偏好 (JSON 格式)：
{USER_PREFERENCES_JSON}
应用指南：
（1）解读偏好。
- 仔细阅读 dimension 和 value 字段，了解用户的具体偏好。例如，"回答风格 - 长度"："concise" 意味着用户喜欢简短的回答；"技术背景 - 编程语言"：["JavaScript"] 表示用户熟悉 JavaScript。

- confidence 字段（如果存在）表示该偏好的可信度。对于 low 置信度的偏好，请谨慎参考；对于 high 或 medium 置信度的偏好，应优先考虑。

- evidence 字段提供了推断该偏好的依据，有助于你理解偏好的背景。
（2）调整回答。

风格适应：根据 " 回答风格 "（长度、深度、正式度）和 " 语言与语气 "（风格、表情符号使用）调整你的措辞和表达方式。

（3）内容定制。

– 根据 " 学习与解释方式 " 选择最适合用户的解释方法（如代码示例、类比）。

– 根据 " 技术背景与工具 " 调整技术内容的深度，使用用户熟悉的语言或工具进行举例。

– 在涉及相关领域时，务必考虑 " 领域特定偏好 "（如推荐食谱时考虑素食偏好）。

（4）格式选择：如果用户有 " 格式偏好 "（如列表、表格），尽量满足。

（5）优先级。

– 当前指令优先：如果用户在当前问题中明确提出了与已存偏好不同的要求（例如，偏好简短回答的用户这次要求 " 请详细解释 "），请优先遵循用户的当前指令。

– 高置信度优先：在没有明确指令冲突时，优先应用置信度高的偏好。

（6）处理缺失 / 冲突。

– 偏好缺失：如果某个维度的偏好没有记录，请使用通用的最佳实践（清晰、中立、适度详细）来回应。

– 偏好冲突（理论上不应由该 Prompt 处理，应在生成偏好时解决）：如果遇到内部冲突的偏好，请尝试理解用户意图或使用最通用、最安全的选项。

你的目标：像一个了解用户习惯的朋友一样进行交流，提供精准、贴心且高效的帮助。

然后继续用 Cursor 新增两个工具，编写以下提示。

帮我添加两个新的工具，按照已有的格式要求，工具分别是：

（1）update_user_preference：用于接收并存储用户偏好数据。这些数据存储在一个单独的文件（user_preference.json ）中。输入的数据格式如下。

```
[
  {
    "dimension": " 回答风格 – 长度 ",
    "value": "concise",
    "confidence": "high",
    "evidence": " 用户说：' 长话短说，告诉我关键点就行。'"
  },
  {
    "dimension": " 技术背景 – 编程语言 ",
    "value": ["JavaScript"],
    "confidence": "medium",
    "evidence": " 用户多次询问关于 React 和 Node.js 的问题，并提供了 JS 代码片段。"
  }
]
```

注意：存储的时候需要增加时间戳到每条数据里。

（2）get_user_preference：传参是日期 create_time 和偏好数量 count，返回符合日期要求和偏好数量要求的偏好数据 USER_PREFERENCES_JSON，具体逻辑帮我设计下，把 chat_prompt 拼接后，返回。

    chat_prompt 拼接代码参考如下。

```
@mcp.tool()
def echo_tool(message: str) -> str:
    # 返回符合日期要求和偏好数量要求的偏好数据 USER_PREFERENCES_JSON
    # chat_prompt 拼接

    messages.append(
        types.SamplingMessage(
```

```
        role="system",
        content=types.TextContent(type="text", text=chat_prompt)
    )
)

result = await app.request_context.session.create_message(
        max_tokens=12000,
        messages=messages,
                    metadata={"create_time": create_
time,"count":count,"request_id":request_id}
        )

return result.content.text
```

完成以上 prompt 和 tool 的增加，在 memory_mcp_client.py 上运行成功后，把代码提交到 GitHub。注意，在 client 里的调试代码，await session.call_tool 返回的数据通过 print 命令直接打印出来。如果按 * print(f" 按日期筛选的用户偏好 ……(内容较长，省略部分显示)") * 这样写是会报错的，因为 result 不是字符串类型。

另外，get_user_preference 也可以作为 prompt 来实现，开发人员可以根据具体情况来定，但要注意返回的数据结构的差异，tool 的请求返回的是 [{content:' ',type:'text'}]，prompt 的返回是 {messages:[{role:'user',content:"}]}。

user_preference_extract_prompt 地址：

https://github.com/shadowcz007/memory_agent_exmaple/blob/memory_user_preferences/memory_mcp_server.py#L652。

chat_with_user_preference_prompt 地址：

https://github.com/shadowcz007/memory_agent_exmaple/blob/memory_user_preferences/memory_mcp_server.py#L564。

7. 客户端接入新的能力

重新启动 MCP Server，在客户端接入，在 Cursor 中打开 knowledge-chat 项目，先运行 knowledge-chat，然后在浏览器的 Console 面板中，找到当前接入的 Server，找到 user_preference_extract_prompt 和 chat_with_user_preference_prompt。

定位到 chat-dialog.tsx 文件，给聊天界面增加功能，使用 Cursor 的 Agent 模式，编写以下提示。

```
在聊天界面，每次对话结束后，获取 prompts 里的 user_preference_extract_prompt，
得到返回的 prompt，然后运行 LLM 处理对话信息，得到更新到 tools 里的 update_user_
preference。
prompts 和 tools 的处理参考 createEntitiesTools
user_preference_extract_prompt 的传参：

[
    {
        "name": "message",
```

```
        "required": true
    }
]
update_user_preference 的传参：
{
    "properties": {
        "preferences": {
            "items": {
                "type": "object"
            },
            "title": "Preferences",
            "type": "array"
        }
    },
    "required": [
        "preferences"
    ],
    "title": "update_user_preferenceArguments",
    "type": "object"
}
```

编写以下提示。

在 chat 聊天中，发送 messages 之前先从 prompt 获取 chat_with_user_preference_
prompt 获取系统提示词，然后再发送。
chat_with_user_preference_prompt 参考 userPreferencePrompt 的实现，chat_with_
user_preference_prompt 传参，是可选的：

```
[
    {
        "name": "create_time",
        "required": false
    },
    {
        "name": "count",
        "required": false
    }
]
```

现在，每次聊天都可以注入用户的偏好了。

注意，fastmcp 的 prompt 在 client 侧的传参是 str 类型，如果是 int 类型则会报错。不过，memory_mcp_server.py 里的 chat_with_user_preference_prompt 的传参 count 定义的是 int 类型。tool 则可以严格按照 str 类型修改后，重启服务，在浏览器开发者工具 Console 面板中，调试运行 temp1.execute({count:'1',create_time:new Date()})，如果正常运行，则表示修改成功。

小白必记

- 客户端作用：提供人机交互界面，操作和查看 Agent
- 用户体验（UX）核心：界面直观、操作流畅、反馈及时

- React 用途：像搭积木一样构建用户界面的流行工具
- 组件化思想：将复杂界面拆分成独立、可复用的部分
- 本地缓存用途：在浏览器中保存配置信息，不怕关闭
- CORS 概念：服务器允许特定来源的客户端访问的安全策略
- 可视化库（vis.js）：将数据变成直观图形（如知识图谱）的工具
- 流式传输优势：让聊天回复实时显示，提升流畅感
- Function Call 妙用：让 LLM 输出结构化数据，方便程序处理
- 知识提炼流程：从对话中提取信息，通过调用工具存入知识图谱

6.5　测试与迭代

在 AI 编程的世界里，测试与迭代是确保你的应用稳定可靠的关键环节。无论是开发 Next.js 前端应用，还是构建 Python 后端服务，或者是实现 LLM 与 Function Call 的交互，良好的测试策略都能帮助你避免许多潜在问题。本节将探讨如何在本项目中实施有效的测试方法。

6.5.1　Python 项目的测试方法

Python 拥有丰富的测试工具和框架，最常用的是 unittest、pytest 和 doctest。

1. 使用 unittest 进行测试

unittest 是 Python 标准库中的测试框架，不需要额外安装。针对 memory_mcp_server.py 的 update_user_preference 方法，可以编写以下提示。

针对 `update_user_preference` 这个方法，写 unittest 的测试用例

Cursor 帮我们创建了一个文件 test_memory_mcp_server.py ，运行测试命令如下。

```
python -m unittest test_memory_mcp_server.py
```

如果有错误，则根据错误继续修复，代码地址：https://github.com/shadowcz007/memory_agent_exmaple/blob/ 测试 test/test_memory_mcp_server.py。

2. 简单的测试方法论

了解了具体的测试工具后，下面来聊聊一种简单有效的测试思路。在 AI 编程中，我们常常需要验证代码的行为是否符合预期，尤其是与 AI 模型交互的部分。与其一开始就追求大而全的测试框架，不如从核心功能入手，采用一种迭代的方式进行。

关键在于利用好手边的 AI 编程助手，比如 Cursor。就像前面演示的那样，可以直接选中想要测试的函数或代码块，然后给出明确的指令，例如："请为这段处理用户输入的函数 handle_input(input_text) 编写测试用例，覆盖正常输入、空输入和包含特殊字符的输入情况。" Cursor 便能快速生成基础的测试代码。

这种方法的优势在于快速、便捷，让你能将更多精力聚焦在功能的实现和逻辑的验证上，而不是测试代码的编写细节。当然，随着项目复杂度的提升，你可能需要引入更专业的测试框架和更全面的测试策略，但这可以作为一个很好的起点。

3. 调试技巧：让 Bug 无处遁形

编写代码难免会遇到 Bug，也就是程序中的错误。别担心，调试是程序员的必备技能。对于 AI 应用，尤其是涉及复杂数据流和模型交互时，这里有几个实用的调试技巧。

（1）关注输入与输出：这是最基本也是最重要的一点。一个函数或一个模块，就像一个加工厂，它接收"原材料"（输入），然后产出"成品"（输出）。你需要仔细检查，进入这个"工厂"的原材料是不是你预期的那样？出来的"成品"又是否符合你的要求？

- 验证方法：最简单的方法就是在函数的入口处打印输入的参数值，在函数的出口处打印返回值。这就像在工厂的入口和出口设置检查点。你可以使用简单的 print() 语句，或者使用更专业的日志库（logging）来记录这些信息。
- 示例：假设你有一个处理用户偏好的函数 update_preference(user_id, preference)，你可以在函数开头加上 print(f" 输入 : 用户 ID={user_id}, 偏好 ={preference}")，在函数末尾加上 print(f" 输出 : 更新结果 ={result}")。

（2）利用 Cursor 辅助调试：当你发现输入或输出与预期不符时，别忘了 AI 助手。

- 提供上下文：将你观察到的异常输入、输出信息，连同相关的代码片段一起提供给 Cursor。比如，可以说："我调用 update_preference 函数时，输入的用户 ID 是 123，偏好是 {"theme": "dark"}，但函数的返回值是 False，预期应该是 True。这是相关的代码：×××（贴上代码）"。详细的上下文能显著提高 Cursor 分析问题的准确性。
- 使用 Ask 模式：如果问题比较复杂，涉及多个文件或模块，可以切换到 Cursor 的 Ask 模式。将所有可能相关的文件（例如，调用该函数的文件、定义该函数的文件、相关的配置文件等）都添加到对话上下文中。这能让 Cursor 更全面地了解代码结构和依赖关系，从而更有效地定位问题的根源。

调试就像侦探破案，需要耐心和细心。通过观察输入、输出，并善用 AI 工具提供的辅助，你会发现解决 Bug 的过程也能充满乐趣。

6.5.2 简单高效的测试方法论

当你开始编写 AI 应用程序时，测试不应该成为障碍，而应该是你的得力助手。让我们来看看一种简单但非常有效的测试方法，特别适合 AI 编程初学者。

1. 借助 AI 编程助手创建测试用例

在 AI 编程的世界里，我们可以让 AI 帮助我们编写测试用例，这大大简化了测试过程。想象一下，测试就像给你的程序"出题考试"，而现在你有了一个能帮你出题的小助手。

使用 Cursor 创建测试用例非常简单。你只需选中想要测试的函数或方法，然后给 Cursor 一个明确的提示，比如："请为这个处理用户登录的函数 login_user 创建测试用例，需要测试正常登录、密码错误和用户不存在 3 种情况。"

Cursor 会根据函数逻辑自动生成包含这 3 种测试场景的测试代码。这就像你告诉助教："帮我出 3 道题，分别考查学生在正常情况、密码错误和用户不存在时的应对能力。"

这种方法的优势如下。

（1）节省时间：不需要从零开始编写测试代码。

（2）全面覆盖：AI 会考虑到各种可能的测试场景。

（3）学习机会：通过观察 AI 生成的测试，你能学习专业的测试编写方式。

2. 循序渐进的测试策略

测试不必一开始就追求完美。就像学习新技能一样，可以从简单开始，逐渐提高。

1）第一阶段：功能验证测试

- 先测试核心功能是否正常工作；
- 每个函数只测试最基本的使用场景；
- 确保主要流程能够顺利运行。

2）第二阶段：边界条件测试

- 测试输入为空、极大值、极小值等情况；
- 验证程序对异常输入的处理能力；
- 检查是否有适当的错误提示。

3）第三阶段：集成测试

- 测试多个组件一起工作的情况；
- 验证数据在不同模块间的传递是否正确；
- 确保整个系统协调一致。

3. 实用的调试技巧

在编程中遇到问题是很正常的，就像学做菜时也会有调味不当的情况。下面介绍一些实用的调试方法。

1）输入、输出验证法

这是最基础也最有效的调试方法。函数就像一个加工厂，人们需要检查原料（输入）和成品（输出）是否符合预期。

在函数的入口和出口处添加打印语句或日志，记录下输入参数和返回值，就像在工厂的进、出口安装监控摄像头，帮助人们捕捉问题发生的瞬间。

```python
def calculate_discount(price, discount_rate):
    # 入口监控点
    print(f"输入：价格={price}，折扣率={discount_rate}")

    # 函数逻辑...
    final_price = price * (1 - discount_rate)

    # 出口监控点
    print(f"输出：最终价格={final_price}")
    return final_price
```

这样一来，当函数行为异常时，你可以立即看到是输入有问题，还是处理过程出了错。

2）借助 Cursor 进行高效调试

AI 不仅能帮你写代码，还能成为你的调试伙伴。当你发现问题时，可以按以下方法操作。

（1）收集关键信息：记录下函数的输入值、输出值，以及期望的输出结果。

（2）向 Cursor 提供完整上下文。

```
我的 calculate_discount 函数出现问题：
- 输入：价格=100，折扣率=0.2
- 实际输出：最终价格=-100
- 期望输出：最终价格=80
- 相关代码如下：（贴上代码）
```

（3）利用 Cursor 的 Ask 模式：将所有相关文件添加到对话上下文中，这样 Cursor 就能看到完整的代码环境，包括可能互相影响的函数和变量。

这种方法就像病人带着详细的症状描述和检查报告去看医生，医生能更准确地诊断出问题所在。

3）分而治之法

如果程序较为复杂，可以采用"分而治之"的策略。

（1）将大问题分解为小问题。

（2）逐个验证每个小模块的功能。

（3）确认每个小模块工作正常后，再测试它们的组合。

这就像排查家里的电路故障，先检查每个电器是否正常工作，再检查总开关和线路。

6.5.3 项目的未来展望与方向

通过前面章节的学习和实践，相信大家已经掌握了使用 AI 构建一个包含前端（Next.js）、后端（Python）及核心 AI 能力（LLM 与 Function Call）的基本项目框架。这仅仅是一个开始，AI 编程的世界广阔无垠，未来还有许多激动人心的方向值得探索。

1. 跨越语言障碍的思维方式

本项目在后端采用 Python，前端使用 JavaScript（通过 Next.js 框架），并通过 AI 编程方式来协调这些技术。作为初学者，可能会为这种技术栈的不统一和陌生感到担忧，但实际上，这正是 AI 编程时代的一个重要启示：不要畏惧编程语言的差异。

在 AI 辅助编程的新范式下，具体使用什么编程语言其实已经不再那么重要。重要的是你能否用自然语言清晰地描述你遇到的问题和需求。编程的核心思想永远是相通的：变量用来存储数据，条件语句用来做判断，循环用来重复执行任务，方法用来封装功能，调试技巧帮你找出错误，输入、输出是程序与外界交互的桥梁。

掌握了这些基本概念，再配合 AI 助手的能力，无论是 Python、JavaScript 还是其他任何语言，都只是表达这些思想的不同"方言"而已。不同的项目可能需要不同的语言组合，而通过 AI 的翻译和辅助，这种组合不再是障碍，反而成为你技术视野扩展的机会。

（1）模型能力的深化与拓展。

- 尝试集成更强大的大语言模型，或者针对特定任务进行微调（Fine-tuning）的模型，以提升应用的智能水平；
- 探索多模态能力，让你的应用不仅能理解文本，还能处理图像、声音等更多类型的信息；
- 研究更高级的 Prompt Engineering 技巧，以更精准地控制 AI 的输出。

（2）Agent 智能化的持续演进。

- 赋予 Agent 更复杂的规划和推理能力，让它能自主地分解任务、调用工具，甚至与其他 Agent 协作；
- 优化 Agent 的记忆机制，让它能够长期、高效地存储和检索信息，实现更个性化的交互；
- 探索 Self-Correction 和 Self-Improvement 机制，让 Agent 能够从错误中学习并不断进步。

（3）应用场景的创新与落地。

- 将现有的技术框架应用到更多实际场景中，例如智能客服、内容创作、数据分析、个性化推荐等；
- 思考 AI 如何与特定行业知识结合，创造出具有独特价值的垂直领域应用；
- 关注 AI 伦理和安全问题，确保技术的健康发展和负责任的应用。

（4）工程化与用户体验的打磨。

- 持续优化前后端代码的性能和稳定性，构建更健壮、可扩展的应用架构；
- 打磨用户界面和交互流程，提供更自然、流畅、智能的用户体验；
- 建立完善的监控和日志系统，以便及时发现和解决线上问题。

AI 编程是一个快速发展的领域，保持好奇心和持续学习的态度至关重要。希望这本书能为你打开一扇门，引领你在这个充满机遇的时代，用 AI 的力量创造更多可能。

小白必记

- 测试从简原则：先核心后边界
- AI 助手调试法：提供完整错误上下文
- 迭代开发观：循序渐进，持续完善
- 模型选择策略：任务匹配，专项优化
- Agent 进阶路径：自主性、记忆力、协作性
- 应用落地原则：真实场景，实际价值
- 工程质量标准：稳定、安全、易扩展
- 用户体验关键：流畅、直观、有温度
- 学习持续动力：保持好奇，勇于尝试

结语

拥抱变化，持续学习

随着您翻阅本书的最后几页，我想坦诚地与各位读者分享一个现实：我们正站在一场前所未有的编程革命浪潮中，而浪潮的发展速度远超我们的想象。

当安德烈·卡帕西（Andrej Karpathy）在 2025 年 2 月首次提出"Vibe Coding"概念时，许多人将其视为玩笑或夸张。然而，在短短几个月内，这种"看看东西，说说东西，复制、粘贴东西"的编程方式已经成为众多开发者的日常现实。技术的演进速度令人瞠目结舌——AI 模型的编程能力每隔几周就有显著提升，新的辅助工具层出不穷，应用方法也在不断创新。

事实上，就在本书付梓之际，OpenAI、Anthropic 和 NVIDIA 等公司可能已经推出了新一代工具，使得书中部分技术细节需要更新。这不是缺陷，而是我们所处时代的特点——技术变革从未如此迅猛。想象一下，当你读到这段文字时，某个开发团队可能正在使用比本书介绍的更先进的 AI 模型，通过更高效的交互方式，创造着更惊人的应用。

面对这种变革，我想分享三点思考。

首先，技术变化的背后是不变的思维模式。虽然具体的工具和方法可能更新换代，但 Vibe Coding 的核心——"通过清晰地表达意图来引导 AI 创造价值"这一理念将持续适用。正如布雷特·温斯坦（Bret Weinstein）所警告的："你不是在跟 AI 竞争，而是在跟'AI 放大的别人'竞争。"掌握与 AI 协作的思维方式比掌握特定工具更为重要。

其次，学习 Vibe Coding 不仅是学习一种技术，更是培养一种适应性。在这个充满不确定的时代，保持开放的心态和持续学习的习惯比学习特定的知识点更有价值。当 AI 系统的能力每隔几个月就有显著提升时，我们最宝贵的能力是快速适应和调整。

最后，Vibe Coding 代表的不仅是编程方式的变革，更是创造价值方式的变革。当 AI 可以完成大部分编码工作时，人类的价值将更多地体现在问题定义、创意思考和结果验证上。这是一个从"如何做"到"做什么"的根本转变。

在这种情况下，传统的学习方式已经不再适用。等待知识体系完备再学习只会让我们永远在追赶的路上。必须拥抱"边学边用，边用边学"的思维方式，把握住当下可用的技术，同时保持对变化的敏锐感知和快速适应能力。

为了帮助您跟上 AI 编程的最新发展，我们建立了持续更新的知识平台。欢迎关注我们的官方网站（扫描下方二维码）和公众号（搜索"AI 编程 -VibeCoding"），我们会实时分享最新的技术进展、实践案例和应用方法。

官方网站

记住，正如丹尼尔·普里斯特利（Daniel Priestley）提出的那个关键问题："你有没有清楚地定义在 AI 时代中，你是干什么的？"在这个快速变化的时代，持续学习和适应不仅是一种策略，更是一种生存能力。每个人都需要思考自己在 AI 编程浪潮中的独特定位和价值创造方式。

感谢您选择这本书开启您的 Vibe Coding 入门之旅。无论您是经验丰富的程序员还是完全的编程新手，我都希望这本书能为您提供有价值的启发。尽管技术在变，但探索和创新的精神永存。

让我们保持联系，共同见证并参与这场改变世界的技术革命。

池志炜
2025 年 5 月